中国电子教育学会高教分会推荐

普通高等教育电子信息类"十三五"课改规划教材

电路分析基础

主　编　陈海洋

副主编　马丽萍　吴　园

　　　　　刘娟花　袁洪琳

西安电子科技大学出版社

内 容 简 介

本书是由长期从事电路理论教学的一线教师,按照电路理论教学要求精心写作而成的,它吸收了大量现代电路理论的教学思想与研究成果,将电路理论课程中的基本内容与工程应用有机地融为一体。本书在编排上,重点突出、条理清晰、论述细致、可读性好,是一本便于自学的现代电路理论教材。

本书共七章,主要内容包括电路的基本概念、基本元件和基本定律,电路的等效分析方法,电路的一般分析方法及方程法,电路定理,线性时不变动态电路暂态过程的时域分析,线性时不变动态电路的正弦稳态分析,线性时不变正弦稳态交流电路的频率响应,含耦合电感的电路、三相电路、非正弦周期激励作用下线性时不变电路的稳态分析。

本书适合于高等院校电气类、自动化类、电子信息类、计算机类等专业的学生使用,也适合于其他工科专业的学生使用,还可作为工程技术人员以及高校教师的参考书。

图书在版编目(CIP)数据

电路分析基础/陈海洋主编. —西安:西安电子科技大学出版社,2018.8
ISBN 978 - 7 - 5606 - 4882 - 8

Ⅰ.① 电… Ⅱ.① 陈…Ⅲ.① 电路分析 Ⅳ.① TM133

中国版本图书馆 CIP 数据核字(2018)第 031344 号

策 划 毛红兵 刘玉芳
责任编辑 张 玮
出版发行 西安电子科技大学出版社(西安市太白南路2号)
电 话 (029)88242885 88201467   邮 编 710071
网 址 www.xduph.com   电子邮箱 xdupfxb001@163.com
经 销 新华书店
印刷单位 陕西利达印务有限责任公司
版 次 2018 年 9 月第 1 版 2018 年 9 月第 1 次印刷
开 本 787 毫米×1092 毫米 1/16 印张 13.5
字 数 315 千字
印 数 1~3000 册
定 价 35.00 元
ISBN 978 - 7 - 5606 - 4882 - 8/TM

XDUP 5184001 - 1

前　言

　　"电路理论"是教育部规定的电子信息类专业的专业基础课，也是电气工程、信息工程、控制工程、计算机及微电子等领域的一门重要的基础学科。在新工科背景下，对电路理论的教材体系和内容排布的更新与变革提出了新的更高的要求。为了适应这些要求，本书是在借鉴国内外优秀教材特点的基础上，结合一线教师的教学实践体会，并针对我国教学体系与教学实践改革的现状与要求，本着知识体系完备，循序渐进、深入浅出、内容贴近工程实际、注重电路分析的原则精心编写的。

　　"电路分析基础"这门课主要研究的是电路中电磁现象的变化规律。在新工科的背景下，旨在培养学生独立分析问题和解决问题的能力，进而培养学生的创新能力、实践能力，为后续相关学科的学习打下坚实的基础。

　　本书采用了国际上流行的 EDA 工具之一——Multisim 软件编写了大量例题。其目的在于引导学生使用 Multisim 工具来分析、设计、验证电路，培养学生的应用能力和创新能力。Multisim 这一工具为电路课程的学习提供了充分的实验手段和条件。它不仅可以显示数据采集、存储、分析、处理、传输及控制的过程，对方案进行论证、选定和设计，还可以随时改变电路参数来调整电路，使之更加合乎要求，得出较为理想的电路。应用这些软件，可以把许多抽象和难以理解的内容变得生动、形象化，更为重要的是用计算机辅助分析电路本身就给学生提供了一种分析问题和解决问题的思维方法。

　　本书共七章。第 1 章电路模型和电路定律，介绍电路的基本概念、基本定律。第 2 章电阻电路分析，介绍电路的基本分析方法。第 3 章动态电路的时域分析，主要介绍一阶电路的时域分析、阶跃函数与阶跃响应。第 4 章正弦稳态电路分析，主要介绍基尔霍夫定律的相量形式、正弦稳态电路相量分析法、三相电路等。第 5 章互感与理想变压器，主要介绍耦合电感的去耦等效和理想变压器。第 6 章电路频率响应，主要介绍常用 RC 一阶电路的频率特性和常用 RLC 串联谐振电路的频率响应。第 7 章非正弦周期电流电路，介绍非正弦周期电流电路的基本概念及计算。

　　本书由陈海洋担任主编，负责全书的统稿，马丽萍、刘娟花、吴园、袁洪琳担任副主编。其中，陈海洋编写了第 3 章、第 4 章的 4.8 节、第 6 章，马丽萍编写了第 1 章、第 2 章的 2.5～2.9 节，吴园编写了第 4 章的 4.1～4.7 节、第 5 章，袁洪琳编写了第 7 章及附录，刘娟花编写了第 2 章中的 2.1～2.4 节内容。

　　限于作者的水平，书中难免有疏漏之处，热切期待各位读者赐教指正，以便再版后能更好地飨于大家。

作　者

2018 年 3 月

目 录
CONTENTS

第 *1* 章　电路模型和电路定律

本章从建立电路模型、认识电路变量等最基本的问题出发，重点讨论了欧姆定律、基尔霍夫定律、电路等效、输入电阻等重要概念。

1.1　电路和电路模型

1.1.1　电路及其组成

电路是电流通过的路径。实际电路通常由一些电路器件(如电源、电阻器、电感、电容器、变压器、仪表、二极管、三极管等)组成。每一种电路实体部件都具有各自不同的电磁特性和功能。复杂的电路称为网络。

电路的形式是多种多样的，但从电路的本质来说，其组成都有电源、负载、中间环节三个最基本的部分。例如图 1.1.1 所示的手电筒电路。

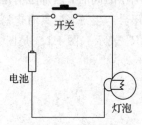

图 1.1.1　手电筒电路

凡是将化学能、机械能等非电能转换成电能的供电设备，均称为电源，如干电池、蓄电池和发电机等；凡是将电能转换成热能、光能、机械能等非电能的用电设备，均称为负载，如电热炉、白炽灯和电动机等；连接电源和负载的部分，称为中间环节，如导线、开关等。

电路的种类繁多，但从电路的功能来说，其作用分为两个方面：其一，实现电能的传输和转换，如电力系统中的发电、输电电路。发电厂的发电机组将其它形式的能量(热能、水的势能、原子能或太阳能等)转换成电能，通过变压器、输电线输送给各用户负载，在那里又把电能转换成机械能、光能、热能，为人们生产、生活所利用。其二，进行信息的传递与处理，如电话、收音机、电视机、手机中的电路。

如图 1.1.2 所示，接收天线将载有语言、音乐、图像信息的电磁波接收后，通过接收机电路把输入信号(又称激励)处理为人们所需要的输出信号(又称响应)，送到扬声器或显像管，再还原为语言、音乐或图像。

图 1.1.2　接收机电路

1.1.2 电路模型

实际电路的电磁过程是相当复杂的，难以进行有效的分析和计算。在电路理论中，为了便于实际电路的分析和计算，通常在工程实际允许的条件下对实际电路进行模型化处理，即忽略次要因素，抓住足以反映其功能的主要电磁特性，抽象出实际电路器件的"电路模型"。

例如电阻器、灯泡、电炉等，这些电气设备接受电能并将电能转换成光能或热能，光能和热能显然不可能再回到电路中，因此把这种能量转换过程不可逆的电磁特性称为耗能。这些电气设备除了具有耗能的电特性，当然还有其它一些电磁特性，但在研究和分析问题时，即使忽略其它这些电磁特性，也不会影响整个电路的分析和计算。因此，可以用一个只具有耗能电特性的"电阻元件"作为它们的电路模型。

将实际电路器件理想化而得到的只具有某种单一电磁性质的元件，称为理想电路元件，简称为电路元件。每一种电路元件都可以用严格的数学关系加以定义。常用的电路元件有：表示将电能转换为热能的电阻元件、表示电场性质的电容元件、表示磁场性质的电感元件及电压源元件和电流源元件等。

由理想电路元件相互连接组成的电路称为电路模型。如图 1.1.1 所示，电池在对外提供电压的同时，内部也有电阻消耗能量；灯泡除了具有消耗电能的性质（电阻性）外，通电时还会产生磁场，具有电感性。但电感微弱，可忽略不计，于是可认为灯泡是一电阻元件，用 R_L 表示。图 1.1.3 是图 1.1.1 的电路模型。

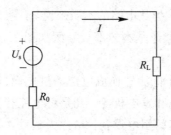

图 1.1.3　手电筒电路的电路模型

1.2　电路变量

在电路问题分析中，人们所关心的物理量是电流、电压和功率。在具体展开分析、讨论电路问题之前，首先建立并深刻理解与这些物理量有关的基本概念是很重要的。

1.2.1　电流及其参考方向

1. 电流

电荷的定向移动形成了电流。电流的大小用电流强度来衡量，电流强度亦简称为电流。

定义：单位时间内通过导体横截面的电荷量，用公式表示为

$$i = \frac{\mathrm{d}q}{\mathrm{d}t} \qquad (1.2.1)$$

式中，i 表示随时间变化的电流，$\mathrm{d}q$ 表示在 $\mathrm{d}t$ 时间内通过导体横截面的电量。

在国际单位制中，电流的单位为安培，简称安（A）。实际应用中，大电流用千安（kA）表示，小电流用毫安（mA）或微安（μA）表示。它们的换算关系是：

$$1\mathrm{kA} = 10^3\,\mathrm{A} = 10^6\,\mathrm{mA} = 10^9\,\mu\mathrm{A}$$

在外电场的作用下，正电荷将沿着电场方向运动，而负电荷将逆着电场方向运动（金属导体内的自由电子在电场力的作用下定向移动形成电流）。习惯上规定：正电荷的运动方向为电流的正方向。

2. 电流的参考方向

在一些很简单的电路中，如图 1.1.3 所示，电流从电源正极流出，经过负载回到电源负极。在分析复杂电路时，一般难于判断出电流的实际方向；对于交流电流，电流的方向随时间改变，所以它的实际方向也就很难确定。

所谓电流的参考方向，就是在分析计算电路时，先任意选定某一电流方向。电流的参考方向通常用带箭头的线段表示，箭头所指方向表示电流的流动方向，并根据此方向进行分析计算。计算结果为正，说明电流的参考方向与实际方向相同；计算结果为负，说明电流的参考方向与实际方向相反。图 1.2.1 表示了电流的实际方向（图中实线所示）与参考方向（图中虚线所示）之间的关系。

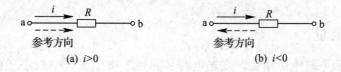

图 1.2.1　电流参考方向与实际方向

1.2.2　电压及其参考方向

1. 电压

电路中，电场力把单位正电荷（q）从 a 点移到 b 点所做的功（W）就称为 a、b 两点间的电压，也称电位差，记

$$u_{ab} = \frac{\mathrm{d}W}{\mathrm{d}q} \qquad (1.2.2)$$

在国际单位制中，电压的单位为伏特，简称伏（V）。实际应用中，大电压用千伏（kV）表示，小电压用毫伏（mV）或微伏（μV）表示。它们的换算关系是：

$$1\mathrm{kV} = 10^3\,\mathrm{V} = 10^6\,\mathrm{mV} = 10^9\,\mu\mathrm{V}$$

电压的方向规定为从高电位指向低电位。

2. 电压的参考方向

在比较复杂的电路中，往往不能事先知道电路中任意两点间的电压，为了分析和计算方便，与电流的方向规定类似：在分析计算电路之前必须对电压标以极性（正、负号），或标以方向（箭头），这种标法是假定的参考方向，如图 1.2.2 所示。采用双下标标记时，电压的参考方向意味着从 a 指向 b，两端电压记作 u_{ab}；若电压参考方向选 b 点指向 a 点，则应写

成 u_{ba}，两者仅差一个负号，即 $u_{ab} = -u_{ba}$。

图 1.2.2　电压参考方向的表示方法

　　分析求解电路时，先按选定的电压参考方向进行分析、计算，再由计算结果中电压值的正负来判断电压的实际方向与电压参考方向是否一致，即电压值为正，则实际方向与参考方向相同；电压值为负，则实际方向与参考方向相反。

3. 电流和电压的关联参考方向

　　一个元件的电流或电压的参考方向可以独立地任意指定。如果指定流过元件的电流参考方向是从电压正极性的一端指向负极性的一端，即两者的参考方向一致，则把电流和电压的这种参考方向称为关联参考方向，如图 1.2.3(a)所示。当两者不一致时，称为非关联参考方向，如图 1.2.3(b)所示。人们常常习惯采用关联参考方向。

图 1.2.3　关联参考方向

1.2.3　功率和能量

　　功率与电压和电流密切相关。当正电荷从元件上电压的"＋"极经元件运动到电压的"－"极时，电场力要对电荷作功，这时，元件吸收能量；反之，正电荷从电压"－"极到电压的"＋"极时，电场力作负功，元件对外释放电能。

　　从 t_0 到 t 的时间内，元件吸收的能量可根据电压的定义求得

$$W = \int_{q(t_0)}^{q(t)} u \, dq$$

由于 $i = dq/dt$，所以

$$W = \int_{t_0}^{t} u(\xi) i(\xi) d(\xi) \tag{1.2.3}$$

　　能量的单位为焦耳(J)，简称焦，功率的单位为瓦特(W)，简称瓦。

　　式(1.2.3)中 i 和 u 都是时间的函数，并且是代数量，因此，电能 W 也是时间的函数，且是代数量。电功率是能量对时间的导数，在电工中，电功率常常简称为功率。

　　在图 1.2.3(a)所示电压、电流参考方向关联的情况下，功率可写成

$$p = ui \tag{1.2.4}$$

　　式(1.2.4)是按吸收功率计算的，即当 $p > 0$ 时，表示该段电路吸收功率；$p < 0$ 时，表示该段电路发出功率。

　　在图 1.2.3(b)所示电压和电流的非关联参考方向下，功率可写成

$$p = -ui \tag{1.2.5}$$

　　应根据电压、电流参考方向是否关联，来选取相应的计算吸收功率的公式。

【例 1.2.1】 如图 1.2.4 电路中，$U_{s1} = 4$ V，$U_{s2} = 1$ V，$R_1 = 2\ \Omega$，$R_2 = 1\ \Omega$。计算两个电源的功率，判断是吸收功率还是发出功率。

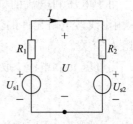

图 1.2.4　例 1.2.1 图

解

$$I = \frac{U_{s1} - U_{s2}}{R_1 + R_2} = \frac{4-1}{2+1} = 1 \text{ A}$$

$$U = R_2 I + U_{s2} = 1 \times 1 + 1 = 2 \text{ V}$$

$$P_1 = -4 \times 1 = -4 \text{ W} < 0$$

$$P_2 = 1 \times 1 = 1 \text{ W} > 0$$

所以 P_1 为输出功率，P_2 为吸收功率。

由 $p = ui$ 可知，一台发电机要发出大功率，不但要有大电流，还要有高电压。但是实际上，任何电器设备的电压、电流都受到条件的限制，电流受温升的限制，电压受绝缘材料耐压的限制。电流过大或电压过高，都会使电器设备受到损坏。为使设备正常工作，电压、电流必须有一定的限额，这个限额称为电器设备的额定值。

任何设备在额定值下工作的理想状况，称为满载，超过额定值的工作为过载。少量的过载尚可，因为任何电器设备都有一定的安全系数，但严重过载是不允许的，因此使用前必须进行严格的选择。

每一台电器设备的各种额定值之间有一定的关系，因此，每种电器设备只给出部分额定值，不必全部给出。如日光灯的额定电压为 220 V，额定功率为 40 W 等。

1.3　电　阻　元　件

线性二端电阻元件(简称电阻元件)是这样的元件：在电压和电流取关联参考方向时，任何时刻其两端的电压和电流关系可写为

$$u = Ri \tag{1.3.1}$$

式中，R 为电阻元件的参数，称为元件的电阻。电阻元件的图形符号如图 1.3.1(a)所示。当电压单位用 V，电流单位用 A 时，电阻的单位为 Ω(欧姆，简称欧)。

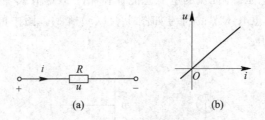

图 1.3.1　电阻元件及其伏安特性曲线

令 $G = 1/R$，式(1.3.1)变成

$$i = Gu \tag{1.3.2}$$

式中，G 称为电阻元件的电导。电导的单位是 S(西门子，简称西)。R 和 G 都是电阻元件的参数。如果电阻元件电压的参考方向与电流的参考方向相反，则欧姆定律应写为

$$u = -Ri \tag{1.3.3}$$

由于电压和电流的单位是伏特和安培，因此电阻元件的特性称为伏安特性。图 1.3.1 (b)画出线性电阻元件的伏安特性曲线，它是通过原点的一条直线。直线的斜率与元件的电阻 R 有关。

当电压 u 和电流 i 取关联参考方向时，电阻元件消耗的功率为

$$P = ui = Ri^2 = \frac{u^2}{R} = Gu^2 = \frac{i^2}{G} \tag{1.3.4}$$

式中，R 和 G 是正实常数，故功率 P 恒为非负值。所以电阻元件是一种无源元件。实际电阻器消耗的功率都有规定的限度，超过规定值就会使电阻器因过热而损坏。所以实际使用电阻器时，既要使电阻值大小符合要求，又要注意消耗的功率不要超过其允许值。

电阻元件在 $t_0 \sim t$ 的时间内吸收的电能为

$$W = \int_{t_0}^{t} Ri^2(\xi)\mathrm{d}\xi \tag{1.3.5}$$

电阻元件将吸收的电能转换成热能。今后，为了叙述方便，把电阻元件简称为"电阻"。

非线性电阻元件的电压电流关系不满足欧姆定律，而遵循某种特定的非线性函数关系。其伏安特性一般可写为

$$u = f(i) \quad 或 \quad i = g(u)$$

如果一个电阻元件具有以下的电压电流关系：

$$u(t) = R(t)i(t) \quad 或 \quad i(t) = G(t)u(t)$$

这里 u 和 i 仍是比例关系，但比例系数 R 是随时间变化的，称为时变电阻元件。

1.4 电压源和电流源

电压源和电流源是二端有源元件，是在一定条件下从实际电源抽象出来的一种理想模型。

1.4.1 电压源

理想电压源(简称电压源)提供的电压总能保持某一恒定值或一定的时间函数，而与通过它们的电流无关。理想电压源的符号如图 1.4.1(a)所示。图中的"＋""－"号是参考极性，u_s 为电压源的端电压。

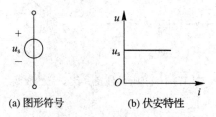

(a) 图形符号   (b) 伏安特性

图 1.4.1 理想电压源

理想电压源的输出电压与输出电流之间的关系称为伏安特性，如图 1.4.1(b)所示。电压源的特点：① 输出电压 u_s 是由它本身所确定的定值，与输出电流和外电路的情况无关；② 输出电流 i 不是定值，与输出电压和外电路的情况有关。

1.4.2　电流源

理想电流源(简称电流源)提供的电流总能保持恒定值或一定的时间函数,而与它两端所加的电压无关,也称为恒流源。图 1.4.2(a)为理想电流源的符号。图中的箭头是理想电流源的参考方向,i_s 为电流源的端电流。

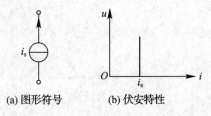

(a) 图形符号　　(b) 伏安特性

图 1.4.2　理想电流源

图 1.4.2(b)为理想电流源的伏安特性曲线。电流源的特点:① 输出电流 i_s 是由它本身所确定的定值,与输出电压和外电路的情况无关;② 输出电压 u 不是定值,与输出电流和外电路的情况有关。

1.5　受　控　源

受控源是用来表征在电子器件中所发生的物理现象的一种模型,它反映了电路中某处的电压或电流控制另一处的电压或电流的关系。

电压或电流的大小和方向受电路中其它地方的电压(或电流)控制的电源,称受控源。

受控源有两个控制端钮(又称输入端)、两个受控端钮(又称输出端)。根据控制量和被控制量是电压 u 或电流 i,受控源可分四种类型:电压控制电压源(VCVS)、电压控制电流源(VCCS)、电流控制电压源(CCVS)、电流控制电流源(CCCS)。它们在电路中的图形符号分别如图 1.5.1 所示。μ、g、r、β 都为相关的控制系数,其中 μ、β 无量纲,g 和 r 分别为

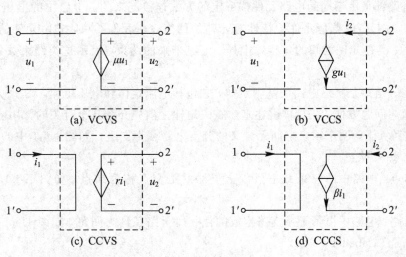

(a) VCVS　　　　　　　　　　(b) VCCS

(c) CCVS　　　　　　　　　　(d) CCCS

图 1.5.1　四种线性受控源

具有电导和电阻的量纲。当这些系数为常数时，被控制量与控制量成正比，这种受控源称为线性受控源。本书中所涉及的受控源均为线性受控源。

受控源与独立源的比较：① 独立源电压（或电流）由电源本身决定，与电路中其它电压、电流无关，而受控源的电压（或电流）由控制量决定；② 独立源在电路中起"激励"作用，在电路中产生电压、电流，而受控源只是反映输出端与输入端的受控关系，在电路中不能作为"激励"。

【例 1.5.1】 图 1.5.2 电路中 $I=5\mathrm{A}$，求各个元件的功率并判断电路中的功率是否平衡。

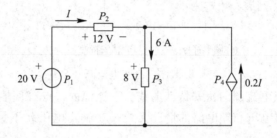

图 1.5.2　例 1.5.1 图

解　　　$P_1=-20\times5=-100\ \mathrm{W}$　　　　　　发出功率

　　　　　$P_2=12\times5=60\ \mathrm{W}$　　　　　　　消耗功率

　　　　　$P_3=8\times6=48\ \mathrm{W}$　　　　　　　消耗功率

　　　　　$P_4=-8\times0.2I=8\times0.2\times5=-8\ \mathrm{W}$　　　发出功率

　　　　　$P_1+P_4+P_2+P_3=0$　　　　　　　电路中功率平衡

1.6　基尔霍夫定律

任一电路都是由不同的电路元件按一定的方式连接起来的。电路中的电压、电流必然受到一定的约束。一类是元件的特性对元件的约束——元件约束，它由元件的伏-安特性来决定；另一类是元件之间的连接给电压、电流带来的约束，表示这类约束关系的是基尔霍夫定律。

基尔霍夫定律是集总电路的基本定律，它包括电流定律和电压定律。

为了叙述问题方便，在具体讲述基尔霍夫定律之前先介绍几个有关的常用电路术语。

(1) 支路：任意两个结点之间无分叉的分支电路称为支路。如图 1.6.1 中的 bafe 支路、be 支路、bcde 支路。

(2) 结点：电路中的三条或三条以上支路的汇交点称为结点，如图 1.6.1 中的 b 点、e 点。

(3) 回路：电路中由若干条支路构成的任一闭合路径称为回路，如图 1.6.1 中 abefa 回路、bcdeb 回路、abcdefa 回路。

(4) 网孔：不包围任何支路的单孔回路称网孔。如图 1.6.1 中 abefa 回路和 bcdeb 回路都是网孔，而 abcdefa 回路不是网孔。网孔一定是回路，而回路不一定是网孔。

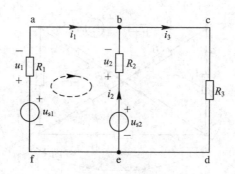

图 1.6.1　电路举例

1.6.1　基尔霍夫电流定律

基尔霍夫电流定律(KCL)："在集总参数电路中，任何时刻，对任一结点，所有支路电流的代数和恒等于零"。

以图 1.6.1 所示的电路为例，对结点 b 应用 KCL，有

$$i_1 + i_2 - i_3 = 0$$

即

$$\sum i = 0 \tag{1.6.1}$$

式中，若流入结点的电流前面取"＋"号，则流出结点的电流前面取"－"号。电流是流出结点还是流入结点，均根据电流的参考方向判断。

式(1.6.1)可写为

$$i_1 + i_2 = i_3$$

此式表明，流出结点 b 的支路电流等于流入该结点的支路电流。因此，KCL 也可理解为，任何时刻，流出任一结点的支路电流之和等于流入该结点的支路电流之和。

KCL 不仅可以用于结点，对于包含几个结点的闭合面也是适用的。例如，图 1.6.2 所示的电路中对封闭面 S 有

$$i_1 + i_2 + i_3 = 0$$

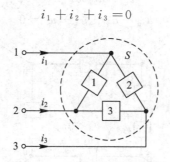

图 1.6.2　KCL 的推广

【**例 1.6.1**】　如图 1.6.3 所示，已知 $i_2 = 2$ A，$i_4 = -1$ A，$i_5 = 6$ A，求 i_3。

解　因为

$$i_2 - i_3 + i_4 - i_5 = 0$$

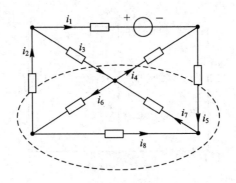

图 1.6.3　例 1.6.1 图

所以

$$i_3 = i_2 + i_4 - i_5 = -5 \text{ A}$$

1.6.2　基尔霍夫电压定律

基尔霍夫电压定律(KVL)："在集总参数电路中,任何时刻,沿任一回路,所有支路电压的代数和恒等于零。"即

$$\sum u = 0 \tag{1.6.2}$$

式(1.6.2)取和时,首先需要任意指定一个回路的绕行方向,凡支路电压的参考方向与回路的绕行方向一致者,该电压前面取"＋"号;支路电压参考方向与回路绕行方向相反者,前面取"－"号。

图 1.6.1 所示的闭合回路中,沿 abefa 顺序绕行一周,则有

$$-u_{s1} + u_1 - u_2 + u_{s2} = 0$$

KVL 不仅适用于电路中的具体回路,对于电路中任一假想的回路也是成立的,例如在图 1.6.4 电路中,ad 之间并无支路存在,但仍可把 abda 或 acda 分别看成一个回路。由KVL 分别得

$$u_1 + u_2 - u_{ad} = 0$$
$$u_{ad} - u_3 - u_4 - u_5 = 0$$

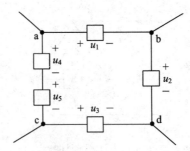

图 1.6.4　电压回路

图 1.6.4 中,回路 KVL 方程有 $u_1 + u_2 - u_3 - u_4 - u_5 = 0$,故有

$$u_{ad} = u_1 + u_2 = u_3 + u_4 + u_5$$

可见，两点间的电压与选择的路径无关。

【**例 1.6.2**】　在图 1.6.5 所示的回路中，已知 $U_{s1}=20$ V，$U_{s2}=10$ V，$U_{ab}=4$ V，$U_{cd}=-6$ V，$U_{ef}=5$ V，试求 U_{ed} 和 U_{ad}。

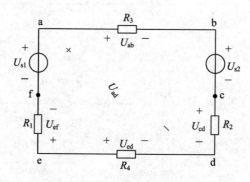

图 1.6.5　例 1.6.2 图

解　由回路 abcdefa，根据 KVL 可列出：

$$U_{ab}+U_{cd}-U_{ed}+U_{ef}=U_{s1}-U_{s2}$$
$$U_{ed}=U_{ab}+U_{cd}+U_{ef}-U_{s1}+U_{s2}$$
$$=[4+(-6)+5-20+10]=-7 \text{ V}$$

由假想的回路 abcda，根据 KVL 可列出：

$$U_{ab}+U_{cd}-U_{ad}=-U_{s2}$$

求得

$$U_{ad}=U_{ab}+U_{cd}+U_{s2}=4+(-6)+10=8 \text{ V}$$

【**例 1.6.3**】　图 1.6.6 所示的电路，利用 Multisim 分别验证基尔霍夫电压定律、基尔霍夫电流定律。

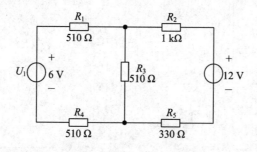

图 1.6.6　基尔霍夫定律应用图

解　（1）从元件库中选取电压源、电流源以及电阻，再从元件库中选取电流表并选择适当的参数，创建图 1.6.7 所示的电路。

（2）启动仿真开关，电流表的读数分别为 1.926 mA、−5.987 mA、7.914 mA。

（3）从元件库中选取电压源、电流源以及电阻，再从元件库中选取电压表并选择适当的参数，创建图 1.6.8 所示的电路。

（4）启动仿真开关，电压表的读数分别为 982.036 mV、−5.988 V、4.036 V、982.036 mV、1.976 V。

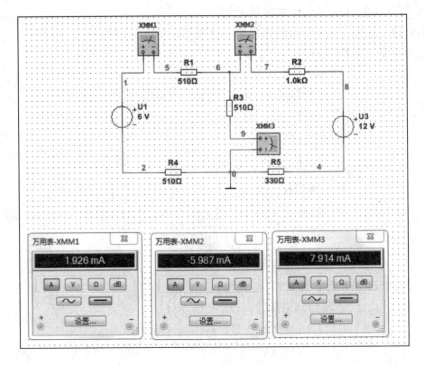

图 1.6.7　基尔霍夫电流定律测量图

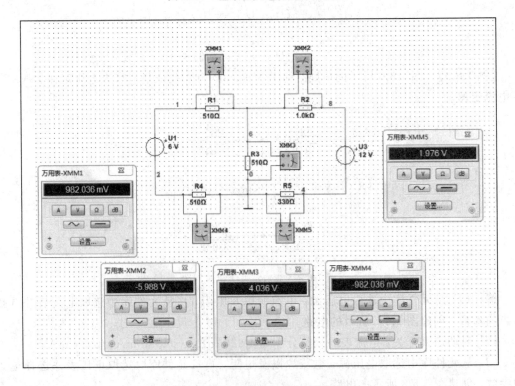

图 1.6.8　基尔霍夫电压定律测量图

　　可以看出，图 1.6.6 中上、下两个节点的电流代数和为零，任一回路中的电压代数和为零，这验证了基尔霍夫定律。

1.7　电路等效

"等效"在电路理论中是重要的概念，电路等效变换方法是电路问题分析中经常使用的方法。

本节首先阐述电路等效的一般概念，然后具体讨论常用二端电路等效变换方法。

1.7.1　电路等效的一般概念

结构、元件参数不相同的两部分电路 B、C 如图 1.7.1 所示，若 B、C 端子具有相同的电压、电流关系，即相同的 VCR，则称 B 与 C 是互为等效的。

图 1.7.1　具有相同 VCR 的两部分电路

等效的两部分电路 B 与 C 在电路中可以相互代换，代换前的电路和代换后的电路对任意电路 A 中的电流、电压和功率而言是等效的，见图 1.7.2。

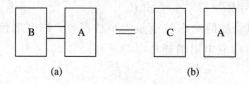

图 1.7.2　电路等效示意图

需要明确的是，上述等效用于求解 A 部分电路中的电流、电压和功率，若要求解图1.7.2(a)中 B 部分电路的电流、电压和功率不能用图 1.7.2(b)等效电路。因为 B 电路和 C 电路对 A 电路来说是等效的，但 B 电路和 C 电路本身是不相同的。

1.7.2　电阻的串联和并联等效

1. 电阻串联

图 1.7.3(a)所示为 n 个电阻的串联，由 KVL 得

$$u = u_1 + \cdots + u_k + \cdots + u_n$$

将欧姆定律代入电压表示式中，即

$$u = R_1 i + \cdots + R_k i + \cdots + R_n i = (R_1 + \cdots + R_n)i = R_{eq} i$$

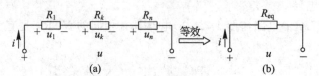

图 1.7.3　等效电阻转换

上式说明图 1.7.3(a)电路与图 1.7.3(b)电路具有相同的 VCR，是互为等效的电路。其中等效电阻为

$$R_{eq} = R_1 + \cdots + R_k + \cdots + R_n = \sum_{k=1}^{n} R_k > R_k$$

若已知串联电阻两端的总电压，求各分电阻上的电压称分压，则

$$u_k = R_k i = R_k \frac{u}{R_{eq}} = \frac{R_k}{R_{eq}} u < u \tag{1.7.1}$$

满足：

$$u_1 : u_2 : \cdots : u_k : \cdots : u_n = R_1 : R_2 : \cdots : R_k : \cdots : R_n \tag{1.7.2}$$

电阻串联时，各分电阻上的电压与电阻值成正比，电阻值大者分得的电压大。因此串联电阻电路可作分压电路。

各电阻的功率为

$$P_1 = R_1 i^2, \; P_2 = R_2 i^2, \; P_3 = R_3 i^2, \; \cdots P_n = R_n i^2$$

所以

$$P_1 : P_2 : \cdots : P_k : \cdots : P_n = R_1 : R_2 : \cdots : R_k : \cdots : R_n$$

总功率为

$$\begin{aligned} P = R_{eq} i^2 &= (R_1 + R_2 + \cdots + R_k + \cdots + R_n) i^2 \\ &= R_1 i^2 + R_2 i^2 + \cdots + R_k i^2 + \cdots + R_n i^2 \\ &= P_1 + P_2 + \cdots + P_n \end{aligned}$$

电阻串联时，各电阻消耗的功率与电阻大小成正比，即电阻值大者消耗的功率大；等效电阻消耗的功率等于各串联电阻消耗功率的总和。

2. 电阻并联

图 1.7.4(a)为 n 个电阻的并联，根据 KCL 得

$$i = i_1 + i_2 + \cdots + i_n$$

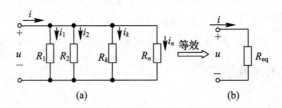

图 1.7.4 并联等效电阻

把欧姆定律代入电流表示式中，即

$$i = i_1 + i_2 + \cdots + i_n = \frac{u}{R_1} + \frac{u}{R_2} + \cdots + \frac{u}{R_n} = u(G_1 + G_2 + \cdots + G_n) = G_{eq} u$$

式中，$G = 1/R$ 为电导

上式说明图 1.7.4(a)电路与图 1.7.4(b)电路具有相同的 VCR，是互为等效的电路。其中等效电导为

$$G_{eq} = G_1 + G_2 + \cdots + G_s = \sum_{k=1}^{n} G_k > G_k$$

因此有

$$\frac{1}{R_{\text{eq}}} = G_{\text{eq}} = \frac{1}{R_1} + \frac{1}{R_2} + \cdots + \frac{1}{R_n} \quad 即 \quad R_{\text{eq}} < R_k$$

最常用的两个电阻并联时求等效电阻的公式：

$$R_{\text{eq}} = \frac{1}{\dfrac{1}{R_1} + \dfrac{1}{R_2}} = \frac{R_1 R_2}{R_1 + R_2} \tag{1.7.3}$$

若已知并联电阻电路的总电流，求各分电阻上的电流称分流，则由图 1.7.5 知：

$$\frac{i_k}{i} = \frac{\dfrac{u}{R_k}}{\dfrac{u}{R_{\text{eq}}}} = \frac{G_k}{G_{\text{eq}}}$$

即

$$i_k = \frac{G_k}{G_{\text{eq}}} i \tag{1.7.4}$$

满足：

$$i_1 : i_2 : \cdots : i_k : \cdots : i_n = G_1 : G_2 : \cdots : G_k : \cdots : G_n \tag{1.7.5}$$

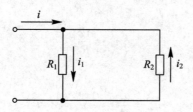

图 1.7.5　两电阻并联

对于两电阻并联，有

$$i_1 = \frac{\dfrac{1}{R_1}}{\dfrac{1}{R_1} + \dfrac{1}{R_2}} i = \frac{R_2 i}{R_1 + R_2}$$

$$i_2 = \frac{-\dfrac{1}{R_2}}{\dfrac{1}{R_1} + \dfrac{1}{R_2}} i = \frac{-R_1 i}{R_1 + R_2} = -(i - i_1)$$

各电阻的功率为

$$P_1 = G_1 u^2, \; P_2 = G_2 u^2, \cdots, \; P_k = G_k u^2, \cdots, \; P_n = G_n u^2 \tag{1.7.6}$$

所以

$$P_1 : P_2 : \cdots : P_k : \cdots : P_n = G_1 : G_2 : \cdots : G_k : \cdots : G_n \tag{1.7.7}$$

总功率为

$$\begin{aligned}
P &= G_{\text{eq}} u^2 = (G_1 + G_2 + \cdots + G_k + \cdots + G_n) u^2 \\
&= G_1 u^2 + G_2 u^2 + \cdots + G_k u^2 + \cdots + G_n u^2 \\
&= P_1 + P_2 + \cdots + P_n
\end{aligned}$$

电阻并联时,各电阻消耗的功率与电阻大小成反比,即电阻值大者消耗的功率小;等效电阻消耗的功率等于各并联电阻消耗功率的总和。

3. 电阻的混联等效

既有电阻串联、又有电阻并联的电路称为电阻的混联电路。

【例 1.7.1】 求图 1.7.6 所示电路的 i_1、i_4、u_4。

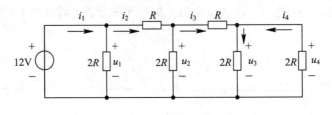

图 1.7.6　例 1.7.1 图

解　用分流方法:

$$i_4 = -\frac{1}{2}i_3 = -\frac{1}{4}i_2 = -\frac{1}{8}i_1 = -\frac{1}{8} \times \frac{12}{R} = -\frac{3}{2R}$$

$$u_4 = -i_4 \times 2R = 3 \text{ V}$$

$$i_1 = \frac{12}{R}$$

用分压方法:

$$u_4 = \frac{u_2}{2} = \frac{1}{4}u_1 = 3 \text{ V}$$

$$i_4 = -\frac{3}{2R}$$

判别电路的串、并联关系一般应掌握下述 4 点:

(1) 看电路的结构特点。若两电阻首尾相连,则是串联;若两电阻首首、尾尾相连,则是并联。

(2) 看电压和电流的关系。若流经两电阻的电流是同一个电流,则为串联;若两电阻上承受的是同一个电压,则为并联。

(3) 对电路作变形等效。如左边的支路可以扭到右边,上面的支路可以翻到下面,弯曲的支路可以拉直等;对电路中的短线路可以任意压缩与伸长;对多点接地可以用短路线相连。

(4) 找出等电位点。对于具有对称特点的电路,若能判断某两点是等电位点,则根据电路等效的概念,一是可以用短接线把等电位点连起来,二是把连接等电位点的支路断开(因支路中无电流),从而得到电阻的串、并联关系。

1.7.3　理想电源的串联与并联等效

电压源、电流源的串联和并联问题的分析是以电压源和电流源的定义及外特性为基础,结合电路等效的概念进行的。

1. 理想电压源的串联等效

图 1.7.7 为两个电压源的串联，根据 KVL 得

$$u_s = u_{s1} + u_{s2}$$

式中，u_{s1}、u_{s2} 与 u_s 的参考方向一致时取"＋"号，不一致时取"－"号。

图 1.7.7　电压源的串联等效电路

只有电压相等且极性一致的电压源才能并联。

2. 理想电流源的并联等效

图 1.7.8 为两个电流源的并联，根据 KCL 得

$$i_s = i_{s1} + i_{s2}$$

式中，i_{s1}、i_{s2} 与 i_s 的参考方向一致时取"＋"号，不一致时取"－"号。

只有电流值相等、方向一致的电流源才允许串联。

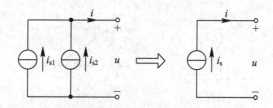

图 1.7.8　电流源的并联等效电路

3. 电压源与任意电路元件并联等效电路

图 1.7.9(a) 为电压源和任意元件的并联，这时均可等效为理想电压源 u_s，如图 1.7.9(b) 所示。注意："等效"是对外电路等效。

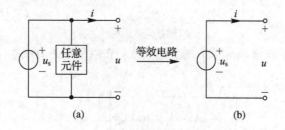

图 1.7.9　电压源和任意元件的并联等效电路

4. 电流源和任意元件的串联等效电路

图 1.7.10(a) 为电流源和任意元件的并联，这时均可等效为理想电流源 i_s，如图 1.7.10 (b) 所示。

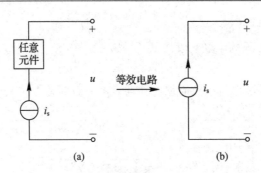

图 1.7.10　电流源和任意元件的串联等效电路

1.8　两种电源模型的等效变换

实际电源可由图 1.8.1(a)所示的电压源 u_s 和内阻 R_s 串联组成。端子处的电压为此组合的端电压，端电流将随外电路的改变而改变。其端口伏安特性可表示为

$$u = u_s - R_s i \tag{1.8.1}$$

图 1.8.1(b)画出了端电压 u 和 i 的关系曲线，它是一条直线。

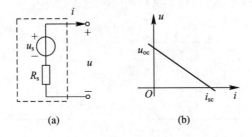

图 1.8.1　电压源、电阻的串联组合

实际电源也可由图 1.8.2(a)所示的电流源和电阻并联组合，其端口的伏安特性可表示为

$$i = i_s - \frac{u}{R_s'}$$

可以转化为

$$u = R_s' i_s - R_s' i \tag{1.8.2}$$

图 1.8.2(b)画出了端电压 u 和 i 的关系曲线，它也是一条直线。

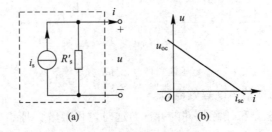

图 1.8.2　电压源、电阻的并联组合

比较式(1.8.1)和式(1.8.2)，可见两电路的等效条件为

$$u_s = R'_s i_s \quad 或 \quad i_s = \frac{u_s}{R_s}$$

$$R_s = R'_s$$

电源等效变换时应注意：

(1) 电压源电压的方向和电流源电流的方向相反；

(2) 电压源、电流源的等效变换只对外电路等效，对内不等效；

(3) 理想电压源和理想电流源之间不能进行等效变换。

【例 1.8.1】 将图 1.8.3(a)中电压源等效变换为电流源，图 1.8.3(b)中电流源等效为电压源。

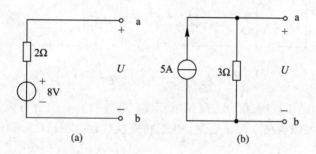

图 1.8.3 例 1.8.1 图

解 等效电流源见图 1.8.4(a)，等效电压源见图 1.8.4(b)。

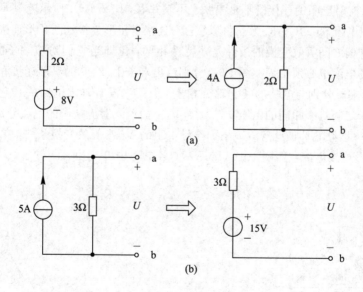

图 1.8.4 例 1.8.1 图解

【例 1.8.2】 求图 1.8.5 所示电路中的电流 I。

解

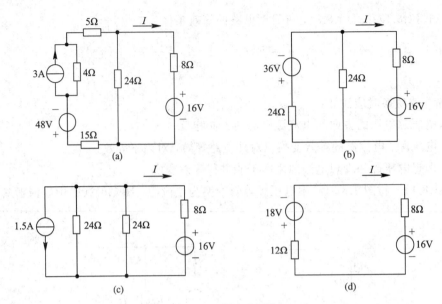

图 1.8.5　例 1.8.2 图

受控电压源、电阻的串联组合与受控电流源、电导的并联组合可以用同样的方法进行变换。此时应把受控源当独立源来处理，注意在变换过程中控制量必须保持不被改变。

1.9　电阻的 Y-△连接等效变换

在电路中，有时电阻的连接既不是串联也不是并联，如图 1.9.1 所示电阻 R_2、R_3、R_5 为星形（Y 形）连接，电阻 R_1、R_2、R_3 为三角形（△形）连接。星形连接和三角形连接都有三个端子与外部相连。它们之间等效变换的条件是外特性相同，也即当它们对应端子的电压相同时，流入对应端子的电流也必须相等。图 1.9.2 分别给出端子 1、2、3 的星形连接和三角形连接的 3 个电阻。三个端子分别与电路的其它部分相连，但图中没有画出电路的其它部分。如果在它们的对应端子之间具有相同的电压 u_{12}、u_{23}、u_{31}，而流入对应端子的电流分别相等，即 $i_1 = i'_1$，$i_2 = i'_2$，$i_3 = i'_3$，则它们彼此等效。下面推导电阻的 Y-△等效变换条件：

对于三角形连接电路，如图 1.9.2(b)所示，各电阻中电流为

$$i'_{12} = \frac{u_{12}}{R_{12}}, \quad i'_{23} = \frac{u_{23}}{R_{23}}, \quad i'_{31} = \frac{u_{31}}{R_{31}}$$

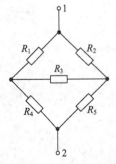

图 1.9.1　电阻的星形联接和三角形连接图

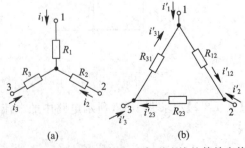

1.9.2　电阻的星形连接和三角形连接的等效变换

根据 KCL，图 1.9.2(b)中各端子的电流分别为

$$\begin{cases} i'_1 = \dfrac{u_{12}}{R_{12}} - \dfrac{u_{31}}{R_{31}} \\[2mm] i'_2 = \dfrac{u_{23}}{R_{23}} - \dfrac{u_{12}}{R_{12}} \\[2mm] i'_3 = \dfrac{u_{31}}{R_{31}} - \dfrac{u_{23}}{R_{23}} \end{cases} \tag{1.9.1}$$

对于星形连接电路，根据 KCL 和 KVL，求出端子电压与电流之间的关系，方程为

$$\begin{cases} i_1 + i_2 + i_3 = 0 \\ R_1 i_1 - R_2 i_2 = u_{12} \\ R_2 i_2 - R_3 i_3 = u_{23} \end{cases}$$

解出电流为

$$\begin{cases} i_1 = \dfrac{R_3 u_{12}}{R_1 R_2 + R_2 R_3 + R_3 R_1} - \dfrac{R_2 u_{31}}{R_1 R_2 + R_2 R_3 + R_3 R_1} \\[3mm] i_2 = \dfrac{R_1 u_{23}}{R_1 R_2 + R_2 R_3 + R_3 R_1} - \dfrac{R_3 u_{12}}{R_1 R_2 + R_2 R_3 + R_3 R_1} \\[3mm] i_3 = \dfrac{R_2 u_{31}}{R_1 R_2 + R_2 R_3 + R_3 R_1} - \dfrac{R_1 u_{23}}{R_1 R_2 + R_2 R_3 + R_3 R_1} \end{cases} \tag{1.9.2}$$

无论 u_{12}、u_{23}、u_{31} 为何值，两个等效电路对应的端子电流均相等，故式(1.9.1)和式(1.9.2)中电压 u_{12}、u_{23} 和 u_{31} 前面的系数应该对应相等。于是得到

$$\begin{cases} R_{12} = \dfrac{R_1 R_2 + R_2 R_3 + R_3 R_1}{R_3} \\[3mm] R_{23} = \dfrac{R_1 R_2 + R_2 R_3 + R_3 R_1}{R_1} \\[3mm] R_{31} = \dfrac{R_1 R_2 + R_2 R_3 + R_3 R_1}{R_2} \end{cases} \tag{1.9.3}$$

式(1.9.3)就是根据星形连接的电阻确定三角形连接的电阻公式。

将式(1.9.3)中三式相加，并在右方通分可得

$$R_{12} + R_{23} + R_{31} = \frac{(R_1 R_2 + R_2 R_3 + R_3 R_1)^2}{R_1 R_2 R_3}$$

代入 $R_1 R_2 + R_2 R_3 + R_3 R_1 = R_{12} R_3 = R_{31} R_2$ 就可得到 R_1 的表达式，同理可得 R_2 和 R_3。公式分别为

$$\begin{cases} R_1 = \dfrac{R_{12} R_{31}}{R_{12} + R_{23} + R_{31}} \\[3mm] R_2 = \dfrac{R_{23} R_{12}}{R_{12} + R_{23} + R_{31}} \\[3mm] R_3 = \dfrac{R_{31} R_{23}}{R_{12} + R_{23} + R_{31}} \end{cases} \tag{1.9.4}$$

式(1.9.4)就是从三角形连接的电阻来确定星形连接的电阻的公式。

为了便于记忆，以上互换公式可归纳为

$$星形（Y形）电阻 = \frac{三角形（\triangle 形）相邻电阻的乘积}{三角形（\triangle 形）电阻之和}$$

$$三角形（\triangle 形）电阻 = \frac{星形（Y形）电阻两两乘积之和}{星形（Y形）不相邻电阻}$$

若星形连接中 3 个电阻相等，即 $R_1 = R_2 = R_3 = R_Y$，则等效三角形连接中的 3 个电阻也相等，即

$$R_\triangle = R_{12} = R_{23} = R_{31} = 3R_Y$$

或

$$R_Y = \frac{1}{3} R_\triangle$$

式(1.9.4)也可以用电导表示

$$G_{12} = \frac{G_1 G_2}{G_1 + G_2 + G_2}$$

$$G_{23} = \frac{G_2 G_3}{G_1 + G_2 + G_2}$$

$$G_{31} = \frac{G_3 G_1}{G_1 + G_2 + G_2}$$

【例 1.9.1】 对图 1.9.3 的桥型电路，求总电阻 R_{12}。

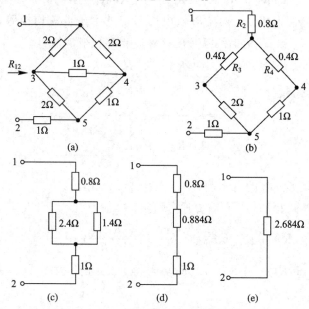

图 1.9.3　例 1.9.1 图

解　把接到节点 1、3、4 上的三角形连接的电阻等效为星形连接的电阻，其中

$$R_1 = \frac{2 \times 2}{2 + 2 + 1} = 0.8 \ \Omega$$

$$R_3 = \frac{2 \times 1}{2 + 2 + 1} = 0.4 \ \Omega$$

$$R_4 = \frac{2 \times 1}{2 + 2 + 1} = 0.4 \ \Omega$$

然后用串并联的方法，如图 1.9.3 所示，可得出：

$$R_{12} = 2.684\ \Omega$$

也可以把接到节点 3 上的三个星形连接的电阻转换成三角形连接的电阻，如图 1.9.4 所示。

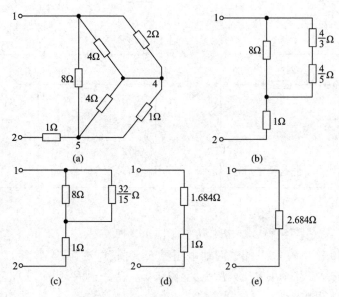

图 1.9.4　求解例 1.9.1 的另一种方法

1.10　输　入　电　阻

如果一个网络具有两个引出端子与外电路相连而不管其内部结构如何复杂，则这样的网络叫做二端网络或一端口网络(简称"一端口")。如图 1.10.1 所示，如果无源二端网络的内部仅含电阻，用串并联方法和 Y -△变换等，总可以求得其等效电阻。

在无源二端网络的端口处外加电压源 u_s 或电流源 i_s，并求得端口的电流 i 或 u，则端口网络的输入电阻 R_i 定义为

$$R_i \overset{\text{def}}{=} \frac{u}{i_s} = \frac{u_s}{i} \tag{1.10.1}$$

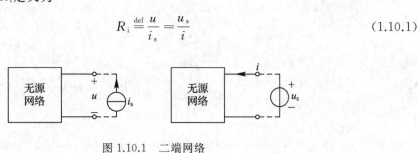

图 1.10.1　二端网络

不难看出，输入电阻与等效电阻是相等的。从概念上说，输入电阻是不含独立电源的二端网络的端电压与端电流的比值，等效电阻是用来等效替代此端口的电阻。二段网络的等效电阻可以通过计算输入电阻来求得。

【例 1.10.1】　试求图 1.10.2(a)和(b)的输入电阻 R_{ab}。

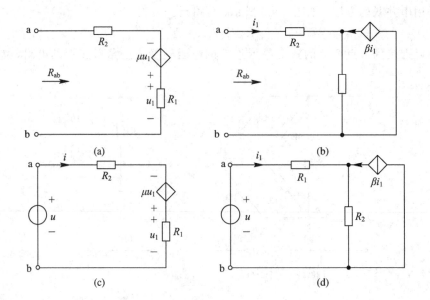

图 1.10.2 例 1.10.1 图

解 在图 1.10.2(a)的 a、b 端子间加电压源 u，并设电流为 i，如图 1.10.2(c)所示，有

$$u = R_2 i - \mu u_1 + R_1 i = R_2 i - \mu(R_1 i) + R_1 i = (R_1 + R_2 - \mu R_1)i$$

故得 a、b 端的输入电阻为

$$R_{ab} = \frac{u}{i} = R_1 + R_2 - \mu R_1$$

在图 1.10.2(b)的 a、b 端子间加电压源 u，并设电流为 i_1，如图 1.10.2(d)所示，有

$$u = R_1 i_1 + (i_1 + \beta i_1)R_2$$

$$R_{ab} = \frac{u}{i_1} = R_1 + (1 + \beta)R_2$$

习 题 1

1.1 求题 1.1 图所示电路中电流 I、电压 U 及 $3\ \Omega$ 电阻的功率。

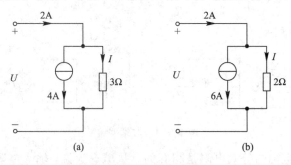

题 1.1 图

1.2 求题 1.2 图所示电路中端口电压 U_{ab}。

1.3 求题 1.3 图所示电路中的电压 U_{ab}。

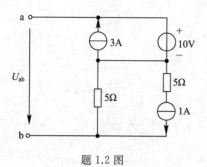

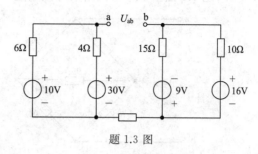

题 1.2 图　　　　　　　　　题 1.3 图

1.4　求题 1.4 图所示电路中等效电阻 R_{ab}。

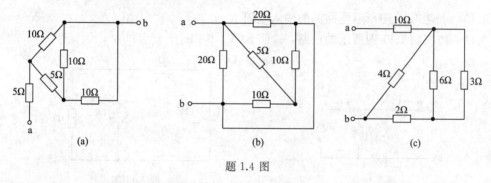

(a)　　　　　　　(b)　　　　　　　(c)

题 1.4 图

1.5　试用电源等效变换的方法求题 1.5 图所示电路的 U_{ab}。

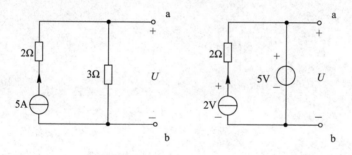

题 1.5 图

1.6　利用电源的等效变换画题 1.6 图所示电路的对外等效电路。

1.7　求题 1.7 图所示电路的等效电阻 R_{12}。

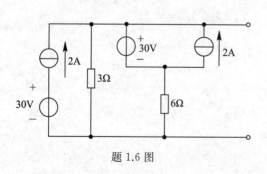

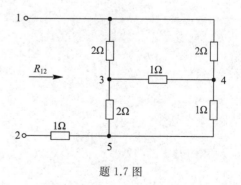

题 1.6 图　　　　　　　　题 1.7 图

1.8　试求题 1.8 图所示电路的输入电阻 R_{ab}。

1.9 求题 1.9 图所示单口网络的等效电阻。

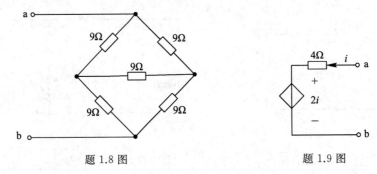

题 1.8 图   题 1.9 图

1.10 求题 1.10 图所示电路的的输入电阻 R_{ab}。

1.11 仿真题 1.11 图所示的电路，验证 KCL、KVL。

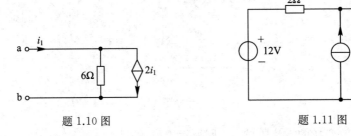

题 1.10 图   题 1.11 图

第 2 章 电阻电路分析

第一章介绍了电路的基本概念、基本定律和简单电路的分析计算方法。本章将讨论复杂电路的一般分析计算方法，如支路电流法、网孔分析法、结点电位法等。同时，还将介绍利用电路定理进行电路分析的方法，如叠加定理、替代定理、戴维宁定理、最大功率传输定理等。此外，为激发广大读者对本章所述的电路分析方法的深入理解、掌握和应用，我们特在部分小节末给出了一些仿真实例，以期能为读者提供一定的帮助。电阻电路的这些分析方法将广泛应用或推广用于后续各章。

2.1 支路电流法

根据第一章的介绍，我们知道将仅包含电阻、独立源和受控源的电路称为电阻电路。对其进行分析的最一般的方法就是方程法。此类方法是在不改变电路结构的情况下，以减少电路方程数目为目的，选择一组合适的电路变量。依据两类约束，即元件的 VCR 和电路的拓扑约束特性（KCL、KVL），建立独立的方程组，求解得到电路变量，进而求得所需的物理量。

本章只讨论线性电阻电路的一般分析方法，它是学习非线性电阻电路、动态电路的基础。同时，本章的分析方法也适用于后续的正弦稳态电路。

2.1.1 支路电流法

下面，我们介绍属于方程法中的最基本的方法，即支路电流法。它是以支路电流为变量，根据两类约束建立独立的方程组，求解出各支路电流，进而可求出电路中任意处的电压、功率等。下面以一个具体例子来说明支路电流法分析电路的全过程。

如图 2.1.1 所示，电路有 2 个结点（$n=2$）、3 条支路（$b=3$）。设各支路电流分别为 i_1、i_2、i_3，其参考方向如图中所示。就本例而言，就是如何找到包含未知量 i_1、i_2、i_3 的 3 个相互独立的方程组。

根据 KCL，对结点 a 和 b 分别建立电流方程。设流出结点的电流取正号，则有

结点 a：

$$-i_1+i_2+i_3=0 \tag{2.1.1}$$

结点 b：

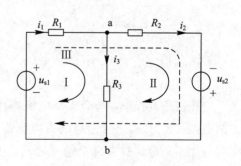

图 2.1.1 支路电流法分析用图

$$i_1 - i_2 - i_3 = 0 \qquad (2.1.2)$$

显然，将式(2.1.1)变形后即可得到式(2.1.2)，说明此两式不是相互独立的。故为了得到独立的 KCL 方程只能取其中任意一个，例如取式(2.1.1)。

根据 KVL，按图中的绕行方向对回路Ⅰ、Ⅱ、Ⅲ分别列 KVL 方程。

回路Ⅰ：$\qquad\qquad R_1 i_1 + R_3 i_3 = u_{s1} \qquad (2.1.3)$

回路Ⅱ：$\qquad\qquad R_2 i_2 - R_3 i_3 = u_{s2} \qquad (2.1.4)$

回路Ⅲ：$\qquad\qquad R_1 i_1 + R_2 i_2 = u_{s1} + u_{s2} \qquad (2.1.5)$

显然，这三个方程也不是相互独立的，任意一式都可以由其它两式相加减得到。如式(2.1.3)与式(2.1.4)相加可以得到式(2.1.5)，所以只能取其中的两式作为独立方程的 KVL 方程，这里可取式(2.1.3)和式(2.1.4)。联立独立的 KCL 方程和独立的 KVL 方程：

$$\begin{cases} -i_1 + i_2 + i_3 = 0 \\ R_1 i_1 + R_3 i_3 = u_{s1} \\ R_2 i_2 - R_3 i_3 = u_{s2} \end{cases} \qquad (2.1.6)$$

式(2.1.6)即为图 2.1.1 所示电路以支路电流为未知量的独立方程组之一，它完整地描述了该电路中各支路电流和支路电压之间的相互约束关系。该方程组中方程数目与未知量数目相等，故该方程组有唯一解。求解此方程组，即可得到 3 个未知的支路电流。求得各支路电流之后，再根据元件的 VCR 以及回路的 KVL，即可求得任意支路的电压，然后根据功率的定义还可求得任意支路上的功率等。

2.1.2 KCL 和 KVL 的独立方程

对上述电路利用支路电流法分析列写方程时，先列出所有 KCL 和 KVL 方程，然后通过观察比较，从中找出独立的 KCL 方程和独立的 KVL 方程。如果电路比较复杂，结点数、回路数较多，则按照这种方式来找所需的独立方程就是件很麻烦的事。对于具有 n 个结点、b 条支路的电路来说，其 KCL 独立方程的个数及 KVL 独立方程的个数分别是多少呢？下面将给出结论及说明。

1. KCL 的独立方程

设一个电路如图 2.1.2 所示，对结点 a、b、c、d 分别列写 KCL 方程：

结点 a：$\qquad i_1 + i_2 + i_4 = 0$

结点 b：$\qquad -i_4 + i_5 + i_6 = 0$

结点 c：$\qquad -i_1 + i_3 - i_5 = 0$

结点 d：$\qquad -i_2 - i_3 - i_6 = 0$

在这些方程中，每个支路电流均作为一项出现两次，一次为正，一次为负(指电流符号)。这是因为每个支路都连接在两个结点之间，所以每个支路电流必定从一个结点流入，从另一个结点流出。这个支路电流与其它结点不会发生直接联系。因此，

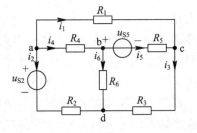

图 2.1.2 KCL 和 KVL 独立方程

上面任意 3 个方程相加，必将得出第 4 个方程。这个结论对于 n 个结点的电路同样适用。对于 n 个结点列出 KCL 方程，所得 n 个方程中任何一个都可以从其余 $n-1$ 个方程中推出来，所以独立方程的个数不会超过 $n-1$ 个，可以证明 KCL 独立方程的个数是 $n-1$ 个。通常将能列出独立 KCL 方程的结点称为独立结点。

2. KVL 独立方程的个数

在图 2.1.2 所示电路中，对 3 个网孔和外回路分别列出 KVL 方程。

电路上网孔：　　　　　　　$R_1 i_1 - R_5 i_5 - u_{s5} - R_4 i_4 = 0$

电路左下网孔：　　　　　　$R_4 i_4 + R_6 i_6 - R_2 i_2 - u_{s2} = 0$

电路右下网孔：　　　　　　$u_{s5} + R_5 i_5 + R_3 i_3 - R_6 i_6 = 0$

电路外回路：　　　　　　　$R_1 i_1 + R_3 i_3 - R_2 i_2 - u_{s2} = 0$

在这些方程中，任意 3 个方程相加，必将得出第 4 个方程，因此，只有 3 个方程是独立的。可以证明：具有 n 个结点、b 条支路的电路，只能列出 $b-(n-1)$ 个独立的 KVL 方程。习惯上把能列写出独立方程的回路称为独立回路。对于平面电路(注：平面电路是可以画在平面上不出现支路交叉的电路)，有几个网孔就有几个独立的回路数，这是因为任何一个网孔总有一条支路是其它网孔所没有的。这样，沿着网孔的回路列写 KVL 方程，其方程中总会出现一个新的变量。

综上所述，对于具有 n 个结点，b 条支路的电路，KCL 独立方程的个数为 $n-1$ 个；KVL 独立方程的个数为 $b-(n-1)$ 个，两个独立方程的个数之和是 b 个，正好是求 b 个支路电流所需的方程数。

2.1.3　支路电流法的步骤和特点

1. 支路电流法的一般步骤

用支路电流法求解具有 n 个结点、b 条支路的线性电阻电路的步骤如下：

(1) 选定 b 个支路电流的参考方向；

(2) 对 $n-1$ 个独立结点，列出独立 KCL 方程；

(3) 选定 $b-n+1$ 个独立回路(基本回路或网孔)，指定回路绕行方向，根据 KVL 列出回路电压方程(将支路电压用支路电流来表示)：

$$\sum R_k i_k = \sum u_{sk}$$

(4) 联立求解上述 b 个支路的电流方程；

(5) 求解题中要求的支路电压或功率等。

2. 支路电流法的特点

支路法列写的是 KCL 和 KVL 方程，所以方程列写方便、直观，但方程数较多，宜于在支路数不多的情况下使用。

【例 2.1.1】　求图 2.1.3 所示各支路电流及各电压源发出的功率。

解　各支路电流的参考方向及两个网孔的绕行方向如图 2.1.3 所示。

(1) $n-1=1$ 个 KCL 方程：

结点 a：　　　　　　　　　　$-I_1 - I_2 + I_3 = 0$　　　　　　　　　　　(2.1.7)

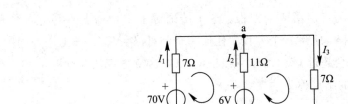

图 2.1.3 例 2.1.1 的图

(2) $b-(n-1)=2$ 个 KVL 方程：

$$7I_1-11I_2=70-6=64 \tag{2.1.8}$$

$$11I_2+7I_3=6 \tag{2.1.9}$$

用克莱姆法则求解由式(2.1.7)、式(2.1.8)和式(2.1.9)组成的三元一次方程组。Δ 和 Δ_j 分别为

$$\Delta=\begin{vmatrix} -1 & -1 & 1 \\ 7 & -11 & 0 \\ 0 & 11 & 7 \end{vmatrix}=203$$

$$\Delta_1=\begin{vmatrix} 0 & -1 & 1 \\ 64 & -11 & 0 \\ 6 & 11 & 7 \end{vmatrix}=1218$$

$$\Delta_2=\begin{vmatrix} -1 & 0 & 1 \\ 7 & 64 & 0 \\ 0 & 6 & 7 \end{vmatrix}=-406$$

$$\Delta_3=\begin{vmatrix} -1 & -1 & 0 \\ 7 & -11 & 64 \\ 0 & 11 & 6 \end{vmatrix}=812$$

所以电流 I_1、I_2、I_3 分别为

$$I_1=\frac{1218}{203}=6 \text{ A}, \ I_2=-\frac{406}{203}=-2 \text{ A}, \ I_3=\frac{812}{203}=4 \text{ A}$$

70 V 电压源发出的功率：

$$P_{70}=6\times70=420 \text{ W}$$

6 V 电压源发出的功率：

$$P_6=-2\times6=-12 \text{ W}$$

【例 2.1.2】 用支路电流法求图 2.1.4 所示电路中的各支路电流（电路中含有理想电流源）。

解 显然 $I_1=2$ A 已知，故只列写两个方程。

上边结点：

$$I_1+I_2-I_3=0$$

避开电流源支路取回路（回路按照逆时针方向绕行）：

$$20I_2+30I_3-10=0$$

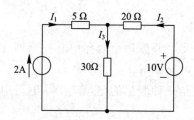

图 2.1.4　例 2.1.2 的图

联立求解得

$$I_2 = -1 \text{ A}, \ I_3 = 1 \text{ A}$$

【例 2.1.3】 用支路法求解图 2.1.5 所示电路中各支路电流(电路中含有受控源)。

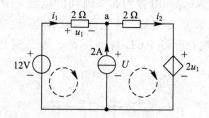

图 2.1.5　例 2.1.3 的图

解　各支路电流、各网孔绕向如图 2.1.5 所示。受控电压源当独立电压源一样处理,对电流源的处理方法:在其两端设定一电压 U。

对独立结点 a,列 KCL 方程:

$$i_2 - i_1 - 2 = 0 \tag{2.1.10}$$

对两个网孔,利用 KVL 列回路方程:

$$2i_1 + U - 12 = 0 \tag{2.1.11}$$

$$2i_2 + 2u_1 - U = 0 \tag{2.1.12}$$

上面三个方程共有四个未知量。补充一个方程:将受控源控制量 u_1 用支路电流表示,即

$$u_1 = 2i_1 \tag{2.1.13}$$

解式(2.1.10)~式(2.1.13)得支路电流为

$$i_1 = 1 \text{ A}, \ i_2 = 3 \text{ A}$$

2.2　网孔分析法

支路电流法适用于简单电路计算,由于独立方程数目等于电路的支路数,对支路数较多的复杂电路,需要列写的方程往往太多,手工解算较麻烦。那么,能否使方程数减少呢? 若能,则解算方程的工作量就可大大减少,这是我们所期望的。本节要讨论的网孔分析法就是基于这种想法而提出的一种改进方法。

1. 网孔分析法的定义

以沿网孔连续流动的假想电流为未知量列写电路方程分析电路的方法称为网孔电流

法。它仅适用于平面电路。

2. 网孔分析法的基本思想

为减少未知量（方程）的个数，假想每个网孔中有一个网孔电流。各支路电流可用网孔电流的线性组合表示，来求得电路的解。

需要注意的是，网孔电流是一种假想的电流，实际电路中并不存在。引入网孔电流纯粹是为了分析电路方便。

下面通过图 2.2.1 所示的电路加以说明。此平面电路有两个网孔，假设有两个电流 i_{m1}、i_{m2} 分别沿着该电路的两个网孔连续流动。由于支路 1 只有电流 i_{m1} 流过，实际的支路 1 的电流为 i_1，可见 $i_1 = i_{m1}$；类似地，$i_2 = i_{m2}$；而支路 3 有两个电流 i_{m1}、i_{m2} 流过，支路 3 的电流应为假设的两个电流 i_{m1}、i_{m2} 的代数和，实际支路 3 的电流为 i_3，可见 $i_3 = i_{m1} - i_{m2}$。我们把沿着网孔 1 流动的电流 i_{m1} 和沿着网孔 2 流动的电流 i_{m2} 称为网孔电流。当各支路电流用网孔电流表示后，则 KCL 自动满足，这是因为网孔电流在网孔中是闭合的，对每个相关结点均流进一次，流出一次，所以 KCL 自动满足。因此网孔分析法是对网孔回路列写 KVL 方程，方程数为网孔数。

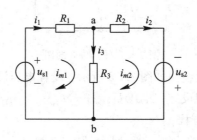

图 2.2.1 网孔分析法示意图

3. 方程的列写

网孔 1：

$$R_1 i_{m1} + R_3 (i_{m1} - i_{m2}) - u_{s1} = 0$$

网孔 2：

$$R_2 i_{m2} - R_3 (i_{m1} - i_{m2}) - u_{s2} = 0$$

整理上述两个方程得

$$\begin{cases} (R_1 + R_3) i_{m1} - R_3 i_{m2} = u_{s1} \\ -R_3 i_{m1} + (R_2 + R_3) i_{m2} = u_{s2} \end{cases}$$

观察可以看出如下规律：

$R_{11} = R_1 + R_3$：网孔 1 中所有电阻之和，称为网孔 1 的自电阻。

$R_{22} = R_2 + R_3$：网孔 2 中所有电阻之和，称为网孔 2 的自电阻。

$R_{12} = R_{21} = -R_3$：网孔 1、网孔 2 之间的互电阻。

$u_{sm1} = u_{s1}$：网孔 1 中所有电压源电压的代数和。

$u_{sm2} = u_{s2}$：网孔 2 中所有电压源电压的代数和。

以下几点需注意：

（1）自电阻总为正。

（2）当两个网孔电流流过相关支路方向相同时，互电阻取正号，否则为负号。

（3）当电压源电压方向与该网孔电流方向一致时，取负号，反之取正号。

这样改写上面两式，得到方程的标准形式：

$$\begin{cases} R_{11}i_{m1} + R_{12}i_{m2} = u_{sm1} \\ R_{21}i_{m1} + R_{22}i_{m2} = u_{sm2} \end{cases} \tag{2.2.1}$$

式(2.2.1)称为网孔电流方程,简称网孔方程。

对于具有 m 个网孔的电路,有

$$\begin{cases} R_{11}i_{m1} + R_{12}i_{m2} + \cdots + R_{1m}i_{mm} = u_{sm1} \\ R_{21}i_{m1} + R_{22}i_{m2} + \cdots + R_{2m}i_{mm} = u_{sm2} \\ \vdots \\ R_{m1}i_{l1} + R_{m2}i_{m2} + \cdots + R_{mm}i_{mm} = u_{smm} \end{cases} \tag{2.2.2}$$

式(2.2.2)的方程可以凭观察直接列出,其中:

R_{kk}:自电阻(总为正);

R_{jk}:互电阻→$\begin{cases} + : 流过互阻的两个网孔流方向相同 \\ - : 流过互阻的两个网孔流方向相反 \\ 0 : 无关 \end{cases}$

当网孔电流均取顺(或逆)时针方向时,R_{jk} 均为负。无受控源的线性网络 $R_{jk} = R_{kj}$,系数矩阵为对称阵。

$u_{skk}(k=1,2,\cdots,m)$ 为第 k 个网孔所有独立电压源的代数和,当网孔电流的绕行方向从电压源的"$-$"极指向"$+$"极时,此电压源的电压值取正号,否则取负号。

网孔分析法的一般步骤如下:

(1) 选网孔为独立回路,并确定其绕行方向;

(2) 以网孔电流为未知量,列写其 KVL 方程;

(3) 求解上述方程,得到 m 个网孔电流;

(4) 求各支路电流;

(5) 其它分析。

网孔电流法仅适用于平面电路。

4. 网孔法求解电路举例

【例 2.2.1】 电路如图 2.2.2 所示,试用观察法直接列出网孔电流方程。

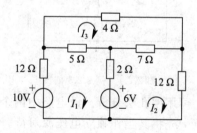

图 2.2.2　例 2.2.1 的图

解　首先假设各网孔电流的绕行方向如图 2.2.2 所示,用观察法直接列出网孔电流方程。

$$\begin{cases} (12+5+2)I_1 - 2I_2 - 5I_3 = 10 - 6 = 4 \\ -2I_1 + (2+7+12)I_2 - 7I_3 = 6 \\ -5I_1 - 7I_2 + (4+7+5)I_3 = 0 \end{cases}$$

整理得

$$\begin{cases} 19I_1 - 2I_2 - 5I_3 = 4 \\ -2I_1 + 21I_2 - 7I_3 = 6 \\ -5I_1 - 7I_2 + 16I_3 = 0 \end{cases}$$

【例 2.2.2】 电路如图 2.2.3(a)所示。试用网孔电流法求解通过 6 Ω 电阻的电流 I。

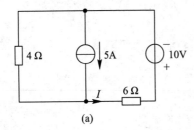 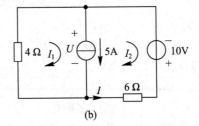

图 2.2.3 例 2.2.2 的图

解 此电路为平面电路，可用网孔法分析。电路有两个网孔，假设其电流绕行方向如图 2.2.3(b)所示。本例中电流源是两个网孔的公共支路，由于网孔方程是 KVL 方程，因此在电流源两端设一个电压变量 U，将其按照独立电压源对待。列写网孔方程如下：

$$\begin{cases} 4I_1 = -U \\ 6I_2 = U + 10 \end{cases} \tag{2.2.3}$$

上式中多了一个变量 U，还应补充一个方程：

$$I_1 - I_2 = 5 \tag{2.2.4}$$

联立式(2.2.3)和式(2.2.4)解得：$I_2 = -1$ A，则由图显然有：$I = -I_2 = 1$ A。

【例 2.2.3】 电路如图 2.2.4 所示，用网孔电流法求电压 U_{ab}。

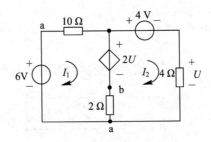

图 2.2.4 例 2.2.3 的图

解 此电路为平面电路，可用网孔法分析。设电路中两个网孔的绕行方向均为顺时针方向。此电路有一受控电压源，先将其当作独立电压源对待。列写网孔方程：

$$\begin{cases} 12I_1 - 2I_2 = 6 - 2U \\ -2I_1 + 6I_2 = 2U - 4 \end{cases} \tag{2.2.5}$$

上式多了一个变量 U，将其用网孔电流表示，增补一个方程：

$$U = 4I_2 \tag{2.2.6}$$

以上两式联立解得

$$I_1 = -1 \text{ A}, I_2 = 3 \text{ A}, U = 12 \text{ V}$$

进而根据 KVL 有

$$U_{ab} = 10I_1 + 2U - 6 = 8 \text{ V}$$

在 MATLAB 中，所有的变量和常量都以矩阵的形式存在。行向量可视作 $1 \times n$ 的矩阵，列向量可视作 $n \times 1$ 的矩阵，标量可视作 1×1 的矩阵。矩阵中的各元素可以是复数或者表达式。这些特点使 MATLAB 具有强大的矩阵运算和复数运算能力，在处理电路分析的各种问题时，相比于其它语言，编程更加简便，运算效率更高，更易于实现。

【例 2.2.4】　在图 2.2.5 所示的电路中，已知 $R_1 = R_2 = 10 \ \Omega$，$R_4 = R_5 = 8 \ \Omega$，$R_3 = R_6 = 2 \ \Omega$，$U_{s3} = 20 \text{ V}$，$U_{s6} = 40 \text{ V}$，用网孔法求解 i_5。

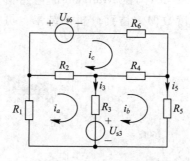

图 2.2.5　例 2.2.4 的图

解　建模。按图可得网孔方程为

$$(R_1 + R_2 + R_3)i_a - R_3 i_b - R_2 i_c = -U_{s3}$$
$$-R_3 i_a + (R_3 + R_4 + R_5)i_b - R_4 i_c = U_{s3}$$
$$-R_2 i_a - R_4 i_b + (R_2 + R_4 + R_6)i_c = -U_{s6}$$

可写成如下矩阵形式：

$$\begin{bmatrix} R_1 + R_2 + R_3 & -R_3 & -R_2 \\ -R_3 & R_3 + R_4 + R_5 & -R_4 \\ -R_2 & -R_4 & R_2 + R_4 + R_6 \end{bmatrix} \begin{bmatrix} i_a \\ i_b \\ i_c \end{bmatrix} = \begin{bmatrix} -U_{s3} \\ U_{s3} \\ -U_{s6} \end{bmatrix}$$

或直接列数字方程并简写为 $\boldsymbol{AI} = \boldsymbol{B}$，则 $\boldsymbol{I} = \boldsymbol{A}^{-1}\boldsymbol{B}$。

代入数值可得

$$\begin{bmatrix} 10 + 10 + 2 & -2 & -10 \\ -2 & 2 + 8 + 8 & -8 \\ -10 & -8 & 10 + 8 + 2 \end{bmatrix} \begin{bmatrix} i_a \\ i_b \\ i_c \end{bmatrix} = \begin{bmatrix} -20 \\ 20 \\ 40 \end{bmatrix}$$

MATLAB 程序 exp02.m 如下：

```
clear;
R1=10; R2=10; R3=2; R4=8; R5=8;
R6=2; us3=20; us6=40;
a11=R1+R2+R3; a12=-R3; a13=-R2;
a21=-R3; a22=R3+R4+R5; a23=-R4;
a31=-R2; a32=-R4; a33=R2+R4+R6;
b1=-us3; b2=us3; b3=-us6;
A=[a11, a12, a13; a21, a22, a23; a31, a32, a33];
B=[b1, b2, b3]';
```

I=A\B;

Ia= I(1); Ib= I(2); Ic= I(3);

I5= Ib

程序运行结果：

I5 = −0.7978

【例 2.2.5】 电路如图 2.2.6 所示，电压源 $U_1 = 8$ V，$U_2 = 6$ V，$R_1 = 20$ Ω，$R_2 = 40$ Ω，$R_3 = 60$ Ω，用网孔电流分析法求网孔 Ⅰ、Ⅱ 的电流。

解 假定网孔电流在网孔中顺时针方向流动，用网孔电流分析法可求得网孔 Ⅰ、Ⅱ 的电流分别为 127mA、−9.091 mA。在 Multisim 的电路窗口中创建图 2.2.7 所示的电路，启动仿真，图中电流表的读数即为仿真分析的结果。可见，理论计算与电路仿真结果相同。

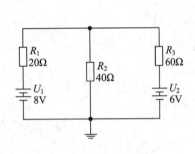

图 2.2.6 例 2.2.5 电路图

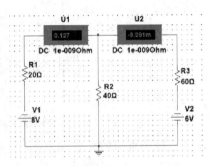

图 2.2.7 例 2.2.5 仿真电路图

2.3 回路电流法

网孔分析法仅适用于平面电路，而回路电流法则更具有一般性。它不仅适用于分析平面，也适用于分析非平面电路，在使用中还具有一定的灵活性。

1. 回路电流法的定义

以独立回路(它不一定是网孔)中沿回路连续流动的假想电流为未知量列写电路方程分析电路的方法，称为回路电流法。它适用于平面和非平面电路。

回路电流法就是找出独立回路，假设回路电流，按独立回路列写 KVL 方程求解电路的方法，方程数为 $b−(n−1)$。独立回路的选取是使所选回路都包含一条其它回路所没有的新支路。下面说明怎样用回路电流法来求解电路。

2. 方程的列写

【例 2.3.1】 如图 2.3.1 所示，用回路法求解电流 i。

解 本例中，只需求 R_5 上的电流。因此，选取独立回路时，只让一个回路电流经过 R_5 支路。如图选取回路，其中回路 1、2 是平面电路中的

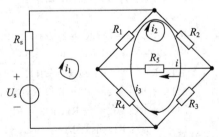

图 2.3.1 例 2.3.1 的图

两个网孔，而回路 3 的选取不是右下的网孔，而是由 R_1、R_2、R_3、R_4 构成的回路，则 $i = i_2$。仿照之前的网孔分析法，根据所选独立回路列写 KVL 方程，有

$$\begin{cases}(R_s+R_1+R_4)i_1 - R_1i_2 - (R_1+R_4)i_3 = U_s \\ -R_1i_1 + (R_1+R_2+R_5)i_2 + (R_1+R_2)i_3 = 0 \\ -(R_1+R_4)i_1 + (R_1+R_2)i_2 + (R_1+R_2+R_3+R_4)i_3 = 0\end{cases}$$

求解此方程组，我们只需解出 i_2 就可完成本电路的求解。而若是用网孔分析法的话，则需要求解出至少两个网孔电流，然后根据待求支路电流和两个网孔电流的关系才能求解出待求变量，明显要比回路电流法的计算量大。

一般地，对于具有 $l = b - (n-1)$ 个回路的电路，其回路方程与 2.2 节中的式(2.2.2)类似，只需将式(2.2.2)中的 m 换为 l 即可。

综上，回路法的一般步骤如下：

(1) 选定 $l = b - (n-1)$ 个独立回路，并确定其绕行方向；

(2) 对 l 个独立回路，以回路电流为未知量，列写其 KVL 方程；

(3) 求解上述方程，得到 l 个回路电流；

(4) 求各支路电流；

(5) 其它分析。

回路法的特点：① 通过灵活地选取回路可以减少计算量；② 互有电阻的识别难度加大，易遗漏互有电阻。

【例 2.3.2】　求图 2.3.2 所示电路中电压 U、电流 I 和电压源产生的功率。

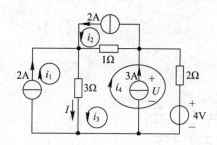

图 2.3.2　例 2.3.2 的图

解　本题 $n=3$，$b=6$，则 $l = b - (n-1) = 4$，即有 4 个独立回路。选取 4 个独立回路并指定绕行方向，如图所示。显然，几个电流源的电流与回路电流相同，即：$i_1 = 2$ A，$i_2 = 2$ A，$i_3 = 3$ A。因此，只需对独立回路 4 列写 KVL 方程：

$$6i_4 - 3i_1 + i_2 - 4i_3 = -4$$

解得

$$i_4 = \frac{6 - 2 + 12 - 4}{6} = 2 \text{ A}$$

进而可求得

$$I = 2 + 3 - 2 = 3 \text{ A}, \quad U = 2i_4 + 4 = 8 \text{ V}, \quad P_{4V} = 4 \times i_4 = 8 \text{ W}(吸收)$$

如果此例选网孔法进行分析，那么除了两个网孔电流已知外，还需要再列两个网孔方程；而利用回路电流法，按照上面选取独立回路，仅需要列一个回路方程，计算量明显

减少。

最后，需要明确的是网孔法是回路法的特殊情况。网孔只是平面电路的一组独立回路，许多实际电路都属于平面电路，选取网孔作独立回路方便易行，所以把这种特殊条件下的回路法归纳为网孔法。

【例 2.3.3】 如图 2.3.3 所示电路，用回路电流法求两电路中的电流 I。

解 （a）本题 $n=3$，$b=5$，则 $l=b-(n-1)=3$，即有 3 个独立回路。选取 3 个独立回路并指定绕行方向如题 2.3.3 图(a)所示。显然，几个电流源的电流与回路电流相同，即 $i_1=1$ A，$i_2=3$ A。因此，只需对独立回路 3 列写 KVL 方程：

$$5i_1+8i_2+10i_3=4$$

解得

$$i_3=-2.5 \text{ A}$$

则

$$I=i_1+i_2+i_3=1+3-2.5=1.5 \text{ A}$$

（b）类似地，本题 $n=4$，$b=6$，则 $l=b-(n-1)=3$，即有 3 个独立回路。选取 3 个独立回路并指定绕行方向，如题 2.3.3 图(b)所示。显然，几个电流源的电流与回路电流相同，即 $i_1=3$ A，$i_2=2I$。因此，只需对独立回路 3 列写 KVL 方程：

$$-6i_1+7i_2+12i_3=0$$

补充：

$$I=i_3-i_1$$

解得

$$i_3=\frac{30}{13} \text{ A}, \ i_2=-\frac{18}{13} \text{ A}$$

则

$$I=-\frac{9}{13} \text{ A}$$

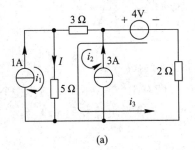 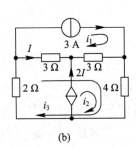

(a)   (b)

题 2.3.3 图

【例 2.3.4】 在图 2.3.4 所示的电路中，已知 $R=1$ Ω，$U_s=14$ V，试求支路电流 i 和支路电压 U。

解 设三个回路电流分别为 I_{m1}、I_{m2}、I_{m3}，有

$$(1+1)I_{m1}-I_{m3}=14-U_0$$

$$(1+1)I_{m2}-I_{m3}=U_0$$

$$I_{m3}=-0.5U$$

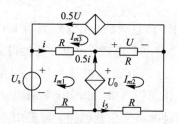

图 2.3.4　例 2.3.4 的图

补充方程：

$$I_{m1} - I_{m3} = i$$

$$I_{m2} - I_{m1} = 0.5i$$

$$I_{m2} - I_{m3} = U$$

将方程整理为

$$(1+1)I_{m1} + 0I_{m2} - I_{m3} + 0i + 0U + U_0 = 14$$

$$0I_{m1} + (1+1)I_{m2} - I_{m3} + 0i + 0U - U_0 = 0$$

$$0I_{m1} + 0I_{m2} + I_{m3} + 0i + 0.5U + 0U_0 = 0$$

$$-I_{m1} + I_{m2} + 0I_{m3} - 0.5i + 0U + 0U_0 = 0$$

$$0I_{m1} + I_{m2} - I_{m3} - 0.5i + 0U + 0U_0 = 0$$

$$0I_{m1} + I_{m2} - I_{m3} + 0i - U + 0U_0 = 0$$

MATLAB 程序 exp02.m

```
A=[1+1, 0, −1,0, 0,1; 0, 1+1, −1,0,0,−1; 0, 0, 1, 0, 0.5, 0;    %输入混合系数矩阵
1, 0, −1, −1, 0, 0; −1, 1, 0, −0.5, 0, 0; 0, 1, −1, 0, −1, 0];
B=[14 0 0 0 0 0]′;                                             %注意 B 为列向量
  X=A\B;                                                       %解出 X
i=X(4)，U=X(5)                                                 %显示要求的分量
```

式中，$X=[I_{m1}; I_{m2}; I_{m3}; i; U; U_0]$，运行结果为：$i=4, U=6$。

2.4　结点电位法

上一节介绍的网孔分析法中网孔电流自动满足 KCL，仅应用 KVL 列写方程就可求解电路。那么我们能否找到另外一种变量，它自动满足 KVL，而仅利用 KCL 列写方程就可求解电路呢？本节要讨论的结点电位法正是这样一种电路求解方法。该方法又称为结点电压法，简称结点法，是减少方程数目的另一种改进的方程分析方法。

在电路中，任选一结点作参考点，其余结点与参考点之间的电压便是相应各结点的电位。

1. 结点电位法的定义

以结点电位为未知量列写电路方程分析电路的方法，称为结点电位法。该方法适用于结点较少的电路。

2. 结点电位法的基本思想

选结点电位为未知量，则 KVL 自动满足，无需列写 KVL 方程。各支路电流、电压可视为结点电压的线性组合，求出结点电压后，便可方便地得到各支路的电压、电流。

下面以图 2.4.1 为例，说明怎样以结点电位为独立变量来求解电路。设以结点 0 为参考点，其余两个结点的电压分别记为 u_1 和 u_2。支路电压可用结点电压表示为：$u_{12} = u_1 - u_2$，$u_{10} = u_1$，$u_{20} = u_2$，对电路的任意回路，如最中间的 G_2、G_3 和 G_5 所在回路，有 $u_{12} + u_{20} - u_{10} = u_1 - u_2 + u_2 - u_1 \equiv 0$，所以，结点电压自动满足 KVL 方程。

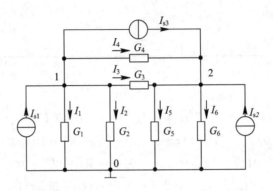

图 2.4.1　结点法分析图

因此，结点电位法列写的是结点上的 KCL 方程，独立方程数为 $n-1$。有两点需注意：① 与支路电流法相比，方程数减少 $b-(n-1)$ 个；② 任意选择参考点：其它结点与参考点的电位差即为结点电压（位），方向为从独立结点指向参考结点。

3. 方程的列写

(1) 选定参考结点，标明其余 $n-1$ 个独立结点的电压。

(2) 列 KCL 方程：$\sum i_{R出} = \sum i_{s入}$。

$$\begin{cases} I_1 + I_2 + I_3 + I_4 = I_{s1} - I_{s3} \\ -I_3 - I_4 + I_5 + I_6 = I_{s2} + I_{s3} \end{cases} \tag{2.4.1}$$

把支路电流用结点电压表示：

$$\begin{cases} G_1 u_1 + G_2 u_1 + G_3(u_1 - u_2) + G_4(u_1 - u_2) = I_{s1} - I_{s3} \\ -G_3(u_1 - u_2) - G_4(u_1 - u_2) + G_5 u_2 + G_6 u_2 = I_{s2} + I_{s3} \end{cases} \tag{2.4.2}$$

整理得

$$\begin{cases} (G_1 + G_2 + G_3 + G_4)u_1 - (G_3 + G_4)u_2 = I_{s1} - I_{s3} \\ -(G_3 + G_4)u_1 + (G_3 + G_4 + G_5 + G_6)u_2 = I_{s2} + I_{s3} \end{cases} \tag{2.4.3}$$

这就是以结点电位 u_1、u_2 为未知量的结点电位方程。

方程组(2.4.3)可进一步改写为标准形式的结点电压方程：

$$\begin{cases} G_{11} u_1 + G_{12} u_2 = I_{s11} \\ G_{21} u_1 + G_{22} u_2 = I_{s22} \end{cases} \tag{2.4.4}$$

式中，$G_{11} = G_1 + G_2 + G_3 + G_4$，表示结点 1 的自电导；$G_{22} = G_3 + G_4 + G_5 + G_6$，表示结点 2 的自电导；结点的自电导等于接在该结点上所有支路的电导之和。$G_{12} = G_{21} = -(G_3 + G_4)$，

表示结点 1 与结点 2 之间的互电导。互电导为接在结点与结点之间所有支路的电导之和，总为负值。

由于假设结点电位的参考方向总是由独立结点指向参考结点，所以各结点电位在自电导中所引起的电流总是流出该结点的，在结点方程左边流出节点的电流取"＋"号，因而自电导总是正的；但在另一结点电位通过互电导引起的电流总是流入本结点的，在结点方程左边流入结点的电流取"－"号，因而互电导总是负的。

式 (2.4.4) 右边的 $I_{s11}=I_{s1}-I_{s3}$，为流入结点 1 的电流源电流的代数和；$I_{s22}=I_{s2}+I_{s3}$，为流入结点 2 的电流源电流的代数和。流入结点取为正号，流出结点取为负号。

由结点电压方程求得各结点电压后即可求得各支路电压，各支路电流可用结点电压表示：

$$I_1=G_1u_1, I_2=G_2u_1, I_3=G_3(u_1-u_2), I_4=G_4(u_1-u_2), I_5=G_5u_2, I_6=G_6u_2$$

对于一般情况，若一个电路有 $n+1$ 个结点，就有 n 个独立结点电位，其独立结点电位分别为 $u_1, u_2, \ldots, u_n$，则根据上述原则可列出 n 个独立结点电位方程，即

$$\begin{cases} G_{11}u_1+G_{12}u_2+\cdots+G_{1n}u_n=I_{s11} \\ G_{21}u_1+G_{22}u_2+\cdots+G_{2n}u_n=I_{s22} \\ \vdots \\ G_{n1}u_1+G_{n2}u_2+\cdots+G_{nn}u_n=I_{snn} \end{cases} \tag{2.4.5}$$

式中，G_{ii} 为自电导，总为正值；$G_{ij}=G_{ji}$ 为互电导，结点 i 与结点 j 之间所有支路电导之和，总为负值；i_{sii} 为流入结点 i 的所有电流源电流的代数和。

注意：电路不含受控源时，系数矩阵为对称阵。

结点法的一般步骤如下：

(1) 选定参考结点，标定 $n-1$ 个独立结点；

(2) 对 $n-1$ 个独立结点，以结点电压为未知量，列写其 KCL 方程；

(3) 求解上述方程，得到 $n-1$ 个结点电压；

(4) 通过结点电压求各支路电流；

(5) 其它分析。

结点法的特点：不仅适用于平面电路，也适用于非平面电路，因此结点法应用更为普遍。对于结点较少的电路利用结点法分析更为简单和方便。

4. 节点法求解电路举例

【例 2.4.1】　如图 2.4.2(a) 所示电路，设结点电位，试列电路的结点方程并求结点电压。

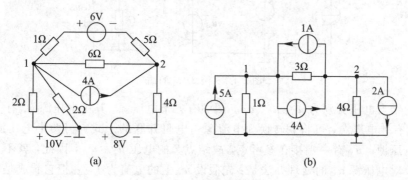

(a)　　　　　　　　　　　　(b)

图 2.4.2　例 2.4.1 的图

解 在一些电路中，常给出电阻和电压源串联形式的激励。在这种情况下应用结点法分析时，先通过电源等效互换将电路等效，再将电压源与电阻串联等效为电流源与电阻并联，进一步对电阻串并联等效，得到图 2.4.2(b)电路。设结点 1、2 的电位分别为 u_1、u_2。对结点 1、2 列结点方程，有

$$\begin{cases} \left(\dfrac{1}{3}+1\right)u_1 - \dfrac{1}{3}u_2 = 1+5-4 \\ -\left(\dfrac{1}{3}\right)u_1 + \left(\dfrac{1}{3}+\dfrac{1}{4}\right)u_2 = 4-2-1 \end{cases} \tag{2.4.6}$$

联立求解，可解出结点电压：

$$\begin{cases} u_2 = 3 \text{ V} \\ u_1 = \dfrac{9}{4} \text{ V} \end{cases}$$

5. 电压源的处理方法

【例 2.4.2】 列出图 2.4.3 所示电路的结点电位方程并求解。

解 因与 2 A 电流源串联的 1 Ω 电阻不会影响其它支路电流，故在列写结点方程时均不予考虑，选择参考点如图中所示，则 $u_2 = 3$ V。建立结点方程组

结点 1：

$$2u_1 - u_2 = 2$$

结点 3：

$$-u_2 + 2u_3 = -2$$

联立求解，得

$$u_1 = 2.5 \text{ V}, \quad u_3 = 0.5 \text{ V}$$

注意：此例中电压源直接接在结点与参考点之间，u_2 为已知，可少列一个结点方程。

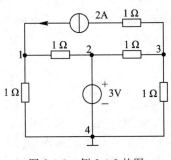

图 2.4.3 例 2.4.2 的图

【例 2.4.3】 列出图示电路的结点电压方程。

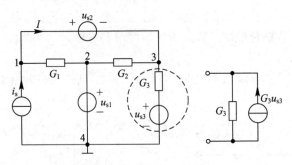

图 2.4.4 例 2.4.3 的图

解 设结点电压分别为 u_1、u_2、u_3。图中有三个电压源，其中电压源 u_{s3} 有一电阻与其串联，称为有伴电压源，可将它转换为电流源与电阻并联的形式。另两个电压源 u_{s1} 和 u_{s2} 称为无伴电压源。u_{s1} 有一端接在参考点，故结点 2 的电压 $u_2 = u_{s1}$，因此，就不用对结点 2 列方程了。对电压源 u_{s2} 的处理办法是：先假设 u_{s2} 上的电流为 I，并把它看成是电流为 I 的电流源即可。列结点 1 和 3 的方程为

$$G_1 u_1 - G_1 u_2 = i_s - I$$
$$(G_2 + G_3) u_3 - G_2 u_2 = I + G_3 u_{s3}$$

对 u_{s2} 补一方程：

$$u_1 - u_3 = u_{s2}$$

小结：① 对于有伴电压源，将其等效为电流源与电阻并联的形式；② 对于无伴电压源，若有一端接参考点，则另一端的结点电压已知，对此结点就不用列结点方程了，否则在电压源上假设一电流，并把它看成电流源。

6. 受控源的处理方法

【**例 2.4.4**】　如图 2.4.5 所示电路，试用结点法求各支路电流。

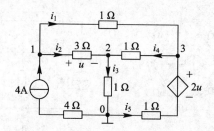

图 2.4.5　例 2.4.4 的图

解　本例中，因与 4 A 电流源串联的 4 Ω 电阻不会影响其它支路电流，故在列写结点方程时均不予考虑。另电路中含受控源（VCVS），处理方法是：先将受控源看成独立电源。将有伴电压源转换为电流源与电阻的并联形式。设结点 0 为参考点，其余的 1、2 和 3 结点的电位分别为 u_1、u_2 和 u_3，则可列出结点方程组为

$$\left(1 + \frac{1}{3}\right) u_1 - \frac{1}{3} u_2 - u_3 = 4$$
$$-\frac{1}{3} u_1 + \left(1 + \frac{1}{3} + 1\right) u_2 - u_3 = 0$$
$$-u_1 - u_2 + (1 + 1 + 1) u_3 = 2u$$

将受控源的控制变量用结点电压表示，增补一个方程：

$$u = u_1 - u_2$$

联立上述方程，解得

$$u_1 = 12 \text{ V}, \ u_2 = 6 \text{ V}, \ u_3 = 10 \text{ V}$$

则各支路电流分别为

$$i_1 = \frac{u_1 - u_3}{1} = \frac{12 - 10}{1} = 2 \text{ A},$$

$$i_2 = \frac{u_1 - u_2}{3} = \frac{12 - 6}{3} = 2 \text{ A}$$

$$i_3 = \frac{u_2}{1} = \frac{6}{1} = 6 \text{ A},$$

$$i_4 = \frac{u_3 - u_2}{1} = \frac{10 - 6}{1} = 4 \text{ A}$$

因受控电压源电压为

$$2u = 2(u_1 - u_2) = 2(12 - 6) = 12 \text{ V}$$

所以有

$$i_5 = \frac{2u - u_3}{1} = \frac{12 - 10}{1} = 2 \text{ A}$$

小结：对于受控源，先将其视为独立电源，列方程后，对每个受控源再补一个方程将其控制量用结点电压表示。

【例 2.4.5】 列如图 2.4.6 所示电路的结点方程（电阻的单位均为欧姆）。

此例是利用结点法分析时，参考点的选择问题。

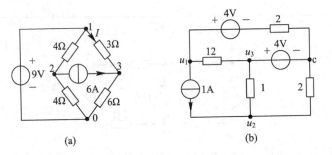

图 2.4.6 例 2.4.5 的图

解 对图 2.4.6(a)，选 0 为参考点，设其余三个独立结点电位分别为 u_1、u_2 和 u_3，则 $u_1 = 9$ V。只需对结点 2 和 3 列结点方程：

$$\begin{cases} -\dfrac{1}{4}u_1 + \left(\dfrac{1}{4} + \dfrac{1}{4}\right)u_2 = 0 \\ -\dfrac{1}{3}u_1 + \left(\dfrac{1}{3} + \dfrac{1}{6}\right)u_3 = 6 \end{cases}$$

对图 2.4.6(b)，考虑到 4 V 独立电压源，所以设 c 为参考点，其它结点电压设为 u_1、u_2 和 u_3，则

$$\begin{cases} \left(\dfrac{1}{12} + \dfrac{1}{2}\right)u_1 - \dfrac{1}{12}u_3 = 2 - 1 \\ \left(1 + \dfrac{1}{2}\right)u_2 - u_3 = 1 \\ u_3 = 4 \end{cases}$$

此例说明，虽然利用结点法分析时，一般情况下参考点任意选取，但类似于图 2.4.6(a)、(b)这种包含理想电压源支路的电路，如果参考点选择得合适，就会减少列写方程的数目，从而可以简化计算过程。

除采用上述方式选择参考点外，还可以设其它结点为参考点，并列出独立结点方程，但只有在上述情况（即选择无伴电压源的负极作为参考点）下，列出的方程数目最少。

【例 2.4.6】 电路如图 2.4.7 所示，试用 Multisim 求节点 a、b 电位。

解 如图所示电路为 3 个节点的电路，指定参考点 c 后，利用 Multisim 直接仿真出结点 a、b 的电位，仿真结果见图 2.4.8 中电压表的读数，$U_a = 8$ V，$U_b = 12.000$ V，与理论计算结果相同。

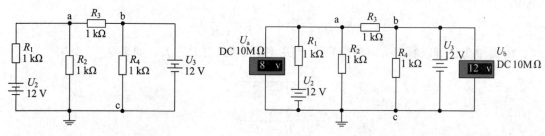

图 2.4.7 例 2.4.6 电路图 图 2.4.8 例 2.4.6 仿真电路图

例 2.4.2、例 2.4.3 及例 2.4.5 说明了处理包含理想电压源支路的电路应用结点电位法分析时的处理方法。有两种处理方法：第一种处理方法是利用两结点间含理想电压源支路的特点，选其中一个结点作为参考即得另一结点的电位，因而减少了一个未知量，也就减少了一个方程式；第二种处理方法虽然增加了一个辅助方程，使解方程过程麻烦一些，但应看做是一种合理的处理方法。因为，有的问题的参考点给定，它不是理想电压源支路所连的一个结点；有的问题可能含有多个理想电压源支路，我们只能选其中一个含理想电压源支路所连的两个结点之一作参考点，这两种情况都避免不了对含理想电压源支路的结点列写结点方程。知道了第二种处理方法，遇到这两种情况，应用结点法分析时也就不会束手无策了。当然，一般情况下我们总是优先采用第一种处理方法。

本章介绍了电阻电路分析的一般方法，支路电流法、网孔分析法、回路电流法和结点电位法。支路电流法的方程数目为支路数 b；结点电位法的方程数为独立结点数 $n-1$；回路电流法的方程数为独立回路数 $b-n+1$。支路电流法要求每个支路电压可以用支路电流表示，限制了该方法的应用，例如对于无伴电流源需要另行处理。回路电流法存在与支路电流法类似的限制。结点电压法的优点是结点电压容易选择，不存在选取独立回路的问题。用网孔法时，选取独立回路简便、直观，但仅适用于平面电路。其中网孔法与结点法都是对支路电流法的一种改进。这两种方法都是重点要求掌握的方法，是通用的一般分析方法，适用于电路的全面求解。在进行具体电路分析计算时，可通过以下方面进行选择：① 比较网孔和结点的数目，结点少的适合用结点法 ；②比较电压源和电流源的多少，如电压源多，可选择网孔（回路）法。

2.5 叠 加 定 理

叠加定理是线性电路的一个重要定理。它为研究线性电路中响应与激励的关系提供了理论根据和方法，并经常作为建立其它电路定律的基本依据。

我们先看一个例子。对于如图 2.5.1(a)所示的电路，求解 i_2。采用结点电压法，设结点电压为 u_{n1}。

对结点 1 列方程为

$$\left(\frac{1}{R_1} + \frac{1}{R_2}\right) u_{n1} = \frac{u_s}{R_1} + i_s$$

$$u_{n1} = \frac{R_2 u_s}{R_1 + R_2} + \frac{R_1 R_2 i_s}{R_1 + R_2}$$

$$i_2 = \frac{1}{R_1 + R_2} u_s + \frac{R_1}{R_1 + R_2} i_s \qquad (2.5.1)$$

由式(2.5.1)可以看出第一项只与 u_s 有关,第二项只与 i_s 有关。如果令

$$i' = \frac{1}{R_1 + R_2} u_s$$

$$i'' = \frac{R_1}{R_1 + R_2} i_s$$

则电流 i_2 写为

$$i_2 = i' + i''$$

式中,i' 可以看做仅当 u_s 作用时 R_2 上的电流,如图 2.5.1(b)所示;i'' 可以看做仅当 i_s 作用时 R_2 上的电流,如图 2.5.1(c)所示。由此可见,R_2 上的电流 i_2 可以看做独立电压源 u_s 与独立电流源 i_s 分别单独作用时在 R_2 上所产生电流的代数和。响应与激励之间的这种规律,不仅本例才有,任何具有唯一解的线性电路都具有这一特性。

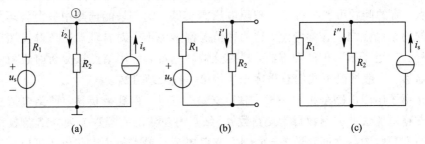

图 2.5.1 叠加定理示例

叠加定理可表述为:在线性电阻电路中,任一支路电流(或支路电压)都可看做是电路中各个独立电源单独作用时在该支路产生的电流(或电压)的代数和。

叠加定理的正确性,可通过任意的具有 m 个网孔的线性电路加以论述。设该电路的网孔方程为

$$\begin{cases} R_{11}i_1 + R_{12}i_2 + \cdots + R_{1m}i_m = u_{s11} \\ R_{21}i_1 + R_{22}i_2 + \cdots + R_{2m}i_m = u_{s22} \\ \vdots \\ R_{m1}i_1 + R_{m2}i_2 + \cdots + R_{mm}i_m = u_{smm} \end{cases} \qquad (2.5.2)$$

根据克莱姆法则,解式(2.5.2),求网孔电流 i_1:

$$\Delta = \begin{vmatrix} R_{11} & R_{12} & \cdots & R_{1m} \\ R_{21} & R_{22} & \cdots & R_{2m} \\ \vdots & \vdots & & \vdots \\ R_{m1} & R_{m2} & \cdots & R_{mm} \end{vmatrix}$$

$$\Delta_1 = \begin{vmatrix} u_{s11} & R_{12} & \cdots & R_{1m} \\ u_{s22} & R_{22} & \cdots & R_{2m} \\ \vdots & \vdots & & \vdots \\ u_{smm} & R_{m2} & \cdots & R_{mm} \end{vmatrix}$$

$$= \Delta_{11} u_{s11} + \Delta_{21} u_{s22} + \cdots + \Delta_{j1} u_{sji} + \cdots + \Delta_{m1} u_{smm} \qquad (2.5.3)$$

式(2.5.3)中，Δ_{j1} 为 Δ 中第一列第 j 行元素对应的代数余子式，$j=1,2,\cdots,m$，其余类推。所以有

$$i_1 = \frac{\Delta_1}{\Delta} = \frac{\Delta_{11}}{\Delta}u_{s11} + \frac{\Delta_{21}}{\Delta}u_{s22} + \cdots + \frac{\Delta_{m1}}{\Delta}u_{smm}$$

若令 $k_{11}=\dfrac{\Delta_{11}}{\Delta}$，$k_{21}=\dfrac{\Delta_{21}}{\Delta}$，$\cdots k_{m1}=\dfrac{\Delta_{m1}}{\Delta}$，则可得

$$i_1 = k_{11}u_{s11} + k_{12}u_{s22} + \cdots + k_{m1}u_{smm} \tag{2.5.4}$$

由于电路中的电阻都是线性的，所以式(2.5.4)中，k_{11}，k_{21}，$\cdots$，k_{m1} 都是常数。

由式(2.5.4)可以看出，第一个网孔电流 i_1 是各个网孔等效独立电源分别单独作用时在该网孔所产生的电流代数和。同理，其余网孔也是如此。电路中任意支路的电压与支路电流呈一次函数关系，所以电路中任一支路的电压也可看做是电路中各独立源单独作用时在该支路产生电压的代数和。由此可见，对任意线性电路，叠加定理都是成立的。

当电路中含有受控源时，受控源的作用将反映在自阻、互阻或自导、互导中，因此任一支路电流(或电压)仍可按独立电源单独作用时产生的电流(或电压)叠加计算，而独立源每次单独作用时受控源要保留其中。

应用叠加定理时，可以分别计算各个电压源和电流源单独作用时的电流和电压，然后把它们叠加起来，也可以把电路中的所有电源分成组，按组计算电流和电压后，再叠加。

应用叠加定理时，要注意以下几点：

(1) 叠加定理只适用于线性电路，不适用于非线性电路；

(2) 在考虑某一电源单独作用时，其它电源不作用，即置零(电压源短路，电流源开路)；

(3) 叠加时，要注意电流和电压的参考方向；

(4) 叠加定理只能用来分析和计算电流和电压，不能用来计算功率。

【例 2.5.1】 用叠加定理求图 2.5.2(a)所示电路中的电流 I。已知 $R_1=1\ \Omega$，$R_2=2\ \Omega$，$R_3=3\ \Omega$，$R_4=4\ \Omega$，$U_s=35\mathrm{V}$，$I_s=7\ \mathrm{A}$。

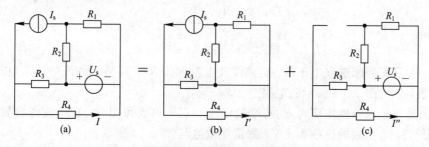

图 2.5.2 例 2.5.1 电路图

解 (1) 电流源 I_s 单独作用时，电路如图 2.5.2(b)所示，得

$$I' = \frac{R_3}{R_3 + R_4}I_s = 3\ \mathrm{A}$$

(2) 电压源 U_s 单独作用时，电路如图 2.5.2(c)所示，得

$$I'' = \frac{U_s}{R_3 + R_4} = 5\ \mathrm{A}$$

(3) 两个电源共同作用时，得

$$I = I' + I'' = 8\ \mathrm{A}$$

【**例 2.5.2**】 求图 2.5.3 所示电路中的电压 U、电流 I。

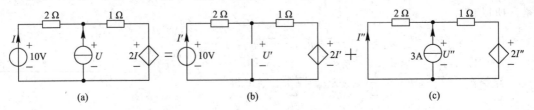

图 2.5.3 例 2.5.2 用图

解 (1) 电压源 U_s 单独作用时，电路如图 2.5.3(b)所示，得

$$I' = \frac{10 - 2I'}{2 + 1}$$

$$I' = 2 \text{ A}$$

$$U' = 10 - 2I' = 6 \text{ V}$$

(2) 电流源 I_s 单独作用时，电路如图 2.5.3(c)所示，得

$$2I'' + 1 \times (I'' + 3) + 2I'' = 0$$

$$I'' = -0.6 \text{ A}$$

$$U'' = -2I'' = 1.2 \text{ V}$$

(3) 两个电源共同作用时，得

$$I = I' + I'' = 1.4 \text{ A}$$

$$U = U' + U'' = 7.2 \text{ V}$$

【**例 2.5.3**】 电路如图 2.5.3 所示，利用叠加定理求 R_2 两端的电压 U。

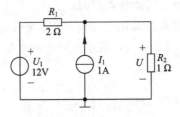

图 2.5.3 例 2.5.3 用图

解 (1) 从元件库选取电压源、电流源及电阻 R_1、R_2，再从元件库中选取电压表并选择适当参数，创建图 2.5.3 所示的电路。

(2) 测量电压源单独作用时 R_2 两端的电压。双击电流源图标，将电流源设置为开路。启动仿真开关，电压表的读数为 4 V，测量等效电路如 2.5.4 所示。

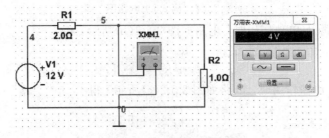

图 2.5.4 电压源单独作用图

(3) 测量电流源单独作用时 R_2 两端的电压。双击电压源图标，将电压源设置为短路。

启动仿真开关，电压表的读数为 666.667 mV，测量等效电路如图 2.5.5 所示。

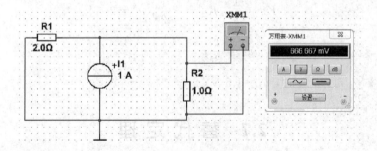

图 2.5.5　电流源单独作用图

（4）测量两个电源共同作用时 R_2 两端的电压。启动仿真开关，电压表的读数为 4.667 V，测量等效电路如图 2.5.6 所示。

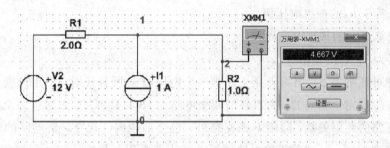

图 2.5.6　电压源、电流源共同作用图

2.6　齐　次　定　理

齐次定理可表述为：在线性电路中，当所有激励源同时增大或缩小 K 倍（K 为实常数）时，其电路中任意处的响应（电压或电流）将同样增大或缩小 K 倍。

【例 2.6.1】　电路如图 2.6.1 所示，N 是含有独立源的线性电路，已知当 $u_s = 6$ V，$i_s = 0$ A 时，开路电压 $u_o = 4$ V；当 $u_s = 0$ V，$i_s = 4$ A 时，$u_o = 0$ V；当 $u_s = -3$ V，$i_s = -2$ A 时，$u_o = 2$ V。求当 $u_s = 3$ V，$i_s = 3$ A 时的电压 u_o。

解　将激励源分为三组：① 电压源 u_s；② 电流源 i_s；③ N 内的全部独立源。设仅由电压源 u_s 单独作用时产生的响应为 u_o'，根据齐次定理，令 $u_o' = K_1 u_s$；仅由电流源 i_s 单独作用时产生的响应为 u''，根据齐次定理，令 $u_o'' = K_2 i_s$；仅由 N 内部所有独立源产生的响应记为 u_o'''，于是，根据叠加定理，有

$$u_o = K_1 u_s + K_2 i_s + u_o'''$$

将已知数据代入上式得

$$\begin{cases} 6K_1 + u_o''' = 4 \\ 4K_2 + u_o''' = 0 \\ -3K_1 - 2K_2 + u_o''' = 2 \end{cases}$$

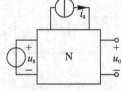

图 2.6.1　例 2.6.1 用图

解得

$$K_1 = \frac{1}{3}, \ K_2 = -\frac{1}{2}, \ u''_o = 2$$

$$u_o = \frac{1}{3}u_s - \frac{1}{2}i_s + 2$$

所以，当 $u_s = 3$ V，$i_s = 3$ A 时，$u_o = 1.5$ V。

2.7 替 代 定 理

替代定理可以表述为：具有唯一解的电路中，已知某支路 k 的电压为 u_k，电流为 i_k，且该支路不含受控源，或该支路的电压或电流不是其它支路中受控源的控制量，则该支路可用下列任何一个元件替代：

（1）电压等于 u_k 的理想电压源；

（2）电流等于 i_k 的理想电流源；

（3）阻值为 u_k/i_k 的电阻 R_k。

替代定理可证明如下：当第 k 条支路被一个电压源 u_k 所替代时，由于改变后的新电路和原电路的连接是完全相同的，所以新旧两个电路的 KCL 和 KVL 方程也完全相同。两个电路的全部支路的约束关系，除第 k 条支路外，也全部相同。现在，新电路的第 k 条支路的电压被规定为 $u_s = u_k$，即等于原电路的第 k 条支路电压。根据假定，电路在改变前后的各支路电压和电流均是唯一的，而原电路的全部电压和电流又将满足新电路的全部约束关系，所以，原电路各支路的电压、电流值就是新电路的唯一解。同理，当第 k 条支路被电流源 $i_s = i_k$ 所替代时，也可作类似的证明。

顺便指出，替代定理还可以推广到非线性电路。

【**例 2.7.1**】 电路如图 2.7.1(a)所示，求电流 i_1。

解 （1）将 a、b 两个结点合并为一点，如图 2.7.1(b)所示。

（2）虚线内的部分看做一条支路，且该支路的电流为 4A，如图 2.7.1(b)所示。

（3）应用替代定理把该支路用 4A 的电流源替代，如图 2.7.1(c)所示。

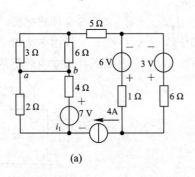

(a)

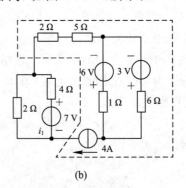

(b)

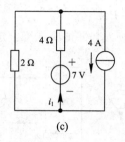
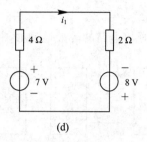

图 2.7.1　例 2.7.1 用图

（4）应用电源互换将图 2.7.1(c)等效为图 2.7.1(d)。

$$i_1 = \frac{7+8}{2+4} = 2.5 \text{ A}$$

2.8　等效电源定理

前面讨论了电阻的串并联等效、含有电阻和受控源的二端网络的等效变换等内容，这些都是针对无源二端网络的等效。本节将讨论有源二端网络的等效变换。

2.8.1　戴维宁定理

戴维宁定理指出：对外部电路而言，任何一个线性有源二端网络 N 都可以用一个理想电压源 u_s 和电阻 R_o 的串联组合来等效代换，如图 2.8.1 所示。其中理想电压源 u_s 等于该二端网络的开路电压 u_{oc}，电阻 R_o 等于该二端网络所有电源置零（电压源短路，电流源开路）后，所得到的无源二端网络的等效电阻。

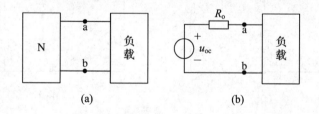

图 2.8.1　戴维宁定理示意图

戴维南定理的证明如下：

（1）设有源二端网络 N 与负载相接，负载端电压为 u，端电流为 i，如图 2.8.2(a)所示。

（2）负载用电流源替代，取电流源的电流为 $i_s = i$，方向与 i 相同，如图 2.8.2(b)所示。替代后，整个电路中的电流、电压保持不变。

（3）当电流源 i_s 作用时，二端网络 N 内部独立电源不作用，受控源保留，如图 2.8.2(c)所示，$u' = -R_o i$，R_o 为二端网络 N 内的等效电阻。

（4）设二端网络 N 内的独立电源一起激励，受控源保留，电流源 i_s 置零，即 ab 端开路，$u'' = u_{oc}$ 如图 2.8.2(d)所示。

（5）根据叠加定理，ab 端口的电压为

$$u = u' + u'' = u_{oc} - R_o i \tag{2.8.1}$$

根据式 2.8.1 画出电路的等效模型如图 2.8.2(e)所示，即证明戴维宁定理是正确的。

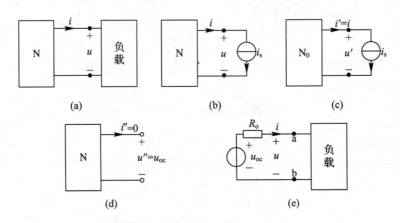

图 2.8.2　戴维宁定理证明过程

应用戴维宁定理时，关键是需要求出二端网络的开路电压及等效电阻，等效电阻可以用求输入电阻的方法求得。

【例 2.8.1】　电路如图 2.8.3(a)所示，已知 $U_{s1} = 40$ V，$U_{s2} = 20$ V，$R_1 = R_2 = 4$ Ω，$R_3 = 13$ Ω，试用戴维宁定理求电流 I_3。

解　(1) 断开待求支路，求二端网络的开路电压 U_{oc}，如图 2.8.3(b)所示。

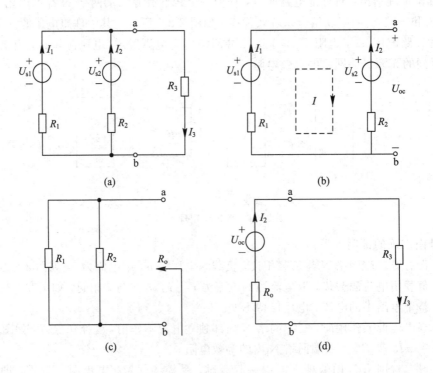

图 2.8.3　例 2.8.1 用图

$$I = \frac{U_{s1} - U_{s2}}{R_1 + R_2} = \frac{40 - 20}{4 + 4} = 2.5 \text{ A}$$

$$U_{oc} = U_{s2} + IR_2 = 20 + 2.5 \times 4 = 30 \text{ V}$$

（2）求等效电阻 R_o。除去所有电源（理想电压源短路，理想电流源开路），如图 2.8.3（c）所示。

$$R_o = \frac{R_1 \times R_2}{R_1 + R_2} = 2 \text{ } \Omega$$

（3）画出等效电路，如图 2.8.3（d）所示。

$$I_3 = \frac{U_{oc}}{R_o + R_3} = \frac{30}{2 + 13} = 2 \text{ A}$$

【例 2.8.2】　用戴维宁定理求图 2.8.4（a）所示电路中的电流 I_2。

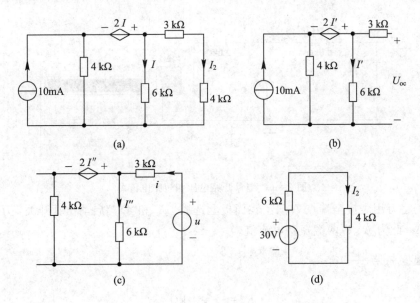

图 2.8.4　例 2.8.2 用图

解：（1）移去待求支路，如图 2.8.4（b）所示，求 U_{oc}。

$$6I' - 2I' + 4(I' - 10) = 0$$

$$I' = 5 \text{ mA}$$

$$U_{oc} = 6I' = 30 \text{ V}$$

（2）求等效电阻 R_o。将有源网络化为无源网络，外加电压源如图 2.8.4（c）所示。

$$3i + 6I'' = u$$

$$3i + 2I'' + 4(i - I'') = u$$

$$R_o = \frac{u}{i} = 6 \text{ k}\Omega$$

（3）画等效电路，如图 2.8.4（d）所示。

$$I_2 = 3 \text{ mA}$$

【例 2.8.3】　用 Multisim 软件求图 2.8.5 所示电路的戴维宁等效电路。

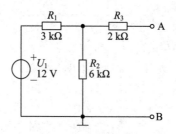

图 2.8.5　例 2.8.3 用图

解　（1）从元件库中选取电压源和电阻，创建图 2.8.5 所示的电路。

（2）从右边仪表库中选出数字万用表，并接至端点 A、B，如图 2.8.6 所示。在面板上选择"V"和"DC"启动仿真开关，万用表的读数为 8V，此为 A、B 两端开路电压值。

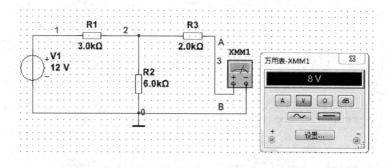

图 2.8.6　测量开路电压和短路电流图

（3）仍将万用表接至端点 A、B，在面板上选择 "A" 和 "DC" 启动仿真开关，万用表的读数为 2 mA，此为 A、B 两端短路电流值。

（4）根据 $i_{\mathrm{sc}} = \dfrac{u_{\mathrm{oc}}}{R_{\mathrm{o}}}$，有

$$R_{\mathrm{o}} = \frac{8}{2} = 4 \text{ k}\Omega$$

（5）画出戴维宁等效电路，如图 2.8.7 所示。

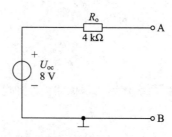

图 2.8.7　戴维宁等效电路

2.8.2　诺顿定理

诺顿定理指出：对外部电路而言，任何一个线性有源二端网络，都可以用一个电流源和电阻的并联组合来等效代换，其中电流源的电流等于该二端网络的短路电流，电阻 R_{o} 等于该二端网络所有独立源置零（电压源短路，电流源开路）后，所得到的无源网络的等效电

阻，如图 2.8.8 所示。

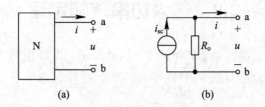

图 2.8.8　诺顿定理示意图

前面讨论过，电压源模型和电流源模型是可以互换的，所以诺顿定理也是正确的。戴维宁定理和诺顿定理在本质上是相同的，只是形式不同而已。设有源二网络的开路电压为 u_{oc}，短路电流为 i_{sc}，相应无源网络的等效电阻为 R_o，则

$$R_o = \frac{u_{oc}}{i_{sc}} \tag{2.8.1}$$

【例 2.8.4】　用诺顿定理求图 2.8.9 中电流 I。

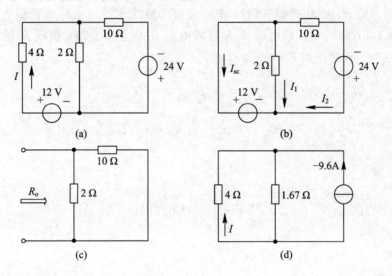

图 2.8.9　例 2.8.4 图

解　（1）将 4 Ω 电阻短路，求短路电流 I_{sc}。短路后电流如图 2.8.5(b)所示。

$$I_1 = \frac{12}{2} = 6 \text{ A}$$

$$I_2 = \frac{24 + 12}{10} = 3.6 \text{ A}$$

$$I_{sc} = -I_1 - I_2 = -3.6 - 6 = -9.6 \text{ A}$$

（2）求等效电阻 R_{eq}，如图 2.8.5(c)所示。

$$R_o = \frac{2 \times 10}{2 + 10} = 1.67 \text{ Ω}$$

（3）画出诺顿等效电路，如图 2.8.5(d)所示。

$$I = 2.83 \text{ A}$$

2.9　最大功率传输定理

给定一个线性有源二端网络 N，如图 2.9.1(a)所示，当接在 N 两端的负载 R_L 不同时，该线性有源二端网络传输给负载 R_L 的功率也不同。在什么条件下，负载 R_L 能获得最大功率呢？

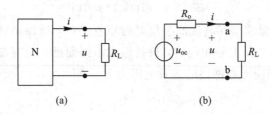

图 2.9.1　最大功率传输示意图

前面曾经讨论过，线性有源二端网络 N 可以用戴维宁等效电路或诺顿等效电路来替代。如图 2.9.1(b)所示，当开路电压 u_{oc} 和等效电阻 R_o 固定不变时，负载 R_L 为何值时，R_L 能获得最大功率。现讨论如下：

$$i = \frac{u_{oc}}{R_o + R_L}$$

$$P_{R_L} = R_L i^2 = \left(\frac{u_{oc}}{R_o + R_L}\right)^2 R_L$$

令 $\dfrac{\mathrm{d}P_{R_L}}{\mathrm{d}R_L} = 0$，即

$$\frac{\mathrm{d}P_{R_L}}{\mathrm{d}R_L} = u_{oc}^2 \frac{(R_o + R_L)^2 - 2R_L(R_o + R_L)}{(R_o + R_L)^4} = u_{oc}^2 \frac{R_o - R_L}{(R_o + R_L)^3} = 0$$

解得

$$R_L = R_o \qquad\qquad (2.9.1)$$

由以上讨论可归纳总结出最大功率传输定理为：对于确定的线性有源二端网络 N，其开路电压为 u_{oc}、等效内阻为 R_o，若负载可任意改变，则当且仅当 $R_L = R_o$ 时网络 N 传输给负载 R_L 的功率最大，此时负载上获得的最大功率为

$$P_m = \frac{u_{oc}^2}{4R_o} \qquad\qquad (2.9.2)$$

若有源二端网络 N 为诺顿等效电路，同样可得 $R_L = R_o$ 时，网络 N 传输给负载 R_L 的功率最大，此时负载上得到的最大功率为

$$P_m = \frac{1}{4} R_o i_{sc}^2 \qquad\qquad (2.9.3)$$

应该指出：不应把最大功率传输定理理解为要使负载功率最大应使戴维宁等效电路内阻 R_o 等于 R_L。由图可以看出：R_L 一定、u_{oc} 一定，显然只有当 $R_o = 0$ 时才能使负载 R_L 上获得最大功率；也不能把 R_o 上消耗的功率当作二端网络内部消耗的功率，这是因为"等效"的

概念是对"外"而不是对"内"的。

【**例 2.9.1**】　图 2.9.2(a)所示电路中，问 R_L 为何值时能获得最大功率，并求此时功率。

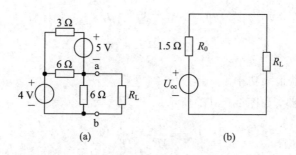

图 2.9.2　例 2.9.1 图

解　根据戴维南定理，图 2.9.2 (a)电路等效为图 2.9.2(b)电路。

$$R_o = 1.5\ \Omega$$

$$U_{oc} = 0.5\ V$$

根据最大功率传输定理可得：$R_L = R_o = 1.5\ \Omega$ 时可获得最大功率。此最大功率为

$$P_m = \frac{U_{oc}^2}{4R_o} = \frac{0.5^2}{4 \times 1.5} = \frac{1}{24}W$$

【**例 2.9.2**】　电路如图 2.9.3(a)所示，问：

（1）电阻 R 为何值时可获最大功率？

（2）此最大功率为多少？

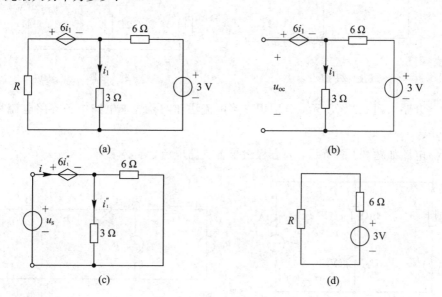

图 2.9.3　例 2.9.2 图

解　（1）移去 R，如图 2.9.3(b)所示，求 U_{oc}。

$$u_{oc} = 6i_1' + 3i_1'$$

$$i_1' = \frac{3}{3+6} = \frac{1}{3}\ A$$

$$u_{oc} = 3 \text{ V}$$

（2）除去独立电源，如图 2.9.3(c)所示，求 R_o。

$$u_s = 6i_1'' + 6(i - i_1'')$$

$$R_o = \frac{u_s}{i} = 6 \ \Omega$$

当 $R = R_o = 6 \ \Omega$ 时，获最大功率。

（2）画出等效电路，如图 2.9.3(d)所示。

$$P_m = \frac{u_{oc}^2}{4R_o} = \frac{3}{8} \text{ W}$$

习 题 2

2.1 电路如题 2.1 图所示，用支路电流法求电路中的电流 I_1、I_2、I_3。

2.2 电路如题 2.2 图所示，求电路中的支路电流 I_1、I_2、I_3。

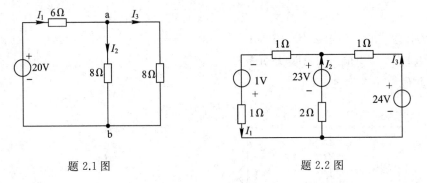

题 2.1 图   题 2.2 图

2.3 电路如题 2.3 图所示，分别用支路电流法和网孔法求电路中各支路电流和各电源提供的功率。

2.4 电路如题 2.4 图所示，列方程组求各支路电流，不必求解。

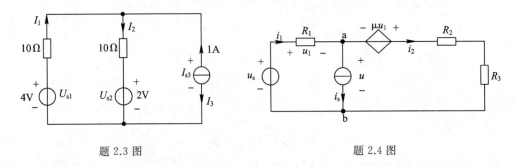

题 2.3 图   题 2.4 图

2.5 电路如题 2.5 图所示，已知 $I_{s1} = 3 \text{ A}$，$I_{s2} = 2 \text{ A}$，$U_s = 9 \text{ V}$，试用网孔法求电流 I 和电压 U_{ab}。

2.6 电路如题 2.6 图所示，用网孔法求 i_1、i_2，并计算功率是否平衡。

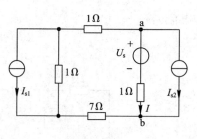

题 2.5 图

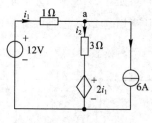

题 2.6 图

2.7　电路如题 2.7 图所示，已知 $R_1 = 2\ \Omega$，$R_2 = 3\ \Omega$，$R_3 = 2\ \Omega$，$R_4 = 15\ \Omega$，$R_5 = 2\ \Omega$，$U_{s1} = 25\ \text{V}$，$U_{s2} = 24\ \text{V}$，$U_{s3} = 11\ \text{V}$，用回路电流法求各支路电流以及各电源所发出的功率。

2.8　电路如题 2.8 图所示，用回路电流法求电流 I_x 和 CCVS 的功率。

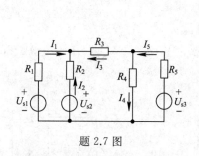

题 2.7 图

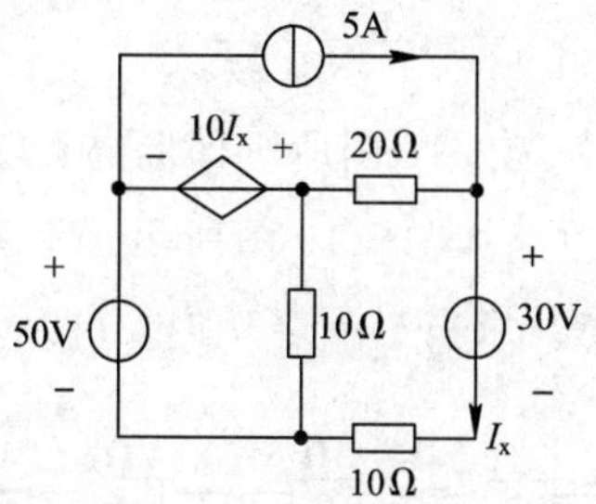

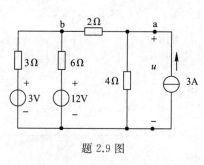

题 2.8 图

2.9　电路如题 2.9 图所示，用结点电位法求电压 u。

2.10　电路如题 2.10 图所示，用网孔法求 I_1、I_2 及 U。

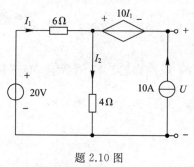

题 2.9 图

题 2.10 图

2.11　电路如题 2.11 图所示，试用网孔分析法求 u_x 和 u_1。

2.12　电路如题 2.12 图所示，用结点电位法求 i_1、i_2、i_3。

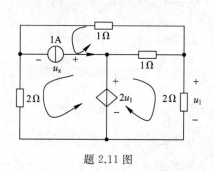

题 2.11 图

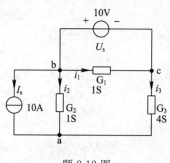

题 2.12 图

2.13 电路如题 2.13 图所示，求电压 u_{ab} 和电流 i_1。

2.14 电路如题 2.14 图所示，求电流 i 和电压 u。

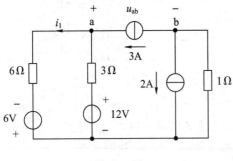
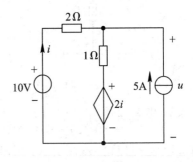

题 2.13 图   题 2.14 图

2.15 如题 2.15 图所示梯形电阻电路，求电流 I_1。

2.16 电路如题 2.16 图所示，N_s 为有源网络，当 $U_s = 4$ V 时，$I_3 = 4$ A；当 $U_s = 6$ V 时，$I_3 = 5$ A。求当 $U_s = 2$ V 时，I_3 为多少？

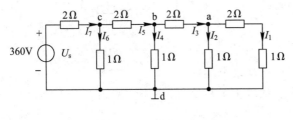
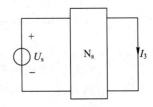

题 2.15 图   题 2.16 图

2.17 电路如题 2.17 图所示，若要使 $I_x = \dfrac{1}{8} I$，试求 R_x。

2.18 电路如题 2.18 图所示，已知 $u_{ab} = 0$ V，求电阻 R。

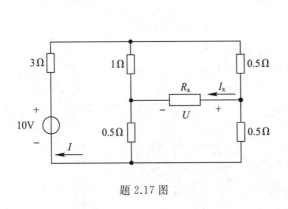
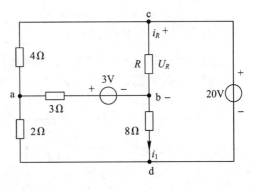

题 2.17 图   题 2.18 图

2.19 电路如题 2.19 图所示，求 a、b 两端的入端电阻 $R_{ab}(\beta \neq 1)$。

2.20 电路如题 2.20 图所示，计算 R_x 分别为 1.2 Ω、5.2 Ω时的 I。

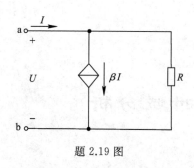

题 2.19 图

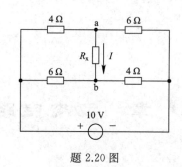

题 2.20 图

2.21　求题 2.21 图所示电路的戴维宁等效电路,已知 $R_1 = 20\ \Omega$、$R_2 = 30\ \Omega$、$R_3 = 2\ \Omega$、$U_s = 50\ \text{V}$、$I_s = 1\ \text{A}$。

2.22　求题 2.22 图所示电路中的 U_o。

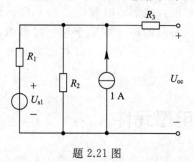

题 2.21 图

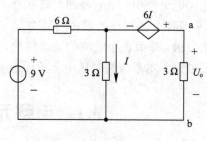

题 2.22 图

2.23　用诺顿定理求题 2.23 图电路中的 I。

2.24　电路如题 2.24 图所示,已知 $U_{s1} = 24\ \text{V}$, $U_{s2} = 5\ \text{V}$,电流源 $I_s = 1\ \text{A}$, $R_1 = 3\ \Omega$, $R_2 = 4\ \Omega$, $R_3 = 6\ \Omega$,计算:(1) 当负载电阻 $R_L = 12\ \Omega$ 时, R_L 中的电流和功率;(2) 设 R_L 可调,则 R_L 为何值时才能获得最大功率,最大功率值为多少?

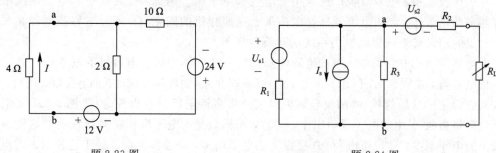

题 2.23 图　　　　　　　　　　　　题 2.24 图

2.25　电路如题 2.25 图所示,负载电阻 R_L 可任意改变,问电阻 R_L 为何值时可获得最大功率,并求出该最大功率。

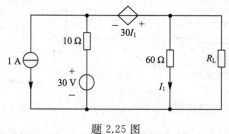

题 2.25 图

第 3 章　动态电路的时域分析

前面两章讨论了电阻电路的基本概念、基本定理、基本分析方法和电路定理。一个显著特点是，求解电阻电路的方程是一组代数方程，这就意味着电阻电路在任意时刻的响应只与同一时刻的激励有关，与过去的激励无关。这就是电阻电路的"无记忆性"。

许多实际电路中，除电源和电阻元件外，还常常包含电感、电容等动态元件。这类原件的 VCR 是微分或积分关系，除元件的参数外，某一时刻的电压取决于这一时刻电流的微分值或积分值，即取决于电流的动态特性，称这类元件为动态元件。含有动态元件的电路称为动态电路。本章将在时域中分析动态电路。

3.1　电容元件和电感元件

3.1.1　电容元件

电容元件是各种实际电容器或模拟其它实际部件电容效应的理想化模型，用以反映电路中电场能量储存这一物理现象。

在工程技术中，电容器被广泛应用于电气和电子中。例如，在无线电和电视系统中用电容器来调谐信号，利用电容器储存电荷来点亮照相机的闪光灯，通过电容器增加泵和制冷电动机的启动转矩或提高电力系统的运行效率等。

电容器的结构非常简单，由被绝缘体隔开的两个导体构成。电容器的基本形式之一为平行板电容器，如图 3.1.1 所示。它由间隔以不同介质（如玻璃、空气、油、云母、塑料、陶瓷或其它合适的绝缘材料）的两块金属板组成。将直流电接到两极板时（见图 3.1.2），电池的正电势将极板 A 中的电子吸引出来，同时，相同数量的电子堆积在 B 极板上。这使得 A 极板上的电子减少，即带正电荷；B 极板上的电子增多，即带负电荷。处于这种状态的电容器称为已充电的电容器。如果在此期间转移的电荷为 q，则电容器所带电荷量为 q。

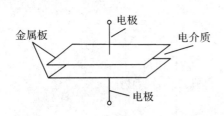

图 3.1.1　平行极板电容器的基本结构

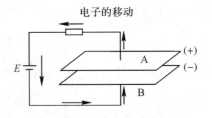

图 3.1.2　充电中的电容器

如果断开电源（见图 3.1.3），则被移到 B 极板的多余电子被捕获，因为它们已没有路径返回到 A 极板而被留了下来。所以，即使没有电源存在，电容器还保持充电状态，这说明电容器能够存储电荷。

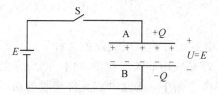

图 3.1.3 充电后的电容器

充电到高电压的大电容会存储大量能量，当你触摸电容器时，会受到严重的电击。电源移除后电容器常常会放电，可以用短路线把两个电极连接起来进行放电。电子返回到上极板，电荷恢复平衡，电容器的电压减小到零。

电容元件的元件特性是电路物理量电荷 q 与电压的代数关系。线性电容元件的图形符号如图 3.1.4(a)所示，当电压参考极性与极板存储电荷的极性一致时，线性电容元件的元件特性为

$$q = Cu \tag{3.1.1}$$

式中，C 为电容元件的参数，称为电容，它是一个正实数。在国际单位制中，当电荷和电压的单位分别为 C 和 V 时，电容的单位为 F(法拉，简称法)。不过，法拉是一个很大的单位，一般在电气系统中使用的实际电容器的单位为微法(μF，1 μF$=10^{-6}$F)或皮法(pF，1pF$=10^{-12}$F)。电容器在单位电压下存储的电荷越多，电容 C 的值就越大。图 3.1.4(b)是电容元件的库伏特性曲线，线性电容元件的库伏特性曲线是一条通过原点的直线。

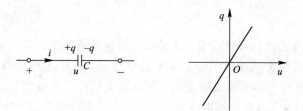

(a) 电容元件的图形符号　　　　　(b) 电容元件的库伏特性曲线

图 3.1.4 电容元件及其库伏特性曲线

如果电容元件的电流和电压为关联参考方向，则电容元件的电压和电流关系(VCR)为

$$i = \frac{dq}{dt} = \frac{d(Cu)}{dt} = C\frac{du}{dt} \tag{3.1.2}$$

式(3.1.2)表明电流与电压的变化率成正比。电容在直流情况下其两端电压恒定，相当于开路，或者说电容具有隔断直流的作用。

式(3.1.2)还可以写成积分的形式：

$$u = \frac{1}{C}\int_{-\infty}^{t} i\,d\xi = \frac{1}{C}\int_{-\infty}^{t_0} i\,d\xi + \frac{1}{C}\int_{t_0}^{t} i\,d\xi = u(t_0) + \frac{1}{C}\int_{t_0}^{t} i\,d\xi \tag{3.1.3}$$

在许多实际应用中，取 $t_0 = 0$，则式(3.1.3)变为

$$u = u(0) + \frac{1}{C}\int_{0}^{t} i\,d\xi \tag{3.1.4}$$

由式(3.1.2)可知,电容元件的电压 u 和电流 i 具有动态关系,因此,电容元件是一个动态元件。从式(3.1.4)可知,电容电压除与 $0\sim t$ 的电流值有关外,还与 $u(0)$ 值有关,因此电容元件是一种有"记忆"的原件。与之相比,电阻元件的电压仅与该瞬间的电流值有关,是无记忆的元件。

这里要特别注意的是,电容元件的伏安关系的两种形式,即式(3.1.2)和式(3.1.4)是在关联参考方向下得出来的。若是采用非关联参考方向,则应在公式前加上负号。

在电压和电流取关联参考方向下,线性电容元件吸收的功率为

$$p = ui = Cu\frac{\mathrm{d}u}{\mathrm{d}t} \tag{3.1.5}$$

在 $-\infty\sim t$ 时间段,电容元件吸收的能量为

$$W_C = \int_{-\infty}^{t} u(\xi)i(\xi)\mathrm{d}\xi = \int_{-\infty}^{t} Cu(\xi)\frac{\mathrm{d}u(\xi)}{\mathrm{d}\xi}\mathrm{d}\xi$$

$$= C\int_{u(-\infty)}^{u(t)} u(\xi)\mathrm{d}u(\xi) = \frac{1}{2}C\left[u^2(t) - u^2(-\infty)\right]$$

电容元件吸收的能量以电场能量的形式储存在元件的电场中。可以认为在 $t = -\infty$ 时,$u(-\infty) = 0$,其电场能量也为零。这样,电容元件在任何时刻 t 储存的电场能量 $W_C(t)$ 将等于它吸收的能量,于是有

$$W_C(t) = \frac{1}{2}Cu^2(t) \tag{3.1.6}$$

式(3.1.6)表明,电容元件储存的能量取决于该时刻的电压,只要电压不为零,无论其方向或符号如何,就有能量储存在电容中。

3.1.2　电感元件

电感元件是电感线圈的理想化模型,它反映电路中磁场能量储存的物理现象。

将金属导线绕在骨架上就构成了一个实际的电感器,常称为电感线圈。如图 3.1.5 所示,电流 i 产生的磁通 Φ_L 与 N 匝线圈交链,与线圈交链的总磁通称为磁通链 $\Psi_L = N\Phi_L$。由于磁通 Φ_L 和磁通链 Ψ_L 都是由线圈本身的电流 i 产生的,所以称为自感磁通和自感磁通链。Φ_L 和 Ψ_L 的方向与 i 的参考方向成右手螺旋关系。当磁通链 Ψ_L 随时间变化时,在线圈的端子间产生感应电压。如果感应电压 u 的参考方向与 Ψ_L 成右手螺旋关系(即从端子 A 沿导线到端子 B 的方向与 Ψ_L 成右手螺旋关系),则根据电磁感应定律,感应电压为

$$u = \frac{\mathrm{d}\Psi_L}{\mathrm{d}t} \tag{3.1.7}$$

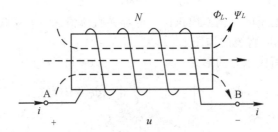

图 3.1.5　电感线圈

线性电感元件的图形符号如图 3.1.6(a)所示，一般在图中不必也难以画出 $\Psi_L(\Phi_L)$ 的参考方向，但规定 Ψ_L 与电流 i 的参考方向满足右手螺旋关系。线性电感元件的磁通链 Ψ_L 与电流 i 的关系满足：

$$\Psi_L = Li \tag{3.1.8}$$

式中，L 为电感元件的参数，称为自感系数或电感。在国际单位制中，磁通和磁通链的单位是韦伯（Wb），简称韦；电感的单位是亨利（H），简称亨，电感的常用单位还有毫亨（mH，$1\ \mathrm{mH}=10^{-3}\mathrm{H}$）和微亨（$\mu$H，$1\ \mu\mathrm{H}=10^{-6}\ \mathrm{H}$）。通常，电路图中的符号 L 既表示电感元件，也表示元件的参数，如图 3.1.6(a)所示。

线性电感元件的韦安特性是 Ψ_L-i 平面上通过原点的一条直线，如图 3.1.6(b)所示。

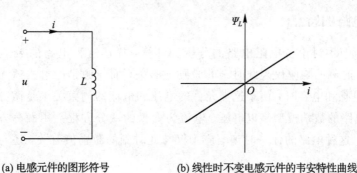

(a) 电感元件的图形符号　　　　(b) 线性时不变电感元件的韦安特性曲线

图 3.1.6　电感元件及其韦安关系

把 $\Psi_L=Li$ 代入式(3.1.7)中，可以得到电感元件 VCR 微分关系为

$$u = \frac{\mathrm{d}\Psi_L}{\mathrm{d}t} = L\,\frac{\mathrm{d}i}{\mathrm{d}t} \tag{3.1.9}$$

式中，u 与 Ψ_L 成右手螺旋关系，与 i 为关联参考方向。

由式(3.1.9)可得电感元件 VCR 的积分形式为

$$i = \frac{1}{L}\int u\,\mathrm{d}t \tag{3.1.10}$$

写成定积分形式为

$$i = \frac{1}{L}\int_{-\infty}^{t} u\,\mathrm{d}\xi = \frac{1}{L}\int_{-\infty}^{t_0} u\,\mathrm{d}\xi + \frac{1}{L}\int_{t_0}^{t} u\,\mathrm{d}\xi = i(t_0) + \frac{1}{L}\int_{t_0}^{t} u\,\mathrm{d}\xi \tag{3.1.11}$$

可以看出，电感元件是动态元件，也是记忆元件。

在电压和电流取关联参考方向下，线性电感元件吸收的功率为

$$p = ui = Li\,\frac{\mathrm{d}i}{\mathrm{d}t} \tag{3.1.12}$$

如果在 $t=-\infty$ 时，$i(-\infty)=0$，电感元件无磁场能量。因此从 $-\infty$ 到 t 的时间段内电感吸收的磁场能量为

$$W_L(t) = \int_{-\infty}^{t} p\,\mathrm{d}\xi = \int_{-\infty}^{t} Li\,\frac{\mathrm{d}i}{\mathrm{d}\xi}\mathrm{d}\xi = \int_{-\infty}^{i(t)} Li\,\mathrm{d}i = \frac{1}{2}Li^2(t) \tag{3.1.13}$$

这就是线性电感元件在任何时刻的磁场能量表达式。

在时间 $t_1\sim t_2$ 内，线性电感元件吸收的磁场能量为

$$W_L = L \int_{i(t_1)}^{i(t_2)} i \, di = \frac{1}{2} L i^2(t_2) - \frac{1}{2} L i^2(t_1) \tag{3.1.14}$$

当电流 $|i|$ 增加时，$W_L > 0$，元件吸收能量；当电流 $|i|$ 减小时，$W_L < 0$，元件释放能量。可见电感元件没有将吸收的能量消耗掉，而是以磁场能量的形式储存在磁场中。所以电感元件是一种储能元件，同时，它也不会释放出多于它吸收或储存的能量，因此它又是一种无源元件。

3.2 动态电路的基本概念

3.2.1 动态电路的特点

在前面的章节中讨论了电阻电路的分析和计算，描述这种电路的数学模型是代数方程，电路中任一时刻的响应仅与此时刻的激励值有关，而与激励的过去值无关。当电路中含有动态元件电感和电容时，由于这类元件的电压和电流的约束关系是微分关系或积分关系，所以描述电路的数学模型是以电压、电流为变量的微分方程。用微分方程描述的电路称为动态电路。这种电路的任一时刻响应不仅与此时刻的激励值有关，还与激励的过去值有关。

当电路中仅含一个动态元件时，描述电路的方程是一阶微分方程，因而这种电路被称为一阶电路。当电路中含有一个电感元件和一个电容元件，或者两个独立的电容元件或电感元件时，描述其方程是二阶微分方程，这类电路称为二阶电路。一阶电路是最简单、工程上又最常见的动态电路。

电路的工作状态有两种：一是电路中的电压、电流都是恒定值或正弦波，这类工作状态称为稳定状态，简称稳态。二是当电路中含有储能元件时，并出现结构改变，如接通、断开、短路、改接等，或如电源、电路参数突然改变时，常使电路从一个稳定状态过渡到另一个稳定状态。由于电磁惯性，状态的改变上一般并非立即完成，往往需要经历一个过程，这一过程称为过渡过程或暂态过程，这是电路的另一个工作状态，即暂态。

如图 3.2.1(a)所示的一阶电路，开关合上前电容未充电，电路处于一种稳态（$i_C = 0$ A，$u_C = 0$ V），合上开关达到新的稳态后，有 $i_C = 0$ A，$u_C = U_s$。从前一个稳态到后一个稳态的过程中，电容电压不能从零跃变到 U_s，而要经历一个过渡过程，如图 3.2.1(b)所示。

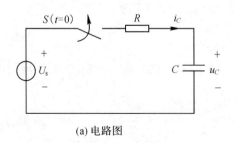

(a) 电路图

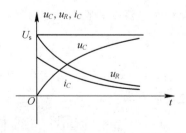

(b) 合上开关后 u_C、u_R 和 i_R 的变化曲线

图 3.2.1 开关闭合后，u_C、u_R 和 i_C 经历从一个稳态到另一个稳态的过渡过程

上述电路结构或参数变化引起的电路变化统称为"换路"，并认为换路是在 $t=0$ 时刻进行的。为了叙述方便，把换路前的最终时刻记为 $t=0_-$，把换路后的最初时刻记为 $t=0_+$，换路经历时间为 $0_-\sim0_+$。

本章分析动态电路过渡过程的方法：根据 KVL、KCL 和支路的 VCR 建立描述电路的方程，这类方程是以时间为自变量的线性微分方程，然后求解常微分方程，从而得到电路所求变量（电压或电流），此方法称为时域分析法（简称时域法，也称经典分析法）。在求微分方程时需要初始条件，为此，下面先讨论换路定则。

3.2.2　换路定则

用经典法求解常微分方程时，必须根据电路的初始条件确定解答中的积分常数。电容电压 $u_C(0_+)$ 和电感电流 $i_L(0_+)$ 称为初始条件。

对于线性电容，在任意时刻 t 时，它的电压与电流的关系为

$$u_C(t)=u_C(t_0)+\frac{1}{C}\int_{t_0}^t i_C(\xi)\mathrm{d}\xi \tag{3.2.1}$$

式中 u_C 和 i_C 分别为电容的电压和电流。令 $t_0=0_-$，$t=0_+$，则得

$$u_C(0_+)=u_C(0_-)+\frac{1}{C}\int_{0_-}^{0_+} i_C\mathrm{d}t \tag{3.2.2}$$

从式(3.2.2)可以看出，如果在换路前后，即 $0_-\sim0_+$ 的瞬间，电流 $i_C(t)$ 为有限值，则式(3.2.2)中右方的积分项为零，此时电容上的电压就不发生跃变，即

$$u_C(0_+)=u_C(0_-) \tag{3.2.3}$$

对于一个在 $t=0_-$ 电压为 $u_C(0_-)=U_0$ 的电容，在换路瞬间不发生跃变的情况下，有 $u_C(0_+)=u_C(0_-)=U_0$，可见在换路的瞬间，电容可视为一个电压值为 U_0 的电压源。同理，对于一个在 $t=0_-$ 不带电荷的电容，在换路瞬间不发生跃变的情况下，有 $u_C(0_+)=u_C(0_-)=0$，在换路瞬间电容相当于短路。

线性电感的电流与电压的关系为

$$i_L(t)=i_L(t_0)+\frac{1}{L}\int_{t_0}^t u_L(\xi)\mathrm{d}\xi \tag{3.2.4}$$

式中，i_L、u_L 分别为电感的电流和电压。令 $t_0=0_-$，$t=0_+$，则得

$$i_L(0_+)=i_L(0_-)+\frac{1}{L}\int_{0_-}^{0_+} u_L\mathrm{d}t \tag{3.2.5}$$

如果从 0_- 到 0_+ 瞬间，电压 $u_L(t)$ 为有限值，则式(3.2.5)中右方的积分项将为零，此时电感中的电流不发生跃变，即

$$i_L(0_+)=i_L(0_-) \tag{3.2.6}$$

对于 $t=0_-$ 时电流为 I_0 的电感，在换路瞬间不发生跃变的情况下，有 $i_L(0_+)=i_L(0_-)=I_0$，此电感在换路瞬间可视为一个电流值为 I_0 的电流源。同理，对于 $t=0_-$ 时电流为零的电感，在换路瞬间不发生跃变的情况下有 $i_L(0_+)=i_L(0_-)=0$，此电感在换路瞬间相当于开路。

综上所述，在换路前后电容电流和电感电压为有限值的条件下，换路前后瞬间电容电压和电感电流不能跃变，则换路定则可表示为

$$\begin{cases} u_C(0_+) = u_C(0_-) \\ i_L(0_+) = i_L(0_-) \end{cases} \tag{3.2.7}$$

换路定则可以用它来确定电感电流和电容电压的初始值。

【例 3.2.1】 如图 3.2.2 所示的电路原已处于稳定状态。$t=0$ 时，开关 S 由 a 投向 b，求换路后瞬间电容电压和电流。

解 换路前，电路已处于直流稳态，电容相当于开路，则有

$$u_C(0_-) = \frac{25}{6+2} \times 6 = 18.75 \text{ V}$$

由换路定则可得

$$u_C(0_+) = u_C(0_-) = 18.75 \text{ V}$$

$t=0_+$ 时的等效电路如图 3.2.3 所示，由回路电流法可得

$$\begin{cases} 8i_1(0_+) - 6i_2(0_+) = -25 \\ -6i_1(0_+) + 12i_2(0_+) = -18.75 \end{cases}$$

解得

$$\begin{cases} i_1(0_+) = -6.875 \text{ A} \\ i_2(0_+) = -5 \text{ A} \end{cases}$$

故换路后瞬间电流 $i_C(0_+) = -5$ A。

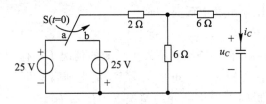

图 3.2.2　例 3.2.1 的电路图

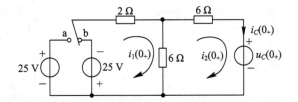

图 3.2.3　例 3.2.1 $t=0_+$ 时的等效电路图

3.3　一阶电路的零输入响应、零状态响应和全响应

3.3.1　一阶电路的零输入响应

动态电路在没有外加独立电源的情况下，仅由储能元件储存的能量在电路中产生的响应称为零输入响应。零输入响应的过程实质就是储能元件释放能量的过程。对一阶电路而言，零输入响应是由电容或电感储存的电场能量或磁场能量引起的响应。

先讨论 RC 电路的零输入响应。在图 3.3.1 所示 RC 电路中，开关 S 闭合前，电容 C 已充电，其电压 $u_C = U_0$。开关 S 闭合后，电容储存的能量将通过电阻以热量的形式释放出来。现把开关动作时刻取为计时起点（$t=0$）。开关闭合后，即 $t \geqslant 0_+$ 时，列写 KVL 可得

$$u_R - u_C = 0$$

将 $u_R = Ri$，$i = -C\dfrac{\mathrm{d}u_C}{\mathrm{d}t}$ 代入上述方程，得

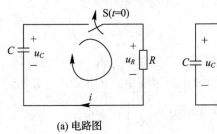 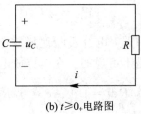 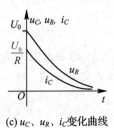

| (a) 电路图 | (b) $t \geqslant 0_+$电路图 | (c) u_C、u_R、i_C变化曲线 |

图 3.3.1　RC 电路的零输入响应

$$RC\frac{\mathrm{d}u_C}{\mathrm{d}t} + u_C = 0 \tag{3.3.1}$$

式(3.3.1)为一阶齐次微分方程,其通解形式为

$$u_C(t) = A\mathrm{e}^{pt} \tag{3.3.2}$$

将式(3.3.2)代入式(3.3.1),得

$$(RCp + 1)A\mathrm{e}^{pt} = 0 \tag{3.3.3}$$

相应的特征方程为

$$RCp + 1 = 0$$

则特征根为

$$p = -\frac{1}{RC}$$

故所求微分方程的通解为

$$u_C(t) = A\mathrm{e}^{pt} = A\mathrm{e}^{-\frac{1}{RC}t} \tag{3.3.4}$$

式中,A 为积分常数,由电路的初始条件确定。

由换路定则可以得到初始条件:$u_C(0_+) = u_C(0_-) = U_0$,将其代入式(3.3.4)可得积分常数

$$A = U_0$$

电容电压的零输入响应为

$$u_C(t) = U_0\mathrm{e}^{-\frac{1}{RC}t} \quad (t \geqslant 0_+) \tag{3.3.5}$$

这就是放电过程中电容电压 u_C 的表达式。

电容电流为

$$i = -C\frac{\mathrm{d}u_C}{\mathrm{d}t} = -C\frac{\mathrm{d}}{\mathrm{d}t}(U_0\mathrm{e}^{-\frac{1}{RC}t}) = -C\left(-\frac{1}{RC}\right)U_0\mathrm{e}^{-\frac{1}{RC}t} = \frac{U_0}{R}\mathrm{e}^{-\frac{1}{RC}t} \quad (t \geqslant 0_+) \tag{3.3.6}$$

电阻上的电压为

$$u_R = u_C = U_0\mathrm{e}^{-\frac{1}{RC}t} \quad (t \geqslant 0_+) \tag{3.3.7}$$

式(3.3.6)和式(3.3.7)的变化规律如图 3.3.1(c)所示,电容电压 u_C、电容电流 i 以及电阻电压 u_R 都按照同样的指数衰减规律变化。电容电压在换路瞬间没有发生跃变,从初始值 U_0 开始按指数规律衰减直到零,达到新的稳态,期间要经历无限长的时间。电路中的电阻电压值在换路瞬间发生了跃变,换路前一时刻其值为零,即 $u_R(0_-) = 0$,换路后一时刻其值为 U_0,即 $u_R(0_+) = U_0$。同样,电容电流在换路瞬间也发生了跃变。

从能量的角度看，RC 电路换路前，电容存储有电场能量，电场能量的大小为

$$W_C = \frac{1}{2}CU_0^2$$

换路后，电容与电阻形成放电回路，电容不断地释放电场能量，电阻不断地将电场能量转变为热能而消耗掉，这一过程是不可逆的。在电容放电的过程中，电阻消耗的总能量为

$$W_R = \int_0^\infty i^2(t)R\,\mathrm{d}t = \int_0^\infty \left(\frac{U_0}{R}\mathrm{e}^{-\frac{1}{RC}t}\right)^2 R\,\mathrm{d}t = \frac{U_0^2}{R}\int_0^\infty \mathrm{e}^{-\frac{2t}{RC}}\,\mathrm{d}t$$

$$= -\frac{1}{2}CU_0^2(\mathrm{e}^{-\frac{2}{RC}t})\Big|_0^\infty = \frac{1}{2}CU_0^2$$

正好等于电容器储存的电场能量，即电容的储能全部被电阻逐渐消耗掉。

动态电路的过渡过程所经历的时间长短取决于电容电压衰减的快慢，而它们衰减的快慢取决于衰减指数 $\frac{1}{RC}$ 的大小。令 $\tau = RC$，当电阻的单位为 Ω，电容的单位为 F 时，τ 的单位为 s，推导如下：

$$[\tau] = [RC] = [\Omega][F] = \frac{[V]}{[A]}\frac{[C]}{[V]} = \frac{[V]}{[A]}\frac{[A][s]}{[V]} = [s]$$

τ 具有时间的单位，且仅与电路元件的参数 R 和 C 有关，与电路的初始状态无关，在有外加激励的电路中，与激励也无关，所以称为时间常数。

时间常数 τ 与特征方程的特征根互为负导数，即 $p = -\frac{1}{\tau}$，p 的单位是 s^{-1}，为频率的单位，p 称为电路的固有频率，它取决于电路的结构和参数。

时间常数 τ 的几何意义可以从以下三个方面加以说明。以电容电压为例，把式(3.3.7)中的 RC 用 τ 代替，得到

$$u_C = U_0\mathrm{e}^{-\frac{1}{\tau}t} \quad (t \geqslant 0_+) \tag{3.3.8}$$

当 $t = \tau$ 时，电容电压在这一时刻的值为

$$u_C = U_0\mathrm{e}^{-\frac{1}{\tau}t} = U_0\mathrm{e}^{-1} = 0.368U_0 \tag{3.3.9}$$

这表明：在时间为 τ 这一时刻或者说从换路后一瞬间经过时间 τ，电容电压由初始电压 U_0 衰减到初始电压的 36.8%，如图 3.3.2(a)所示。τ 值越大，电压衰减越慢，图中 $\tau_1 > \tau$，τ_1 所对应的曲线比 τ 所对应的曲线衰减要慢一些。由于 τ 与 R、C 的乘积成正比，所以可以通过改变 R、C 的参数来调整时间常数，来改变电容放电的快慢。

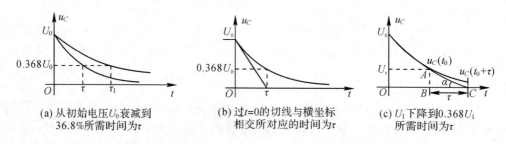

(a) 从初始电压U_0衰减到   (b) 过$t=0$的切线与横坐标   (c) U_1下降到$0.368U_1$
36.8%所需时间为τ 相交所对应的时间为τ 所需时间为τ

图 3.3.2　时间常数 τ 的几何意义

时间常数的几何意义还可以由图 3.3.2(b)、(c)来说明。在图 3.3.2(b)中，过 $t=0$ 作一

切线，切线与横坐标相交所对应的时间就是时间常数 τ。因为切线的斜率为

$$\left.\frac{\mathrm{d}u_C}{\mathrm{d}t}\right|_{t=0} = -\frac{U_0}{\tau}\mathrm{e}^{-\frac{t}{\tau}}\bigg|_{t=0} = -\frac{U_0}{\tau} \tag{3.3.10}$$

而在图 3.3.2(c)中，从 t_0 时刻对应的电压值 U_1 开始到电容电压下降到 $0.368U_1$ 所经历的时间为一时间常数 τ，因为当 $t=t_0$ 时，有

$$U_1 = u_C(t_0) = U_0\mathrm{e}^{-\frac{t_0}{\tau}}$$

则

$$u_C(t_0+\tau) = U_0\mathrm{e}^{-\frac{t_0+\tau}{\tau}} = U_0\mathrm{e}^{-1}\mathrm{e}^{-\frac{t_0}{\tau}} = \mathrm{e}^{-1}U_0\mathrm{e}^{-\frac{t_0}{\tau}} = 0.368U_1 \tag{3.3.11}$$

在使用示波器观察一阶电路波形时，常常利用时间常数的几何意义估算出电路时间常数的大小。

从理论上讲，RC 电路的过渡过程需要经历无限长的时间 u_C 才能衰减至零，从而达到新的稳态。但是将 $t=5\tau$ 代入式(3.3.7)中可得电容电压为 $u_C(5\tau) = U_0\mathrm{e}^{-5} = 0.0067U_0$，此时电容电压几乎接近于零，故可认为电容的放电过程已基本结束。因此，在实际工程中，一般认为动态电路的过渡过程持续时间为 $(3\sim5)\tau$。

【例 3.3.1】 电路如图 3.3.3(a)所示，已知 $u_C(0_-)=15$ V，求 $t \geqslant 0_+$ 时的 u_C 和 u。

解 将电路变为标准的 RC 电路，从电容两端看进去的等效电阻为

$$R_{\mathrm{eq}} = (12+8) \ /\!/ \ 5 = \frac{20\times5}{20+5}\ \Omega = 4\ \Omega$$

等效电路如图 3.3.3(b)所示。时间常数为

$$\tau = R_{\mathrm{eq}}C = 4\times0.1 = 0.4\ \mathrm{s}$$

由换路定则可得

$$u_C(0_+) = u_C(0_-) = 15\ \mathrm{V}$$

故电容电压为

$$u_C = U_0\mathrm{e}^{-t/\tau} = 15\mathrm{e}^{-2.5t}\ \mathrm{V}, \ t \geqslant 0_+$$

从图 3.3.3(a)可知，用分压公式求得 u，即

$$u = \frac{12}{12+8}u_C = 0.6\times15\mathrm{e}^{-2.5t} = 9\mathrm{e}^{-2.5t}\ \mathrm{V}, \ t \geqslant 0_+$$

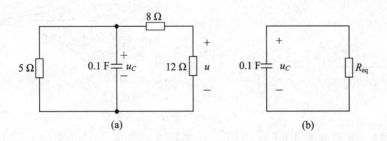

图 3.3.3 例 3.3.1 电路图

下面讨论 RL 电路的零输入响应。图 3.3.4(a)所示电路在开关 S 动作之前电压和电流已恒定不变，电感中有电流 $I_0 = U_0/R_0 = i(0_-)$。在 $t=0$ 时，开关由 1 合到 2，具有初始电流 I_0 的电感 L 和电阻 R 相连接，构成一个闭合回路，如图 3.3.4(b)所示。在 $t>0$ 时，根据 KVL，有

$$u_R + u_L = 0 \tag{3.3.12}$$

而 $u_R = Ri_L$，$u_L = L\dfrac{\mathrm{d}i_L}{\mathrm{d}t}$，代入式(3.3.12)中，有

$$L\frac{\mathrm{d}i_L}{\mathrm{d}t} + Ri_L = 0 \tag{3.3.13}$$

这是一个一阶齐次微分方程。令方程的通解 $i_L = A\mathrm{e}^{pt}$，代入式(3.3.13)，得到相应的特征方程为

$$Lp + R = 0$$

其特征根为

$$p = -\frac{R}{L}$$

故电流为

$$i_L = A\mathrm{e}^{-\frac{R}{L}t} \tag{3.3.14}$$

根据换路定则有 $i(0_+) = i(0_-) = I_0$，代入式(3.3.14)中，可求得 $A = i(0_+) = I_0$，从而

$$i_L = i(0_+)\mathrm{e}^{-\frac{R}{L}t} = I_0\mathrm{e}^{-\frac{R}{L}t}$$

电阻和电感上电压分别为

$$u_R = Ri_L = RI_0\mathrm{e}^{-\frac{R}{L}t}$$

$$u_L = L\frac{\mathrm{d}i_L}{\mathrm{d}t} = -RI_0\mathrm{e}^{-\frac{R}{L}t}$$

与 RC 电路类似，令 $\tau = L/R$，称为 RL 电路时间常数，则上述各式可写为

$$i_L = I_0\mathrm{e}^{-\frac{t}{\tau}}$$

$$u_R = RI_0\mathrm{e}^{-\frac{t}{\tau}}$$

$$u_L = -RI_0\mathrm{e}^{-\frac{t}{\tau}}$$

图 3.3.4(c)给出了 i_L、u_L 和 u_R 随时间变化的曲线。

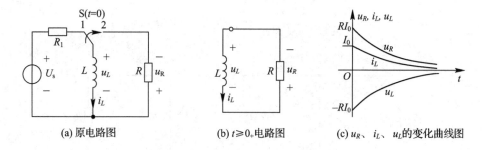

(a) 原电路图　　　　(b) $t \geqslant 0_+$ 电路图　　　　(c) u_R、i_L、u_L 的变化曲线图

图 3.3.4　RL 一阶电路及零输入响应

【例 3.3.2】　电路如图 3.3.5(a)所示，开关闭合已经很久了，在 $t=0$ 时开关打开，求 $t \geqslant 0$ 时的电流 $i(t)$。

解　换路前 $t = 0_-$ 的等效电路如图 3.3.5(b)所示，电感相当于短路。

$$i_1(0_-) = \frac{40}{2 + 12 /\!/ 4} = 8\ \mathrm{A}$$

电感电流为

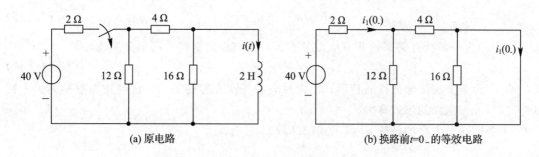

(a) 原电路　　　　　　　　　　　　　　(b) 换路前$t=0_-$的等效电路

图 3.3.5　例 3.3.2 电路图

$$i(0_-)=\frac{12}{12+4}i_1(0_-)=6\ \mathrm{A}$$

根据换路定则，有

$$i(0_+)=i(0_-)=6\ \mathrm{A}$$

换路后，电感两端的等效电阻为

$$R_{\mathrm{eq}}=(4+12)\ //\ 16\Omega=8\ \Omega$$

时间常数为

$$\tau=\frac{L}{R_{\mathrm{eq}}}=\frac{2}{8}=\frac{1}{4}\mathrm{s}$$

所以

$$i(t)=i(0_+)\mathrm{e}^{-t/\tau}=6\mathrm{e}^{-4t}\mathrm{A},\ t\geqslant 0_+$$

3.3.2　一阶电路的零状态响应

在零初始状态下（动态元件初始储能为零），换路后仅由外加电源在电路中产生的响应，称为零状态响应。初始状态为零，意味着 $u_C(0_-)=0$ 和 $i_L(0_-)=0$。因此，电路的响应形式不仅取决于电路的结构和参数，还与外加激励的形式有关。下面分别讨论一阶 RC 电路和 RL 电路的零状态响应。

图 3.3.6 所示的 RC 电路，开关 S 闭合前电路处于零初始状态，即 $u_C(0_-)=0$。在 $t=0$ 时刻开关 S 闭合，电路接入直流电压源 U_s。根据 KVL，有

$$u_R+u_C=U_\mathrm{s} \tag{3.3.15}$$

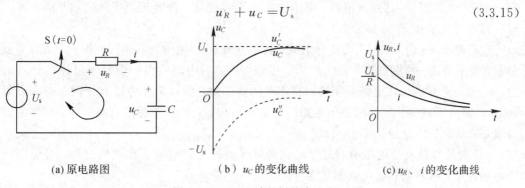

(a) 原电路图　　　　　　（b）u_C 的变化曲线　　　　　　(c) u_R、i 的变化曲线

图 3.3.6　RC 电路的零状态响应

将 $u_R=Ri$，$i=C\dfrac{\mathrm{d}u_C}{\mathrm{d}t}$ 代入式(3.3.15)中，得电路的微分方程：

$$RC \frac{\mathrm{d}u_C}{\mathrm{d}t} + u_C = U_s \qquad (3.3.16)$$

式(3.3.16)为一阶线性常系数非齐次微分方程。该方程的通解由两部分组成，即

$$u_C = u'_C + u''_C \qquad (3.3.17)$$

式中，u'_C 为非齐次微分方程的特解；u''_C 为对应的齐次方程的通解，它与外加激励无关。特解形式与外加激励的形式有关。

非齐次微分方程的特解 u'_C 满足式(3.3.16)，故有

$$RC \frac{\mathrm{d}u'_C}{\mathrm{d}t} + u'_C = U_s \qquad (3.3.18)$$

设特解为 $u'_C = K$，代入方程式(3.3.18)中，得

$$u'_C = U_s$$

而齐次方程 $RC \frac{\mathrm{d}u_C}{\mathrm{d}t} + u_C = 0$ 的通解为

$$u''_C = A \mathrm{e}^{-\frac{t}{\tau}}$$

式中，$\tau = RC$。故非齐次方程的通解为

$$u_C = U_s + A \mathrm{e}^{-\frac{t}{\tau}} \qquad (3.3.19)$$

式中，常数 A 由电路的初始条件来确定。零状态电路初始值 $u_C(0_+) = 0$，将其代入式(3.3.19)中，求得

$$A = -U_s$$

故电容电压的零状态响应为

$$u_C = U_s - U_s \mathrm{e}^{-\frac{t}{\tau}} = U_s(1 - \mathrm{e}^{-\frac{t}{\tau}}) \ , \ t \geqslant 0_+ \qquad (3.3.20)$$

回路中的电流和电阻电压分别为

$$i = C \frac{\mathrm{d}u_C}{\mathrm{d}t} = \frac{U_s}{R} \mathrm{e}^{-\frac{t}{\tau}} , \ t \geqslant 0_+ \qquad (3.3.21)$$

$$u_R = Ri = U_s \mathrm{e}^{-\frac{t}{\tau}} , \ t \geqslant 0_+ \qquad (3.3.22)$$

u_C 波形如图3.3.6(b)所示，电流 i 和电阻电压 u_R 的波形如图3.3.6(c)所示。换路前，电容电压为零，换路后一瞬间电容电压没有发生跃变，随后电容电压 u_C 以指数形式趋近于它的最终恒定值 U_s，达到该值后，电压和电流不再变化，电容相当于开路，电流为零。此时电路达到稳定状态(简称稳态)。

电容电压 u_C 由 u'_C 和 u''_C 两部分组成，其中特解 u'_C 与激励具有相同的形式，故称为强制分量，对于直流、周期激励作用下的 RC 电路，换路后电路经过一段时间可以达到新的稳态，u'_C 也是电容电压在电路重新达到稳态时的稳态值，所以又称为稳态分量。齐次方程的通解 u''_C 则由于其变化规律取决于电路的参数和结构，它按指数规律衰减到零，故称为暂态分量，又称为自由分量。

RC 电路接通直流电压源的过程也就是电源通过电阻对电容充电的过程，将电能转换为电场能量，电容储存的电场能量为

$$W_C = \frac{1}{2} C U_s \qquad (3.3.23)$$

而充电过程中电阻消耗的电能为

$$W_R = \int_0^\infty i^2 R\,\mathrm{d}t = \int_0^\infty \left(\frac{U_s}{R}\mathrm{e}^{-\frac{t}{\tau}}\right)^2 R\,\mathrm{d}t = \frac{1}{2}CU_s^2 \tag{3.3.24}$$

比较式(3.3.23)和式(3.3.24)可知,不论电路中电容 C 和电阻 R 的参数为多少,在充电过程中,电源提供的能量只有一半转变成电场能量储存于电容中,另一半则为电阻所消耗,即充电效率为 50%。

下面接着讨论 RL 电路的零状态响应。图 3.3.7(a)所示为 RL 电路,直流电流源的电流为 I_s,开关 S 在 $t=0$ 由触点 1 切换到触点 2。开关 S 在切换到触点 2 前,电感中的电流为零,即 $i_L(0_-)=0$,电路处于零状态。

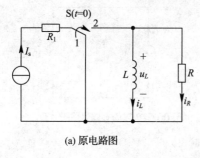 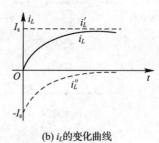

(a) 原电路图　　　　　　　　　　　　　(b) i_L 的变化曲线

图 3.3.7　RL 电路的零状态响应

当 $t \geqslant 0_+$ 时,由 KCL 可得

$$i_R + i_L = I_s \tag{3.3.25}$$

将 $i_R = \dfrac{u_L}{R} = \dfrac{L}{R}\dfrac{\mathrm{d}i_L}{\mathrm{d}t}$ 代入式(3.3.25)中,得

$$\frac{L}{R}\frac{\mathrm{d}i_L}{\mathrm{d}t} + i_L = I_s \tag{3.3.26}$$

式(3.3.26)是一个一阶常系数线性非齐次方程,该方程的通解由两部分组成:

$$i_L = i_L' + i_L'' \tag{3.3.27}$$

式中 i_L' 是非齐次方程的特解,i_L'' 是对应齐次方程的通解。

求得特解为

$$i_L' = I_s \tag{3.3.28}$$

齐次方程的通解为

$$i_L'' = A\mathrm{e}^{pt} = A\mathrm{e}^{-\frac{1}{\tau}t} \tag{3.3.29}$$

式中,$\tau = \dfrac{L}{R}$ 为时间常数。

把式(3.3.28)和式(3.3.29)代入式(3.3.27)中,得通解为

$$i_L = I_s + A\mathrm{e}^{-\frac{1}{\tau}t} \tag{3.3.30}$$

由换路定则可得

$$i_L(0_+) = i_L(0_-) = 0 \tag{3.3.31}$$

把式(3.3.31)代入式(3.3.30)中,得

$$A = -I_s$$

故电感电流的零状态响应为

$$i_L = I_s - I_s\mathrm{e}^{-\frac{t}{\tau}} = I_s(1 - \mathrm{e}^{-\frac{t}{\tau}}),\ t \geqslant 0_+ \tag{3.3.32}$$

式(3.3.32)所表示的电感电流的变化规律如图 3.3.7(b)所示。

与 RC 电路的零状态响应类似，RL 电路也有强制分量、稳态分量、暂态分量与自由分量的概念，电感电路只需要 $(3\sim5)\tau$ 就已达到稳态，充磁过程结束。

从能量的角度，RL 电路在换路之前电感处于零状态，换路后，电感不断从电源吸收能量并以磁场能量形式存储，同时电阻消耗一部分能量。类似于电容的充电过程，电感建立磁场的过程，外施激励的最高效率不会超过 50％。

【例 3.3.3】 如图 3.3.8(a)所示，电路在 $t=0$ 时开关闭合，求 $i_L(t)$，$t\geqslant 0_+$。

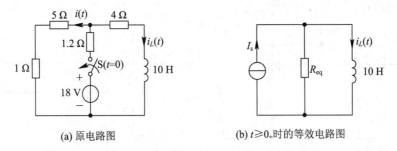

(a) 原电路图 (b) $t\geqslant 0_+$时的等效电路图

图 3.3.8 例 3.3.3

解 在 $t\geqslant 0_+$ 时，可用诺顿定理将原电路图化简为图 3.3.8(b)所示电路，其中

$$I_s = \frac{18}{1.2+\dfrac{(5+1)\times 4}{5+1+4}} \times \frac{5+1}{5+1+4} = 3 \text{ A}$$

$$R_{eq} = \frac{1.2\times(1+5)}{1.2+1+5} + 4 = 5 \text{ }\Omega$$

故得

$$\tau = \frac{L}{R_{eq}} = \frac{10}{5} = 2 \text{ s}$$

电感电流为

$$i_L(t) = 3(1-e^{-\frac{t}{2}}) \text{ A}, \ t\geqslant 0_+$$

3.3.3 一阶电路的全响应

一阶电路的全响应是指在换路前，电路中的储能元件有初始能量，在换路后，又外加激励作用于电路所产生的响应。

在图 3.3.9 所示的 RC 电路中，U_s 是一个直流电压源，电容已经充电，设电容原有电压 $u_C(0_-)=U_0$，开关 S 在 $t=0$ 时闭合。

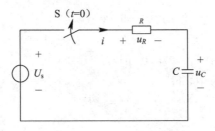

图 3.3.9 一阶电路的全响应

当 $t \geqslant 0_+$ 时，根据 KVL 可得

$$RC \frac{\mathrm{d}u_C}{\mathrm{d}t} + u_C = U_s \tag{3.3.33}$$

取换路后达到稳定状态时的电容电压为特解，则

$$u_C' = U_s$$

对应式(3.3.33)的齐次方程的通解为

$$u_C'' = A\mathrm{e}^{-\frac{t}{\tau}}$$

式中，$\tau = RC$ 为电路的时间常数。所以微分方程式(3.3.33)的通解为

$$u_C = u_C' + u_C'' = U_s + A\mathrm{e}^{-\frac{t}{\tau}}, \; t \geqslant 0_+ \tag{3.3.34}$$

根据换路定则得初始条件 $u_C(0_+) = u_C(0_-) = U_0$，并代入式(3.3.34)中，可得

$$u_C(0_+) = U_0 = U_s + A$$

由此可得

$$A = U_0 - U_s$$

电容电压全响应为

$$u_C = U_s + (U_0 - U_s)\mathrm{e}^{-\frac{t}{\tau}}, \; t \geqslant 0_+ \tag{3.3.35}$$

式(3.3.35)右边第一项 U_s 是常量，为非齐次方程的特解，实质上是电容电压的稳态分量 $u_C(\infty)$；第二项 $(U_0 - U_s)\mathrm{e}^{-\frac{t}{\tau}}$ 为齐次方程的通解，按指数规律衰减，为电容电压的瞬态分量。因此可得

电路的全响应 = 稳态分量 + 瞬态分量

把式(3.3.35)可改写为

$$u_C = U_0\mathrm{e}^{-\frac{t}{\tau}} + U_s(1 - \mathrm{e}^{-\frac{t}{\tau}}), \; t \geqslant 0_+ \tag{3.3.36}$$

式(3.3.36)右边第一项对应电路的零输入响应，右边的第二项对应电路的零状态响应，故电路的全响应可以分解为

电路的全响应 = 零输入响应 + 零状态响应

无论是把全响应分解为零状态响应和零输入响应，还是分解为稳态分量和瞬态分量，都是从不同角度去分析全响应的，而全响应总是由初始值、特解和时间常数三个要素决定的。在直流电源激励下，若初始值为 $f(0_+)$，特解为稳定 $f(\infty)$，时间常数为 τ，则全响应 $f(t)$ 可写为

$$f(t) = f(\infty) + [f(0_+) - f(\infty)]\mathrm{e}^{-\frac{t}{\tau}} \tag{3.3.37}$$

只要知道 $f(0_+)$、$f(\infty)$ 和 τ 这三个要素，就可以根据式(3.3.37)直接写出直流激励下一阶电路的全响应，这种方法称为三要素法。

一阶电路在正弦电源激励下，由于电路的特解 $f'(t)$ 是时间的正弦函数，则上述公式可写为

$$f(t) = f'(t) + [f(0_+) - f'(0_+)]\mathrm{e}^{-\frac{t}{\tau}} \tag{3.3.38}$$

式中，$f'(t)$ 是特解，为稳态响应；$f'(0_+)$ 是 $t = 0_+$ 时稳态响应的初始值，$f(0_+)$ 与 τ 的含义与前述相同。

如果电路仅含一个储能元件(L 或 C)，电路的其它部分由电阻和独立电源或受控源连接而成，这种电路仍是一阶电路。在求解这类电路时，可以把储能元件以外的部分，应用戴维宁定理或诺顿定理进行等效变换，然后求得储能元件上的电压和电流。如果还要求其它支路的电压和电流，则可以按照变换前的原电路进行。

【例 3.3.4】 图 3.3.10(a)所示电路中，$U_s = 10$ V，$I_s = 2$ A，$R = 2$ Ω，$L = 4$ H，S 闭合前电路已处于稳态。试求 S 闭合后电路中的电流 $i_L(t)$ 和 $i(t)$。

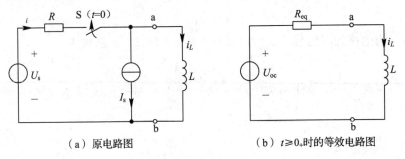

$$(\text{a})\ 原电路图 \qquad\qquad (\text{b})\ t \geqslant 0_+ 时的等效电路图$$

图 3.3.10 例 3.3.4 图

解 由题意知，在 $t = 0_-$ 时电路已处于直流稳态，有
$$i_L(0_-) = -I_s = -2 \text{ A}$$

根据换路定则，电感电流的初始值为
$$i_L(0_+) = i_L(0_-) = -2 \text{ A}$$

戴维宁等效电路如图 3.3.10(b)所示，其中
$$U_{oc} = U_s - RI_s = (10 - 2 \times 2) = 6 \text{ V}$$
$$R_{eq} = 2 \text{ Ω}$$

由此可得
$$\tau = \frac{L}{R_{eq}} = \frac{4}{2} = 2 \text{ s}$$

电感电流的稳态值为
$$i_L(\infty) = \frac{U_{oc}}{R_{eq}} = \frac{6}{2} = 3 \text{ A}$$

电路的全响应为
$$i_L(t) = i_L(\infty) + [i_L(0_+) - i_L(\infty)]e^{-\frac{t}{\tau}}$$
$$= 3 + [-2 - 3]e^{-\frac{t}{2}} = (3 - 5e^{-0.5t}) \text{ V}, \ t \geqslant 0_+$$

电流 i 可以根据 KCL 求得为
$$i(t) = I_s + i_L = (5 - 5e^{-0.5t}) \text{A}, \ t \geqslant 0_+$$

3.4 阶跃函数与阶跃响应

3.4.1 阶跃函数

单位阶跃函数的定义为

$$\varepsilon(t)=\begin{cases} 0 & (t \leqslant 0_-) \\ 1 & (t \geqslant 0_+) \end{cases} \qquad (3.4.1)$$

其波形如图 3.4.1 所示,它在 $t \leqslant 0_-$ 时恒为 0,$t \geqslant 0_+$ 时恒为 1,在 $t=0$ 时则由 0 跃变到 1,这是一个跃变的过程。

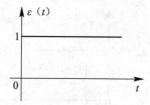

图 3.4.1 单位阶跃函数

若 $\varepsilon(t)$ 乘以常数 A,其结果 $A\varepsilon(t)$ 称为阶跃函数,其表达式为

$$A\varepsilon(t)=\begin{cases} 0 & (t \leqslant 0_-) \\ A & (t \geqslant 0_+) \end{cases} \qquad (3.4.2)$$

波形图如 3.4.2(a)所示,其中阶跃幅度 A 称为阶跃量。阶跃函数在时间上延迟 t_0,称为延迟阶跃函数,波形如图 3.4.2(b)所示,它在 $t=t_0$ 处出现阶跃,数学上可表示为

$$A\varepsilon(t-t_0)=\begin{cases} 0 & (t \leqslant t_{0-}) \\ A & (t \geqslant t_{0+}) \end{cases} \qquad (3.4.3)$$

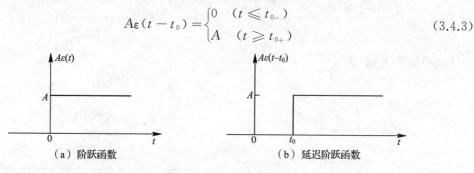

（a）阶跃函数　　　　　　　　（b）延迟阶跃函数

图 3.4.2 阶跃函数及延迟阶跃函数

阶跃函数可以描述某些情况下的开关动作。如在图 3.4.3(a)中,阶跃电压 $U_s\varepsilon(t)$ 表示电压源 U_s 在 $t=0$ 时接入 RC 电路。类似地,图 3.4.3(b)中的阶跃电流 $I_s\varepsilon(t)$ 表示电流源 I_s 在 $t=0$ 时接入 RL 电路。由此可见,单位阶跃函数可作为开关动作数学模型,因此 $\varepsilon(t)$ 也常称为开关函数。

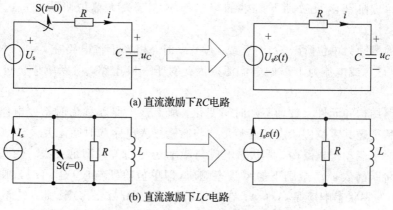

(a) 直流激励下 RC 电路

(b) 直流激励下 LC 电路

图 3.4.3 用 $\varepsilon(t)$ 表示开关动作

阶跃函数以简洁的形式表示某些信号。如图 3.4.4(a)所示矩形脉冲信号，可以看成是图 3.4.4(b)、(c)所示两个延迟阶跃信号的叠加，即

$$f(t) = f_1(t) - f_2(t) = A\varepsilon(t - t_1) - A\varepsilon(t - t_2)$$
$$= A[\varepsilon(t - t_1) - \varepsilon(t - t_2)]$$

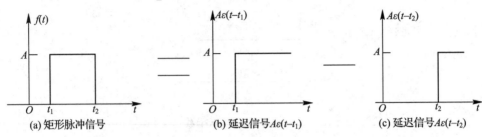

(a) 矩形脉冲信号　　　　　　(b) 延迟信号 $A\varepsilon(t-t_1)$　　　　　　(c) 延迟信号 $A\varepsilon(t-t_2)$

图 3.4.4　用阶跃函数表示矩形脉冲信号

依据上例叠加单位阶跃函数移位加权代数和的思想，用阶跃函数还可以表示"台阶式"或"楼梯式"更为复杂的信号。

阶跃函数可以用来"起始"任意一个 $f(t)$。设 $f(t)$ 是对所有 t 都有定义的一个任意函数，则

$$f(t)\varepsilon(t - t_0) = \begin{cases} f(t) & (t > t_0) \\ 0 & (t < t_0) \end{cases}$$

它的波形如图 3.4.5 所示。

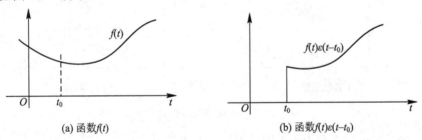

(a) 函数 $f(t)$　　　　　　　　(b) 函数 $f(t)\varepsilon(t-t_0)$

图 3.4.5　单位阶跃函数的起始作用

3.4.2　阶跃响应

电路在单位阶跃函数激励下产生的零状态响应定义为单位阶跃响应，简称为阶跃响应。

当电路的激励为单位阶跃 $\varepsilon(t)$ V 或 $\varepsilon(t)$ A 时，相当于将电路在 $t=0$ 时接通电压为 1 V 的直流电压源或电流为 1 A 的电流源。因此对于一阶电路，阶跃响应仍可用三要素法求解。

如果电路结构和元件参数均不随时间变化，那么该电路就称为时不变电路，时不变电路的标志性特征是其零响应状态的函数形式与激励接入电路的时间无关。

在线性时不变动态电路中，零状态响应与激励之间的关系满足齐次、叠加和时不变性质。若单位阶跃函数 $\varepsilon(t)$ 激励下的零状态响应（即单位阶跃响应）是 $s(t)$，则在阶跃函数 $A\varepsilon(t)$ 激励下的零状态响应是 $As(t)$；在延迟阶跃函数 $A\varepsilon(t - t_0)$ 激励下的零状态响应是 $As(t - t_0)$。在和阶跃 $A\varepsilon(t) + B\varepsilon(t)$ 函数激励下零状态响应是 $As(t) + Bs(t)$。

【例 3.4.1】 图 3.4.6(a)所示的一阶电路，已知 $R_1 = 6\ \Omega, R_2 = 4\ \Omega, C = 0.02\ \text{F}$。

(1) 若以 $i_s(t)$ 为输入，以 $u_C(t)$ 为输出，求单位阶跃响应 $s(t)$；

(2) 若激励电流源 i_s 的波形如图 3.4.6(b)所示，求零状态响应 $u_C(t)$。

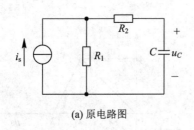 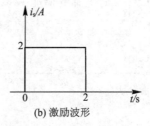

(a) 原电路图　　　　　　　　(b) 激励波形

图 3.4.6　例 3.4.1 图

解　(1) 用三要素法求 $s(t)$。令 $i_s(t) = \varepsilon(t)$ A。由零状态响应可知 $u_C(0_+) = u_C(0_-) = 0$，在 $t = 0_+$ 时，C 视为短路，得

$$s(0_+) = s(0_-) = 0$$

又 $t = \infty$ 时 C 视为开路，得

$$s(\infty) = 1 \times 6 = 6\ \text{V}$$

时间常数为

$$\tau = (R_1 + R_2)C = (6 + 4) \times 0.02 = 0.2\ \text{s}$$

利用三要素公式，有

$$s(t) = \left\{ s(\infty) + [s(0_+) - s(\infty)] e^{-\frac{1}{\tau}t} \right\} \varepsilon(t) = 6(1 - e^{-5t})\varepsilon(t)\ \text{V}$$

(2) 将信号分解，即 $i_s(t) = 2\varepsilon(t) - 2\varepsilon(t-2)$，由齐次性、时不变性及叠加性得

$$u_C(t) = 2s(t) - 2s(t-2) = 12(1 - e^{-5t})\varepsilon(t) - 12[1 - e^{-5(t-2)}]\varepsilon(t-2)\ \text{V}$$

习题 3

3.1　电路如题 3.1 图(a)所示，$C = 4$F 的电容器，其电流 i 的波形图如题 3.1 图(b)所示。

(1) 若 $u(0) = 0$，求 $t \geq 0$ 时的电容电压 $u(t)$，并画出波形图；

(2) 计算 $t = 2$ s 时电容吸收的功率 $p(2)$；

(3) 计算 $t = 2$ s 时电容的储能 $W(2)$。

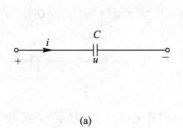　　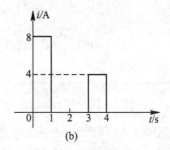

(a)　　　　　　　　　　　(b)

题 3.1 图

3.2　电路如题 3.2 图(a)所示，$L = 0.5$H 的电感器，其端电压 u 的波形如题 3.2 图(b)

所示。

    (1) 若 $i(0)=0$A，求电流 i，并画出其波形图；

    (2) 计算 $t=2$ s 时电感吸收的功率 $p(2)$；

    (3) 计算 $t=2$ s 时电感的储能 $W(2)$；

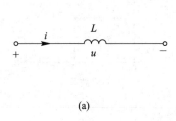
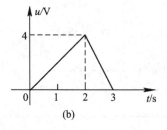

(a)   (b)

题 3.2 图

3.3   电路如题 3.3 图所示，求：

(1) 图(a)中 ab 端的等效电感 L_{ab}；

(2) 图(b)中 ab 端等效电容 C_{ab}。

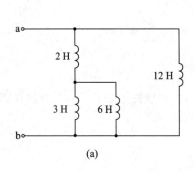
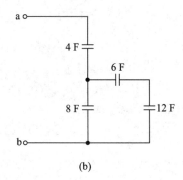

(a)   (b)

题 3.3 图

3.4   电路如题 3.4 图所示，已经处于稳态，$t=0$ 时开关 S 开启，求初始值 $i(0_+)$、$u(0_+)$。

3.5   电路如题 3.5 图所示，$t=0$ 时开关 S 闭合。已知 $u_C(0_-)=6$ V，求 $i_C(0_+)$、$i_R(0_+)$。

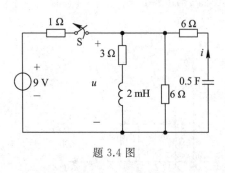
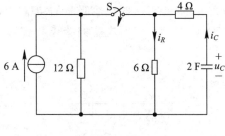

题 3.4 图   题 3.5 图

3.6   电路如题 3.6 图所示，已经处于稳态，$t=0$ 时开关 S 由 a 切换至 b，求 $i(0_+)$、$u(0_+)$。

3.7   在题 3.7 图所示的电路中，已知 $R_1=2$ kΩ，$R_2=3$ kΩ，$R_3=6$ kΩ，$C=5$ μF，开关 S 打开时电容已充电到 24 V。$t=0$ 时开关闭合，试求开关闭合后各支路的电流和电容电压随时间的变化规律。

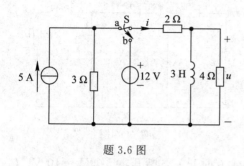

题 3.6 图

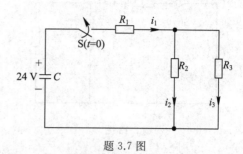

题 3.7 图

　3.8　电路如题 3.8 图所示，开关 S 原处于位置 1，电路已处于稳定状态。已知 $L=6$ H，在 $t=0$ 时开关 S 接到位置 2，求换路后的电感电压 u_L 和电流 i_L。

　3.9　题 3.9 图所示的电路已处于稳定状态。在 $t=0$ 时开关 S 由位置 a 投向位置 b，试求 $t \geqslant 0$ 时的 u_L 和 i_L。

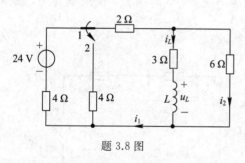

题 3.8 图

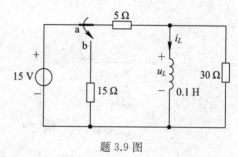

题 3.9 图

　3.10　题 3.10 图所示的电路已处于稳定状态，开关 S 原是打开的，在 $t=0$ 时开关 S 闭合，试求 $t \geqslant 0$ 时的 u_C、i、i_C。

　3.11　题 3.11 图所示的电路已处于稳定状态，开关 S 处于闭合状态。已知 $I_s=10$ A，$R_1=80$ Ω，$R_2=200$ Ω，$R_3=300$ Ω，$L=2$ H。开关 S 在 $t=0$ 时打开，试求开关打开后的电感电流和电压的变化规律。

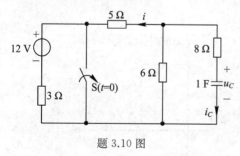

题 3.10 图

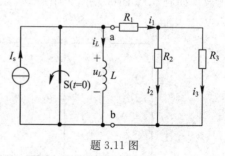

题 3.11 图

　3.12　题 3.12 图的所示电路已处于稳定状态，$t=0$ 时开关闭合，闭合前电容没有充电。已知 $U_s=12$ V，$R_1=5$ kΩ，$R_2=25$ kΩ，$R_3=100$ kΩ，$C=10$ μF。试求 $t \geqslant 0$ 时的电容电压 u_C 及各支路电流。

　3.13　题 3.13 图所示的电路已经处于稳定状态。已知 $U_{s1}=36$ V，$U_{s2}=12$ V，$R_1=2$ Ω，$R_2=4$ Ω，$R_3=6$ Ω，$L=3$H。在 $t=0$ 时开关 S 由位置 1 投向位置 2，计算 $t \geqslant 0$ 时的电压 u。值。

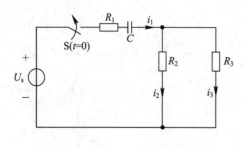

题 3.12 图　　　　　　题 3.13 图

3.14　电路如题 3.14 图所示，已知 $C=1$ F。$t<0$ 时开关 S 断开，已知 $U_s=10$ V，$I_s=1$ A，$u_C=(0_-)=1$ V，$R_1=R_2=R_3=1$ Ω，$C=1$ F。在 $t=0$ 时开关 S 闭合，试求电路中的 u_C、i_C 和 i。

3.15　电路如题 3.15 图所示，开关 S 处于闭合状态，且电路已处于稳定状态，已知 $U_s=10$ V，$R_1=3$ Ω，$R_2=2$ Ω，$L=1/3$ H。开关 S 在 $t=0$ 时断开，试求电路的阶跃响应 i_L。

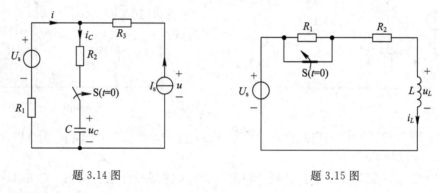

题 3.14 图　　　　　　题 3.15 图

3.16　电路如题 3.16 图(a)所示，已知 $R_1=6$ kΩ，$R_2=4$ kΩ，$R_3=8$ kΩ，$C=100$ μF。电压波形如题 3.16 图(b)所示，试求 u_o。

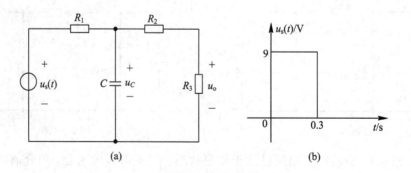

(a)　　　　　　　　(b)

题 3.16 图

第 *4* 章　正弦稳态电路分析

线性时不变动态电路在角频率为 ω 的正弦电压源或电流源激励下，随着时间的增长，当暂态响应消失，只剩下正弦稳态响应，电路中的全部电压和电流都是角频率为 ω 的正弦波时，称电路处于正弦稳态。满足这类条件的动态电路称为正弦稳态电路。不论是在理论分析中还是在实际应用中，正弦稳态分析都是极其重要的。许多电气设备的设计、性能指标就是按正弦稳态来考虑的。例如，在设计高保真音频放大器时，就要求它对输入的正弦信号能够"忠实"地再现并加以放大。又如，在电力系统中，全部电源均为同一频率的交流电源，大多数问题都可以用正弦稳态分析来解决。以后还会知道，如果掌握了线性时不变电路的正弦稳态响应，那么，从理论上来说便掌握了它对任何信号的响应。

本章首先介绍正弦量及其相量表示、两类约束的相量形式，然后介绍 RLC 电路的分析、正弦稳态电路中的功率，最后介绍交流电路中的功率传输及最大功率问题。

4.1　正弦交流电的基本概念

4.1.1　正弦量的三要素

在前几个章节，我们讨论的电压和电流都是直流的形式，即电压和电流的大小、方向均恒定不变，如图 4.1.1（a）所示，而本章要讨论的是交流电路。所谓交流，是指电压和电流的大小、方向均随时间作周期性的变化，如图 4.1.1（b）、(c)、(d)所示为三种常见的交流信号。交流在人们的生产和生活中有着广泛的应用，生活、生产中的用电大部分是交流电，因为交流电在产生、输送、使用等方面都具有明显优势。

大小和方向随时间作正弦（或余弦）规律变化的电压、电流等电学量统称正弦交流电或正弦量，如图 4.1.1（b）所示。正弦规律可以用正弦函数表示，也可以用余弦函数表示。本书统一用余弦函数表示，仍称为正弦量。

正弦量在某时刻的值称为正弦量的瞬时值，用小写字母表示。如正弦电流 i，其瞬时值表达式为

$$i(t) = I_m \cos(\omega t + \theta_i) \tag{4.1.1}$$

其对应的波形如图 4.1.2 所示。式中，I_m 称为电流最大值或幅值，表示交流信号的大小；ω 称为角频率，表示交流信号变化的快慢；θ_i 称为初相位或初相角，表示交流信号的初始位置。对任何一个正弦交流电来说，只要最大值、角频率和初相位确定后，这个交流电也随之确定。因此将这三个物理量称为正弦交流电的三要素。分析正弦交流电时也应从这三个方面进行。

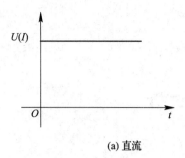

(a) 直流

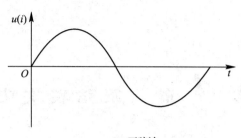

(b) 正弦波

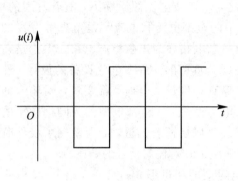

(c) 方波

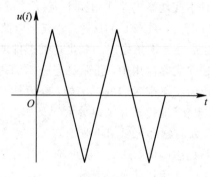

(d) 锯齿波

图 4.1.1　常用电信号

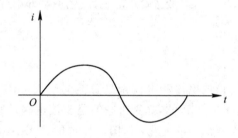

图 4.1.2　正弦电流的波形图

4.1.2　正弦量的周期、频率和角频率

周期 T：正弦量交变一次所需要的时间，单位为秒(s)。

频率 f：每秒内完成的周期数，单位为赫兹(Hz)。

可见，T 与 f 互为倒数，即

$$f = \frac{1}{T} \tag{4.1.2}$$

角频率 ω：每秒内完成的弧度数，单位为弧度每秒(rad/s)。

因为一个周期内经历的弧度是 2π，所以角频率与周期、频率的关系为

$$\omega = \frac{2\pi}{T} = 2\pi f \tag{4.1.3}$$

在我国和大多数国家都采用 50 Hz 作为电力标准频率，有些国家(如美国、日本等)采

用 60 Hz。这种频率在工业上应用广泛，习惯上也称为工频。除工频外，某些领域还需要采用其它的频率，如无线电通信的频率为 30 kHz～3×10^4 MHz，有线通信的频率为 300～5000 Hz 等。

4.1.3　正弦量的瞬时值、最大值和有效值

瞬时值：正弦量在任一瞬间的值，用小写字母表示。如 i、u 分别表示瞬时电流、瞬时电压。

最大值（幅值）：最大的瞬时值，用带下标 m 的大写字母来表示。如 I_m、U_m 分别表示电流、电压的幅值。

正弦电流、电压的大小往往不是用它们的幅值来计量，而是用有效值来计量其大小。

有效值是从电流的热效应来规定的，它的定义为：如果一个交流电流 i 和一个直流电流 I 在相等的时间 T 内通过同一个电阻，而两者产生的热量相等，那么这个交流电流 i 的有效值在数值上就等于这个直流电流 I。

设有一电阻 R，通以交变电流 i，在一周期 T 内产生的热量为

$$Q_{ac} = \int_0^T R i^2 \, dt \tag{4.1.4}$$

同是该电阻 R，通以直流电流 I，在时间 T 内产生的热量为

$$Q_{dc} = R I^2 T \tag{4.1.5}$$

根据上述定义，热效应相等的条件为 $Q_{ac} = Q_{dc}$，即

$$\int_0^T R i^2 \, dt = R I^2 T$$

由此可得出交流电流的有效值为

$$I = \sqrt{\frac{1}{T} \int_0^T i^2 \, dt} \tag{4.1.6}$$

即交流电流的有效值等于电流瞬时值的平方在一个周期内的平均值的开方，故有效值又称为均方根值。

有效值的定义适用于任何周期性变化的量，但不能用于非周期量。

假设交流电流为正弦量 $i = I_m \cos\omega t$，则

$$I = \sqrt{\frac{1}{T} \int_0^T I_m^2 \cos^2 \omega t \, dt} = \sqrt{\frac{1}{T} I_m^2 \int_0^T \frac{1 + \cos 2\omega t}{2} \, dt}$$

$$= \sqrt{\frac{1}{T} \frac{I_m^2}{2} \int_0^T (1 + \cos 2\omega t) \, dt} = \frac{1}{\sqrt{2}} I_m = 0.707 I_m$$

即

$$I_m = \sqrt{2}\, I \tag{4.1.7}$$

式（4.1.7）就是交流电流的有效值与最大值的关系。同理，正弦交流电压的有效值与它们的最大值的关系为

$$U = \frac{U_m}{\sqrt{2}} \tag{4.1.8}$$

有效值都用大写字母表示，和表示直流的字母一样。如上式中的 I、U 分别表示交流

电流、交流电压的有效值。

一般所讲的正弦电压或正弦电流的大小，如交流电压 380 V 或 220 V，电器设备的额定值等都是指它的有效值。一般交流电表的刻度数值也是指有效值。

引入有效值后，正弦电流和电压的表达式可写为

$$i(t) = I_m \cos(\omega t + \theta_i) = \sqrt{2} I \cos(\omega t + \theta_i)$$

$$u(t) = U_m \cos(\omega t + \theta_u) = \sqrt{2} U \cos(\omega t + \theta_u)$$

4.1.4 正弦量的相位、初相位和相位差

相位（相位角）：交流电在不同时刻 t 所对应的不同的 $\omega t + \theta$ 值。$\omega t + \theta$ 代表交流电的变化进程。

初相位（初相）：$t = 0$ 时的相位 θ。通常规定 $|\theta| \leqslant \pi$。显然，初相位与计时起点和正弦量参考方向的选择有关。

图 4.1.3(a)、(b)分别给出了 $\theta > 0$ 和 $\theta < 0$ 时正弦电流的波形图。由图可知，θ 就是正弦量最靠近坐标原点的正最大值点与坐标原点之间的角度。最靠近坐标原点的正最大值出现在 $t = 0$ 之前，θ 为正；最靠近坐标原点的正最大值出现在 $t = 0$ 之后，θ 为负。

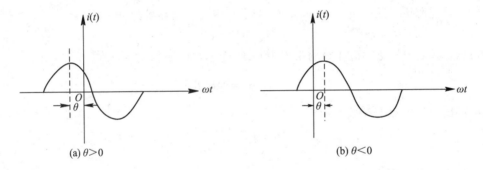

图 4.1.3　初相的位置与正负

相位差：任何两个同频率的正弦量的相位角之差，用 φ 表示。例如有两个正弦量如下：

$$u(t) = U_m \cos(\omega t + \theta_u)$$

$$i(t) = I_m \cos(\omega t + \theta_i)$$

u 与 i 的相位差为

$$\varphi = (\omega t + \theta_u) - (\omega t + \theta_i) = \theta_u - \theta_i \qquad (4.1.9)$$

可见，基于频率必须相同才存在相位差的概念，所以相位差也等于初相之差。相位差与时间无关。通常规定 $|\varphi| \leqslant \pi$。

因为 u 和 i 的初相位不同，所以它们的变化步调不一致，即不是同时到达正的最大值或零值。那么它们在相位上的关系有常见的以下四种，如图 4.1.4 所示。

(1) $0° < \varphi < 180°$：如图 4.1.4(a)所示，说明 $\theta_u > \theta_i$，也就是电压比电流先到达最大值，这种情况称电压在相位上超前电流一个角度 φ。

(2) $-180° < \varphi < 0°$：如图 4.1.4(b)所示，说明 $\theta_u < \theta_i$，也就是电压比电流晚到达最大值，这种情况称电压在相位上滞后电流一个角度 φ，也可说成电流在相位上超前电压。

(3) $\varphi = 0°$：如图 4.1.4(c)所示，说明 $\theta_u = \theta_i$，也就是电压和电流同时到达最大值，同时

过零点,同正同负,这种情况称电压和电流同相。

(4) $\varphi = 180°$:如图 4.1.4(d)所示,说明 $\theta_u - \theta_i = 180°$,也就是电压与电流相位差 $180°$,符号正好相反,这种情况称电压与电流反相。

超前、滞后、同相、反相常用来描述两个同频率正弦量的相位关系。

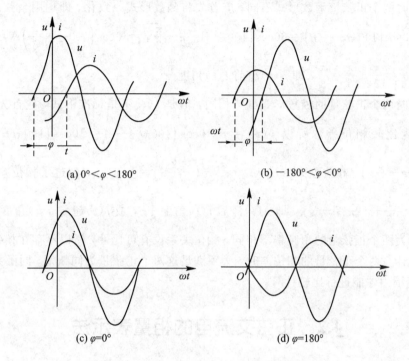

(a) $0° < \varphi < 180°$　　　　(b) $-180° < \varphi < 0°$

(c) $\varphi = 0°$　　　　(d) $\varphi = 180°$

图 4.1.4　两个同频率正弦量的相位关系

【**例 4.1.1**】 已知正弦电压 $u(t) = 30\cos\left(100\pi t + \dfrac{\pi}{2}\right)$ V,正弦电流 $i(t)$ 为如下几种情况:

(1) $i(t) = 50\cos\left(100\pi t + \dfrac{3}{4}\pi\right)$ A

(2) $i(t) = 40\cos\left(100\pi t - \dfrac{3}{4}\pi\right)$ A

(3) $i(t) = 30\sin\left(100\pi t + \dfrac{2}{3}\pi\right)$ A

(4) $i(t) = -10\cos\left(100\pi t + \dfrac{\pi}{3}\right)$ A

(5) $i(t) = 20\cos\left(200\pi t - \dfrac{3}{4}\pi\right)$ A

求 $u(t)$ 和 $i(t)$ 之间的相位差。

解　(1) 相位差 $\varphi = \theta_u - \theta_i = \dfrac{\pi}{2} - \dfrac{3}{4}\pi = -\dfrac{\pi}{4}$,即 $u(t)$ 滞后 $i(t)$ 角度 $\dfrac{\pi}{4}$,也可以说 $i(t)$ 超前 $u(t)$ 角度 $\dfrac{\pi}{4}$。

（2）相位差 $\varphi=\theta_u-\theta_i=\dfrac{\pi}{2}-\left(-\dfrac{3}{4}\pi\right)=\dfrac{5}{4}\pi>\pi$，超出了 φ 的取值范围，所以取 $\varphi=\dfrac{5}{4}\pi$

$-2\pi=-\dfrac{3}{4}\pi$，即 $u(t)$ 滞后 $i(t)$ 角度 $\dfrac{3}{4}\pi$，也可以说 $i(t)$ 超前 $u(t)$ 角度 $\dfrac{3}{4}\pi$。

（3）此时两个正弦量函数形式不同，应首先将函数形式一致化，即均用余弦函数表示，

则 $i(t)=30\sin\left(100\pi t+\dfrac{2}{3}\pi\right)=30\cos\left(100\pi t+\dfrac{2}{3}\pi-\dfrac{\pi}{2}\right)=30\cos\left(100\pi t+\dfrac{\pi}{6}\right)\text{A}$，所以相位

差 $\varphi=\theta_u-\theta_i=\dfrac{\pi}{2}-\dfrac{\pi}{6}=\dfrac{\pi}{3}$，即 $u(t)$ 超前 $i(t)$ 角度 $\dfrac{\pi}{3}$。

（4）此时两个正弦量的函数形式虽然相同，但是 $i(t)$ 不是标准形式，应首先变成标准

形式后才能比较相位差。所以 $i(t)=-10\cos\left(100\pi t+\dfrac{\pi}{3}\right)=10\cos\left(100\pi t+\dfrac{\pi}{3}-\pi\right)=$

$10\cos\left(100\pi t-\dfrac{2}{3}\pi\right)$，相位差 $\varphi=\theta_u-\theta_i=\dfrac{\pi}{2}-\left(-\dfrac{2}{3}\pi\right)=\dfrac{7}{6}\pi>\pi$，超过了相位差的取值范

围，所以 $\varphi=\dfrac{7}{6}\pi-2\pi=-\dfrac{5}{6}\pi$，即 $u(t)$ 滞后 $i(t)$ 角度 $\dfrac{5}{6}\pi$，或 $i(t)$ 超前 $u(t)$ 角度 $\dfrac{5}{6}\pi$。

（5）因为两个正弦量的角频率不相同，相位关系没有可比性，所以不存在相位差。

可见，计算两个正弦量的相位差时，必须满足这两个正弦量为同频率、同函数，且相位差在取值范围内才能进行比较计算。

4.2 正弦交流电的相量表示法

在单频正弦稳态电路中，分析电路时常遇到正弦量的加、减、求导及积分问题，而由于同频率的正弦量之和或差仍为同一频率的正弦量，正弦量对时间的导数或积分也仍为同一频率的正弦量。故分析单频正弦稳态电路时只需确定正弦量的幅值和初相，就能完整地表示它。如果将正弦量的幅值和初相与复数中的模和辐角相对应，那么在频率已知的条件下，就可以用复数来表示正弦量。用来表示正弦量的复数称为相量。借用复数表示正弦量后，可以避开利用三角函数进行正弦量的加、减、求导及积分等运算的麻烦，从而使正弦稳态电路的分析和计算得到简化。这种方法是由美国电机工程师斯泰因梅茨（C. P. Steinmetz，1865~1923)于 1893 年在国际电工会议上提出的。

4.2.1 复数的表示及运算

1. 复数的四种表示形式

图 4.2.1 所示为由实轴和虚轴组成的复平面，图中有一复数 A，在实轴上的投影为 a，称为 A 的实部，可用 $a=\text{Re}[A]$ 表示对 A 取实部，A 在纵轴上的投影为 b，称为 A 的虚部，可用 $b=\text{Im}[A]$ 表示对 A 取虚部。$|A|$ 称为 A 的模，总为非负数。A 与正实轴之间的夹角 θ 称为 A 的辐角。$j=\sqrt{-1}$ 称为虚数单位，在数学中我们用 i 表示虚数，而在电路中，i 已表示电流，为避免混乱，故改用 j 表示。

由复数知识可知 A 可表示为

$$A=a+jb \qquad\qquad (4.2.1)$$

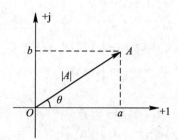

图 4.2.1　复平面及复数表示

式(4.2.1)称为复数的代数形式。

由数学知识可知它们之间的关系为

$$\begin{cases} a = |A|\cos\theta \\ b = |A|\sin\theta \\ |A| = \sqrt{a^2 + b^2} \\ \theta = \arctan \dfrac{b}{a} \end{cases}$$

代入式(4.2.1)得

$$A = |A|\cos\theta + j|A|\sin\theta = |A|(\cos\theta + j\sin\theta) \qquad (4.2.2)$$

式(4.2.2)称为复数的三角形式。

将数学中的欧拉公式 $\cos\theta + j\sin\theta = e^{j\theta}$ 代入式(4.2.2)，得

$$A = |A|e^{j\theta} \qquad (4.2.3)$$

式(4.2.3)为复数的指数形式。

从图 4.2.1 可看出，一个复数有两个重要的参数，即模和辐角，所以也可直接用这两个参数直接简写为

$$A = |A| \angle \theta \qquad (4.2.4)$$

式(4.2.4)为复数的极坐标形式。

复数的这四种表示形式可以相互转换。

【例 4.2.1】　将复数 $A = 3 + j4$ 转换为对应的极坐标形式。

解　极坐标形式只需要求出该复数的模和辐角即可。

$$|A| = \sqrt{3^2 + 4^2} = 5$$

$$\theta = \arctan \frac{4}{3} = 53°$$

所以

$$A = 5 \angle 53°$$

【例 4.2.2】　将复数 $A = 2\sqrt{2} \angle 45°$ 转换为对应的代数形式。

解　将极坐标形式转换成代数形式，必须算出代数形式的实部和虚部，所以要先转换成三角形式。

$$A = 2\sqrt{2} \angle 45° = 2\sqrt{2}(\cos45° + j\sin45°) = 2\sqrt{2}\left(\frac{\sqrt{2}}{2} + j\frac{\sqrt{2}}{2}\right) = 2 + j2$$

2. 复数的运算

设两个复数分别为

$$A_1 = a_1 + jb_1 = |A_1| e^{j\theta_1} = |A_1| \angle \theta_1$$
$$A_2 = a_2 + jb_2 = |A_2| e^{j\theta_2} = |A_2| \angle \theta_2$$

则

$$A_1 \pm A_2 = (a_1 + jb_1) \pm (a_2 + jb_2) = (a_1 \pm a_2) + j(b_1 \pm b_2) \tag{4.2.5}$$

$$A_1 A_2 = |A_1| e^{j\theta_1} \cdot |A_2| e^{j\theta_2} = |A_1||A_2| e^{j(\theta_1 + \theta_2)} = |A_1||A_2| \angle (\theta_1 + \theta_2) \tag{4.2.6}$$

$$\frac{A_1}{A_2} = \frac{|A_1| e^{j\theta_1}}{|A_2| e^{j\theta_2}} = \frac{|A_1|}{|A_2|} e^{j(\theta_1 - \theta_2)} = \frac{|A_1|}{|A_2|} \angle (\theta_1 - \theta_2) \tag{4.2.7}$$

可见，复数在进行加减运算时，应采用代数形式，实部与实部相加减，虚部与虚部相加减。在进行乘除运算时，应采用指数形式或极坐标形式比较方便，结果为模与模相乘除，辐角与辐角相加减，复数乘除法即模的放大或缩小，辐角的逆时针旋转或顺时针旋转。此外，复数的加减运算还可以在复平面上用平行四边形法则的图形来表示，如图 4.2.2 所示。

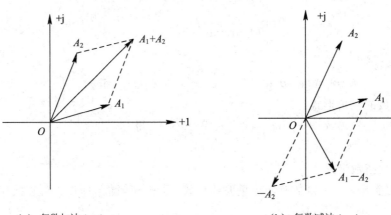

（a）复数加法$A_1 + A_2$　　　　　　（b）复数减法$A_1 - A_2$

图 4.2.2　复数加减运算图解法示意

【例 4.2.3】 已知复数 $A = -8 + j6$，$B = 3 + j4$，求 $A + B$，$A - B$，$A \cdot B$，A/B 的值。

解
$$A + B = (-8 + 3) + j(6 + 4) = -5 + j10$$
$$A - B = (-8 - 3) + j(6 - 4) = -11 + j2$$

根据运算法则，乘除时要先把代数形式转化为指数形式或极坐标形式，所以有

$$A = \sqrt{(-8)^2 + 6^2} \angle \arctan\left(-\frac{6}{8}\right) = 10 \angle 143°$$

$$B = \sqrt{3^2 + 4^2} \angle \arctan \frac{4}{3} = 5 \angle 53°$$

$$A \cdot B = 10 \angle 143° \cdot 5 \angle 53° = 50 \angle 196° = 50 \angle -164°$$

$$\frac{A}{B} = \frac{10 \angle 143°}{5 \angle 53°} = 2 \angle 90° = j2$$

3. 旋转因子

$e^{j\theta}$ 是一个特殊的复数，因为 $e^{j\theta} = 1 \angle \theta$，所以 $e^{j\theta}$ 的模等于 1，辐角为 θ。任意复数 $A = |A| e^{j\theta_a}$ 乘以 $e^{j\theta}$ 相当于把复数 A 逆时针或顺时针旋转一个角度 $|\theta|$，而 A 的模值不变，如图

4.2.3 所示，所以 $e^{j\theta}$ 称为旋转因子。

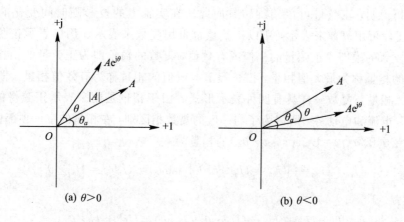

(a) $\theta > 0$　　　　　　　　(b) $\theta < 0$

图 4.2.3　旋转因子与复数 A 相乘示意图

根据欧拉公式，不难得出 $e^{j90°}=j$，$e^{-j90°}=-j$，$e^{j0°}=1$，$e^{j180°}=-1$。因此"$\pm j$"和"-1"都可以看成旋转因子。例如一个复数与 j 相乘等于该复数在复平面上逆时针方向旋转了 $90°$；一个复数除以 j，等于该复数乘以 $-j$，意味着该复数在复平面上顺时针方向旋转了 $90°$。

4.2.2　正弦量的相量表示

1. 旋转矢量与正弦量的关系

设一正弦电流 $i(t)=I_m\cos(\omega t+\theta_i)$，其波形图如图 4.2.4 右图所示，左图是一旋转有向线段 OA，在复平面中，有向线段 OA 的模 $|A|$ 等于正弦量的幅值 I_m，它的初始位置与实轴正方向的夹角 θ 等于正弦电流的初相位 θ_i，起始位置时矢量在实轴上的投影为 $a=|A|\cos\theta$。若这个矢量以 $|A|$ 为半径，以正弦量的角频率 ω 作为角速度在复平面内作逆时针方向的匀速旋转，则任意时刻这个旋转矢量在实轴上的投影 $a=|A|\cos(\omega t+\theta)$。可见，任意时刻投影 a 为时间函数，且具有和正弦量一样的三个要素，与正弦量的表达式有着相同的形式，故可用一旋转矢量在实轴上的投影随时间变化的函数来表示正弦量。正弦量在任意时刻的瞬时值就可以用这个旋转有向线段任意瞬间在实轴上的投影表示出来。例如：在 $t=0$ 时，$I_0=I_m\cos\theta_i=|A|\cos\theta=a$；在 $t=t_1$ 时，$i_1(t)=I_m\cos(\omega t_1+\theta_i)=|A|\cos(\omega t_1+\theta)$。

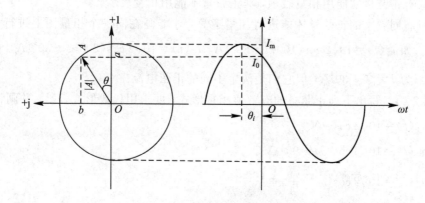

图 4.2.4　旋转矢量与正弦量的关系

2. 相量及相量图

以上分析说明，正弦量可以用旋转有向线段在实轴上的投影随时间变化的函数来表示，而有向线段可用复数来表示，所以正弦量也可用复数来表示。用以表示正弦量的复数称为相量。复数的模即为正弦量的幅值或有效值，复数的辐角即为正弦量的初相位。模长等于最大值的相量称为最大值相量，模长等于有效值的相量称为有效值相量。既然相量就是复数，那么相量与复数一样具有四种表示形式。由于相量是用来表示正弦量的复数，只能表示电压、电流和电动势，所以为了与一般的复数相区别，在相量的字母顶部标上"·"。例如表示正弦电压 $u(t)=U_m\cos(\omega t+\theta_u)$ 的相量为

$$\dot{U}_m=U_{am}+jU_{bm}=U_m(\cos\theta+j\sin\theta)=U_m e^{j\theta}=U_m\angle\theta$$

或

$$\dot{U}=U_a+jU_b=U(\cos\theta+j\sin\theta)=U e^{j\theta}=U\angle\theta$$

式中，$\dot{U}_m$ 称为电压的最大值相量，$\dot{U}$ 称为电压的有效值相量。最大值相量与有效值相量之间的关系为

$$\dot{U}_m=\sqrt{2}\dot{U}$$

将同频率的若干相量画在同一个复平面上，就构成了相量图。在相量图上能清晰地看出各正弦量的大小和相位关系。

最后要提醒注意以下几点：

(1) 相量与正弦量之间仅仅是对应关系，而不能说相量就等于正弦量，相量中只包含了正弦量的两个因素：有效值（或幅值）和初相。

对应关系为

$$i(t)=\sqrt{2}I\cos(\omega t+\theta_i)\quad\leftrightarrow\quad\dot{I}=I\angle\theta_i$$

可见，这种对应关系实质上是一种"变换"，正弦量的瞬时形式可以变换为与时间无关的相量；相量（再加上已知电源的频率）可变换为正弦量的瞬时值形式。通常将正弦量的瞬时形式称为正弦量的时域表示，将相量形式称为正弦量的频域表示。这种"变换"只是为了方便分析和计算电路的一种工具。

(2) 只有正弦量才能用相量表示，非正弦量不能用相量表示。

(3) 只有同频率的正弦量才能进行相量运算，才能画在同一个相量图上进行比较，否则无意义。如 $i_1(t)=10\sqrt{2}\cos(100\pi t+30°)\text{A}$，$i_2(t)=10\sqrt{2}\cos(200\pi t+30°)\text{A}$，它们的有效值相量都为 $\dot{I}=10\angle30°\text{A}$，但它们是两个不同的正弦电流。

【例 4.2.4】 写出下列正弦量的有效值相量形式，要求用代数形式表示，并画相量图。

(1) $u_1(t)=10\sqrt{2}\cos\omega t\ \text{V}$

(2) $u_2(t)=10\sqrt{2}\cos(\omega t+90°)\ \text{V}$

(3) $u_3(t)=10\sqrt{2}\cos\left(\omega t-\dfrac{3}{4}\pi\right)\ \text{V}$

解 因为正弦量形式可以直接看出有效值和初相位，所以写对应的相量形式时直接写出极坐标形式或指数形式最方便，然后再转化成代数形式。

(1) $\dot{U}_1 = 10\angle 0° = 10(\cos 0° + j\sin 0°) = 10$ V

(2) $\dot{U}_2 = 10\angle 90° = 10(\cos 90° + j\sin 90°) = j10$ V

(3) $\dot{U}_3 = 10\angle -\dfrac{3}{4}\pi$

$\quad = 10\left[\cos\left(-\dfrac{3}{4}\pi\right) + j\sin\left(-\dfrac{3}{4}\pi\right)\right]$

$\quad = 10\left[-\dfrac{\sqrt{2}}{2} - j\dfrac{\sqrt{2}}{2}\right]$

$\quad = -5\sqrt{2} - j5\sqrt{2}$ V

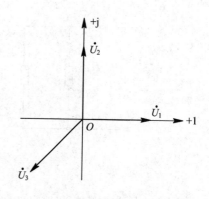

例 4.2.4 相量图

【例 4.2.5】 写出下列相量所代表的正弦量,设频率为 50 Hz,并画相量图。

(1) $\dot{I}_m = 4 - j3$ A

(2) $\dot{U} = -8 + j6$ V

(3) $\dot{I} = -12 - j16$ A

解 只要知道正弦量的三要素,就可以正确地写出正弦量的表达式,一般将相量的代数形式转换成指数形式或极坐标形式,可以很方便地得出最大值和初相位。

$$\omega = 2\pi f = 2 \times 3.14 \times 50 = 314 \text{ rad/s}$$

(1) $\dot{I}_m = \sqrt{4^2 + 3^2}\angle \arctan\left(-\dfrac{3}{4}\right)$

$\quad = 5\angle -37° $A

$\quad i(t) = 5\cos(314t - 37°)$ A

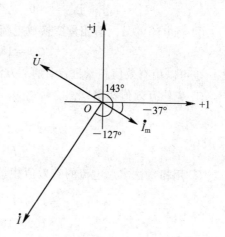

例 4.2.5 相量图

(2) $\dot{U} = \sqrt{(-8)^2 + 6^2}\angle \arctan\left(-\dfrac{6}{8}\right)$

$\quad = 10\angle 143° $V

$\quad u(t) = 10\sqrt{2}\cos(314t + 143°)$ V

(3) $\dot{I} = \sqrt{(-12)^2 + (-16)^2}\angle \arctan\left(\dfrac{16}{12}\right)$

$\quad = 20\angle -127° $A

$\quad i(t) = 20\sqrt{2}\cos(314t - 127°)$ A

【例 4.2.6】 电路图如图 4.2.5(a)所示,已知 $i_1(t) = 100\sqrt{2}\cos(\omega t + 45°)$ A,$i_2(t) = 60\sqrt{2}\cos(\omega t - 30°)$ A。

(1) 求总电流 i;

(2) 画相量图;

(3) 说明 i 的最大值是否等于 i_1 和 i_2 的最大值之和,i 的有效值是否等于 i_1 和 i_2 的有效值之和。为什么?

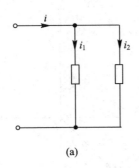
(a)

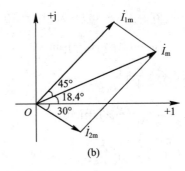
(b)

图 4.2.5　例 4.2.6 的电路图

解　（1）因为正弦电流 i_1 和 i_2 的频率相同，可用相量求得，步骤如下：

① 先作最大值相量：

$$\dot{I}_{1m} = 100\sqrt{2}\angle 45°\text{A}$$

$$\dot{I}_{2m} = 60\sqrt{2}\angle -30°\text{A}$$

② 用相量法求总电流的最大值相量：

$$\dot{I}_m = \dot{I}_{1m} + \dot{I}_{2m} = 100\sqrt{2}\angle 45° + 60\sqrt{2}\angle -30° = 182.7\angle 18.4°\text{A}$$

③ 将电流的最大值相量变换成电流的瞬时值表达式：

$$i(t) = 182.7\cos(\omega t + 18.4°)\text{A}$$

也可以用有效值相量进行计算，方法如下：

① 先作有效值相量：

$$\dot{I}_1 = 100\angle 45°\text{A}$$

$$\dot{I}_2 = 60\angle -30°\text{A}$$

② 用相量法求总电流的有效值相量：

$$\dot{I} = \dot{I}_1 + \dot{I}_2 = 100\angle 45° + 60\angle -30°$$
$$= 129\angle 18.4°\text{A}$$

③ 将总电流的有效值相量变换成电流的瞬时值表达式：

$$i(t) = 129\sqrt{2}\cos(\omega t + 18.4°) = 182.7\cos(\omega t + 18.4°)\text{A}$$

（2）相量图如图 4.2.5(b)所示。

（3）很显然，i 的最大值不等于 i_1 和 i_2 的最大值之和，i 的有效值也不等于 i_1 和 i_2 的有效值之和。因为它们的初相位不同，即起始位置不同，到达最大值的时刻也不相同，所以不能简单地将它们的最大值或有效值相加来计算。

4.3　基尔霍夫定律的相量形式和基本元件伏安关系的相量形式

　　基尔霍夫定律和电路元件的伏安关系是电路分析的基本依据，引入相量后，正弦稳态响应可以对建立的电路微分方程进行简化计算。

4.3.1　基尔霍夫定律的相量形式

因为在线性时不变的单一频率 ω 的正弦稳态电路中,各处的电压、电流都为同一频率的正弦量。

1. KCL 的相量形式

由 KCL 可知,在任一时刻,连接在电路任一节点(或闭合曲面)的各支路电流的代数和为零,即 $\sum i = 0$。若电流全部都是同频率的正弦量,则可变换为相量形式:

$$\sum \dot{I} = 0$$

即任一节点上同频率的正弦电流对应相量的代数和为零。

2. KVL 的相量形式

由 KVL 可知,在任一时刻,对任一回路各支路电压的代数和为零,即 $\sum u = 0$。若电压全部都是同频率的正弦量,则可变换为相量形式:

$$\sum \dot{U} = 0$$

即任一回路上同频率的正弦电压的对应相量的代数和为零。

注意:基尔霍夫定律表达式中是相量的代数和恒等于零,并不是有效值或幅值的代数和恒等于零。

4.3.2　基本元件伏安关系的相量形式

1. 纯电阻电路

1)电压和电流的关系

图 4.3.1(a)是一个线性电阻元件的交流电路,电压和电流为关联参考方向。假设电流为 $i(t) = \sqrt{2}\,I\cos(\omega t + \theta_i)$,根据欧姆定律,电压电流的时域关系为

$$u(t) = Ri(t) = \sqrt{2}\,RI\cos(\omega t + \theta_i)$$

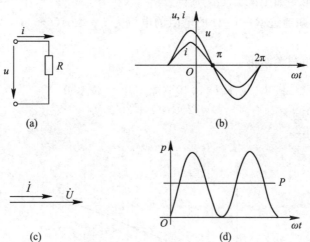

图 4.3.1　纯电阻电路

不难看出电阻上的电压、电流有如下关系:

(1)u 和 i 是同频率的正弦量;

(2) u 和 i 相位相同，即 $\theta_u = \theta_i$；

(3) u 和 i 的最大值和有效值之间的关系分别为

$$\begin{cases} U_m = RI_m \\ U = RI \end{cases} \qquad (4.3.1)$$

(4) u 和 i 的最大值相量和有效值相量之间的关系分别为

$$\begin{cases} \dot{U}_m = R\dot{I}_m \\ \dot{U} = R\dot{I} \end{cases} \qquad (4.3.2)$$

可见，在纯电阻电路中，各种形式均符合欧姆定律。

波形图和相量图分别如图 4.3.1(b)、(c)所示。

2）功率

(1) 瞬时功率 p。

在任意瞬间，电压瞬时值 u 与电流瞬时值 i 的乘积，称为瞬时功率，用小写字母 p 表示。

$$p = ui = \sqrt{2}U\cos(\omega t + \theta_i)\sqrt{2}I\cos(\omega t + \theta_i) = 2UI\cos^2(\omega t + \theta_i)$$
$$= UI[1 - \cos 2(\omega t + \theta_i)] = UI - UI\cos 2(\omega t + \theta_i)$$

由上式可见，p 是由两部分组成的，第一部分是常数 UI、第二部分是幅值为 UI、角频率为 2ω 的正弦量。p 随时间变化的波形如图 4.3.1(d)所示。

由 p 的波形图我们可以看出来，$p \geqslant 0$，这也正是因为交流电路中电阻元件的 u 和 i 同相位，即同正同负，所以 p 总为正值。p 为正，表示外电路从电源取用能量。在这里就是电阻元件从电源取用电能转换为热能，说明电阻是一个耗能元件。

(2) 平均功率 P。

一个周期内电路消耗电能的平均速度，即瞬时功率一个周期内的平均值，称为平均功率，也叫有功功率，用大写字母 P 表示。平均功率的单位为瓦（W）。

$$P = \frac{1}{T}\int_0^T p\,dt = \frac{1}{T}\int_0^T [UI - UI\cos 2(\omega t + \theta_i)]\,dt = UI = I^2R = \frac{U^2}{R}$$

平均功率的波形图如图 4.3.1(d)所示。

【例 4.3.1】 已知通过 $R = 10\ \Omega$ 的电阻的电流为 $i = 2\cos(t + 30°)$A，求电阻两端的电压 u，并画相量图。

解 由电压和电流关系得

$$\dot{U}_m = R\dot{I}_m = 10 \times 2\angle 30° = 20\angle 30°\ \text{V}$$
$$u = 20\cos(t + 30°)\ \text{V}$$

相量图见图 4.3.2。

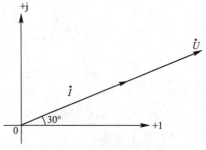

图 4.3.2　例 4.3.1 的相量图

2. 纯电感电路

1) 电压和电流的关系

图 4.3.3(a)是一个线性电感元件的交流电路,电压和电流为关联参考方向。为了分析方便,假如已知电感电流 $i(t) = \sqrt{2}\,I\cos(\omega t + \theta_i)$,则根据电感的电压电流的时域关系有

$$u = L\frac{\mathrm{d}i}{\mathrm{d}t} = L\frac{\mathrm{d}\sqrt{2}\,I\cos(\omega t + \theta_i)}{\mathrm{d}t} = -\sqrt{2}\,\omega L I\sin(\omega t + \theta_i)$$

$$= \sqrt{2}\,\omega L I\cos(\omega t + \theta_i + 90°)$$

不难看出电感上的电压、电流有如下关系:

(1) u 和 i 是同频率的正弦量;

(2) u 在相位上超前 i 90°,即 $\theta_u = \theta_i + 90°$;

(3) u 和 i 的最大值和有效值之间的关系分别为

$$\begin{cases} U_{\mathrm{m}} = \omega L I_{\mathrm{m}} = X_L I_{\mathrm{m}} \\ U = \omega L I = X_L I \end{cases} \tag{4.3.3}$$

式中,$X_L = \omega L = 2\pi f L$,称为感抗,单位为 Ω。电压一定时,$X_L$ 越大,则电流越小,所以 X_L 是表示电感对电流阻碍作用大小的物理量。X_L 的大小与 L 和 f 成正比,L 越大,f 越高,则 X_L 就越大。在直流电路中,由于 $f = 0$,$X_L = 0$,所以电感可视为短路,故电感有"短直"的作用。

(4) u 和 i 的最大值相量和有效值相量之间的关系分别为

$$\begin{cases} \dot{U}_{\mathrm{m}} = \mathrm{j}X_L\dot{I}_{\mathrm{m}} \\ \dot{U} = \mathrm{j}X_L\dot{I} \end{cases} \tag{4.3.4}$$

波形图和相量图如图 4.3.3(b)、(c)所示。

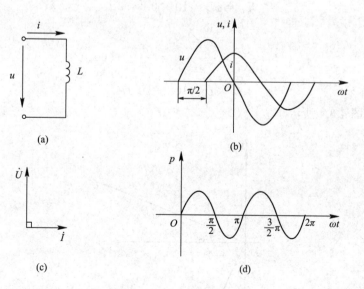

图 4.3.3　纯电感电路

2) 功率

(1) 瞬时功率 p。

电感的瞬时功率为

$$p = ui = -\sqrt{2}\,\omega L I \sin(\omega t + \theta_i)\sqrt{2}\,I\cos(\omega t + \theta_i)$$
$$= -UI\sin 2(\omega t + \theta_i) \tag{4.3.5}$$

波形图如图 4.3.3(d)所示。由图可知,瞬时功率 p 有正有负,$p>0$ 时,$|i|$ 在增加,这时电感中储存的磁场能在增加,电感从电源取用电能并转换成了磁场能;$p<0$ 时,$|i|$ 在减小,这时电感中储存的磁场能转换成电能送回电源。电感的瞬时功率的这一特点说明:电感不消耗电能,它是一种储能元件;电感与电源之间有能量的互换。

(2) 平均功率 P。

电感的平均功率为

$$P = \frac{1}{T}\int_0^T p\,dt = \frac{1}{T}\int_0^T -UI\sin 2(\omega t + \theta_i)\,dt = 0 \tag{4.3.6}$$

从平均功率(有功功率)为零这一特点也可以看出电感是一储能元件而不是耗能元件。

(3) 无功功率 Q。

由前述可知,电感和电源之间有能量的互换,这个互换功率的大小通常用瞬时功率的最大值来衡量。由于这部分功率并没有被消耗掉,所以称为无功功率,用 Q 表示。为与有功功率区别,Q 的单位用乏(var)表示。根据定义电感的无功功率为

$$Q = UI = I^2 X_L = \frac{U^2}{X_L} \tag{4.3.7}$$

【例 4.3.2】 已知电感元件两端的电压 $u = 6\cos(10t + 30°)\mathrm{V}$,$L = 0.2H$,求通过电感的电流 i,并画相量图。

解
$$\dot{U} = \frac{6}{\sqrt{2}}\angle 30° \mathrm{V}$$

$$X_L = \omega L = 10 \times 0.2 = 2\ \Omega$$

$$\dot{I} = \frac{\dot{U}}{jX_L} = \frac{\dfrac{6}{\sqrt{2}}\angle 30°}{2\angle 90°} = \frac{3}{\sqrt{2}}\angle -60° \mathrm{A}$$

$$i = 3\cos(10t - 60°)\mathrm{A}$$

相量图如图 4.3.4 所示。

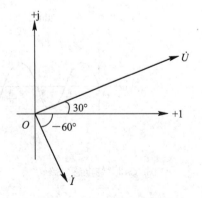

图 4.3.4 例 4.3.2 的相量图

3. 纯电容电路

1）电压和电流的关系

图 4.3.5(a)是一个线性电容元件的交流电路，电压和电流的参考方向如图所示。为了分析方便，假如已知电容电压 $u = \sqrt{2}U\cos(\omega t + \theta_u)$，则

$$i = C\frac{\mathrm{d}u}{\mathrm{d}t} = C\frac{\mathrm{d}\sqrt{2}U\cos(\omega t + \theta_u)}{\mathrm{d}t} = -\sqrt{2}\,\omega CU\sin(\omega t + \theta_u)$$

$$= \sqrt{2}\,\omega CU\cos(\omega t + \theta_u + 90°)$$

不难看出电容上的电压、电流有如下关系：

（1）u 和 i 是同频率的正弦量；

（2）u 在相位上滞后 i 90°，即 $\theta_u = \theta_i - 90°$；

（3）u 和 i 的最大值和有效值之间的关系分别为

$$\begin{cases} U_{\mathrm{m}} = \dfrac{1}{\omega C}I_{\mathrm{m}} = X_C I_{\mathrm{m}} \\[3mm] U = \dfrac{1}{\omega C}I = X_C I \end{cases} \qquad (4.3.8)$$

式中，$X_C = \dfrac{1}{\omega C} = \dfrac{1}{2\pi f C}$，称为容抗，单位为 Ω。电压一定时，X_C 越大，则电流越小，所以 X_C 是表示电容对电流阻碍作用大小的物理量。X_C 的大小与 C 和 f 成反比，C 越大，f 越高，X_C 就越小。在直流电路中，由于 $f = 0$，$X_C \to \infty$，所以电容可视为开路，所以电容有隔直的作用。

（4）u 和 i 的最大值相量和有效值相量之间的关系分别为

$$\dot{U}_{\mathrm{m}} = -\mathrm{j}X_C \dot{I}_{\mathrm{m}}$$

$$\dot{U} = -\mathrm{j}X_C \dot{I} \qquad (4.3.9)$$

波形图和相量图如图 4.3.5(b)、(c)所示。

2）功率

（1）瞬时功率 p。

电容的瞬时功率为

$$p = ui = -\sqrt{2}U\cos(\omega t + \theta_u)\sqrt{2}\,\omega CU\sin(\omega t + \theta_u)$$

$$= -UI\sin 2(\omega t + \theta_u) \qquad (4.3.10)$$

波形图如图 4.3.5(d)所示。由图可知，瞬时功率 p 有正有负，$p > 0$ 时，$|u|$ 在增加，这时电容在充电，电容从电源取用电能并转换成了电场能；$p < 0$ 时，$|u|$ 在减小，这时电容在放电，电容中储存的电场能又转换成电能送回电源。电容的瞬时功率的这一特点说明：电容不消耗电能，它是一种储能元件；电容与电源之间有能量的互换。

（2）平均功率 P。

电容的平均功率为

$$P = \frac{1}{T}\int_0^T p\,\mathrm{d}t = \frac{1}{T}\int_0^T -UI\sin 2(\omega t + \theta_u)\,\mathrm{d}t = 0 \qquad (4.3.11)$$

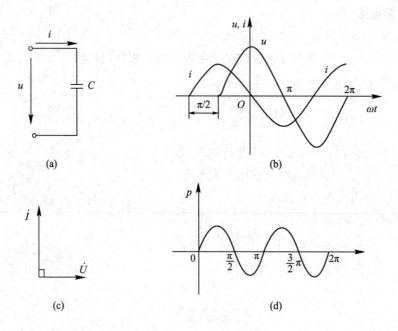

图 4.3.5　纯电容电路

从平均功率(有功功率)为零这一特点也可以得出电容是一储能元件而非耗能元件的结论。

(3) 无功功率 Q。

为了和电感元件无功功率相区别,一般定义电容的无功功率为瞬时功率的负的最大值,所以电容的无功功率为

$$Q = -UI = -I^2 X_C = -\frac{U^2}{X_C} \tag{4.3.12}$$

【**例 4.3.3**】　把一个 25 μF 的电容元件接到频率为 50 Hz、电压有效值为 10 V 的正弦电源上,问电流是多少? 如果保持电压值不变,而电源频率改为 5000 Hz,这时电流将为多少?

解　当 $f = 50$ Hz 时,有

$$X_C = \frac{1}{2\pi f C} = \frac{1}{2 \times 3.14 \times 50 \times 25 \times 10^{-6}} = 127.4 \ \Omega$$

$$I = \frac{U}{X_C} = 78.5 \ \text{mA}$$

当 $f = 5000$ Hz 时,有

$$X_C = \frac{1}{2\pi f C} = \frac{1}{2 \times 3.14 \times 5000 \times 25 \times 10^{-6}} = 1.274 \Omega$$

$$I = \frac{U}{X_C} = 7.85 \ \text{A}$$

说明电容对高频率电流的阻力很小,即容易使电流的高频分量通过,利用这一特性可实现滤波功能。

小结:(1) X_C、X_L 与 R 的性质一样,有阻碍电流的作用。

（2）适用欧姆定律，X_C、X_L 等于相应电压、电流有效值之比。

（3）X_L 与 f 成正比，X_C 与 f 成反比，R 与 f 无关。

（4）对直流电（$f=0$）$X_L=0$，L 可视为短路；$X_C=\infty$，C 可视为开路。

（5）对交流电 f 愈高，X_L 愈大，X_C 愈小。所以通常有"电容通交隔直，电感通直阻交"的说法。

元件	瞬时值关系	有效值关系	相量关系	相位关系	相位差	有功功率	无功功率
R	$u=Ri$	$U=RI$	$\dot{U}=R\dot{I}$	同相	$0°$	UI	0
L	$u=L\dfrac{\mathrm{d}i}{\mathrm{d}t}$	$U=X_L I$	$\dot{U}=\mathrm{j}X_L\dot{I}$	u 超前 $i\,90°$	$90°$	0	UI
C	$i=C\dfrac{\mathrm{d}u}{\mathrm{d}t}$	$U=X_C I$	$\dot{U}=-\mathrm{j}X_C\dot{I}$	u 滞后 $i\,90°$	$-90°$	0	$-UI$

4.4　阻抗和导纳

在电阻电路中，任意一个无源线性二端网络端口上的电压与电流成正比关系，该网络通常可等效为一个电阻。在正弦稳态电路中，对任意一个无源线性二端网络的相量模型，其端口上的电压相量与电流相量间也成正比关系，因此通过引入阻抗与导纳的概念，也可以对其进行等效化简。

4.4.1　阻抗 Z

图 4.4.1 所示为无源二端网络相量模型，设其端口电压相量为 $\dot{U}$，电流相量为 $\dot{I}$，电压与电流对二端网络来说为关联参考方向，则阻抗的定义为

$$Z=\frac{\dot{U}}{\dot{I}} \tag{4.4.1a}$$

或

$$Z=\frac{\dot{U}_\mathrm{m}}{\dot{I}_\mathrm{m}} \tag{4.4.1b}$$

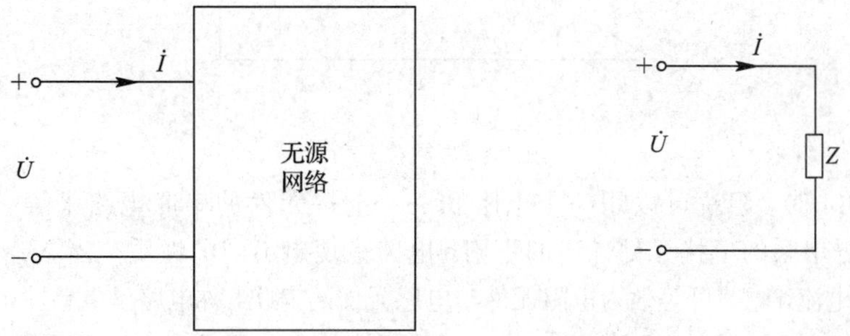

图 4.4.1　无源二端网络的阻抗

由式(4.4.1)可以看出，阻抗的单位为欧姆，并且它也为复数。将 $\dot{U}=U\angle\theta_u$，$\dot{I}=I\angle\theta_i$ 代入式(4.4.1)，得

$$Z=\frac{\dot{U}}{\dot{I}}=\frac{U\angle\theta_u}{I\angle\theta_i}=\frac{U}{I}\angle(\theta_u-\theta_i)=|Z|\angle\varphi_Z \tag{4.4.2}$$

式中：

$$|Z|=\frac{U}{I} \tag{4.4.3}$$

$$\varphi_Z=\theta_u-\theta_i \tag{4.4.4}$$

$|Z|$ 称为阻抗模，单位为 Ω，φ_Z 称为阻抗角。

式(4.4.2)是阻抗的极坐标形式，将式(4.4.2)转化为代数形式，有

$$Z=|Z|\angle\varphi_Z=|Z|\cos\varphi_Z+j|Z|\sin\varphi_Z=R+jX \tag{4.4.5}$$

式中

$$R=|Z|\cos\varphi_Z \tag{4.4.6}$$

$$X=|Z|\sin\varphi_Z \tag{4.4.7}$$

R 称为阻抗的电阻部分，X 称为阻抗的电抗部分，单位仍是 Ω。

由式(4.4.5)可得

$$|Z|=\sqrt{R^2+X^2} \tag{4.4.8}$$

$$\varphi_Z=\arctan\frac{X}{R} \tag{4.4.9}$$

式(4.4.3)和式(4.4.8)都是阻抗模的公式，前者为定义式，后者为参数公式，分别在不同的场合应用。同理，阻抗角的公式也有两个，见式(4.4.4)和式(4.4.9)。

阻抗为一复数，但它不是相量，因此 Z 顶上不加"·"。

很显然，$|Z|$、R 和 X 可借助一个直角三角形的三条边来描述它们之间的关系，R 是 $|Z|$ 的实部，X 是 $|Z|$ 的虚部，这个三角形称为"阻抗三角形"，如图 4.4.2 所示。

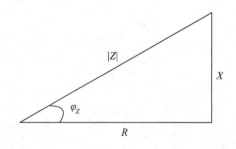

图 4.4.2　阻抗三角形

根据式(4.4.5)，阻抗可以用一个电阻和一个电抗元件的串联电路来等效，如图 4.4.3 (a)所示。根据串联的电抗元件性质的不同，电路呈现出不同的性质。当 $X>0$ 时，$\varphi_Z>0$，端口电压超前电流，电路可等效为电阻元件与电感元件的串联，称电路呈电感性，见图 4.4.3(b)；当 $X<0$ 时，$\varphi_Z<0$，端口电压滞后电流，电路可等效为电阻元件与电容元件的串联，称电路呈电容性，见图 4.4.3(c)；当 $X=0$ 时，$\varphi_Z=0$，端口电压与电流同相位，电路可等效为一个电阻元件，称电路呈电阻性，见图 4.4.3(d)。

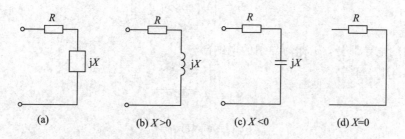

图 4.4.3　阻抗的等效电路

如果无源二端网络 N_0 分别为单个元件 R、L、C，设它们相应的阻抗分别为 Z_R、Z_L、Z_C，由这些元件的相量关系式，即式(4.3.2)、式(4.3.4)和式(4.3.9)，对照阻抗定义式，容易求得

$$Z_R = R \tag{4.4.10}$$

$$Z_L = j\omega L = jX_L \tag{4.4.11}$$

$$Z_C = -j\frac{1}{\omega C} = -jX_C \tag{4.4.12}$$

4.4.2　导纳 Y

对于图 4.4.1 所示的无源二端网络相量模型，导纳的定义为

$$Y = \frac{\dot{I}}{\dot{U}} \tag{4.4.13a}$$

或

$$Y = \frac{\dot{I}_m}{\dot{U}_m} \tag{4.4.13b}$$

由定义式不难看出，阻抗与导纳互为倒数关系，即

$$Y = \frac{1}{Z}$$

将 $\dot{U} = U\angle\theta_u$，$\dot{I} = I\angle\theta_i$ 代入式(4.4.13)，得

$$Y = \frac{\dot{I}}{\dot{U}} = \frac{I\angle\theta_i}{U\angle\theta_u} = \frac{I}{U}\angle(\theta_i - \theta_u) = |Y|\angle\varphi_Y \tag{4.4.14}$$

式中：

$$|Y| = \frac{I}{U} \tag{4.4.15}$$

$$\varphi_Y = \theta_i - \theta_u \tag{4.4.16}$$

$|Y|$ 称为导纳模，单位为西门子(S)；φ_Y 称为导纳角。

式(4.4.14)是导纳的极坐标形式。将式(4.4.14)化为代数形式，有

$$Y = |Y|\angle\varphi_Y = |Y|\cos\varphi_Y + j|Y|\sin\varphi_Y = G + jB \tag{4.4.17}$$

式中：

$$G = |Y| \cos\varphi_Y \tag{4.4.18}$$

$$B = |Y| \sin\varphi_Y \tag{4.4.19}$$

G 称为导纳的电导部分，B 称为导纳的电纳部分。

由式(4.4.17)可得

$$|Y| = \sqrt{G^2 + B^2} \tag{4.4.20}$$

$$\varphi_Y = \arctan\frac{B}{G} \tag{4.4.21}$$

式(4.4.15)和式(4.4.20)都是导纳模的公式，前者为定义式，后者为参数公式，分别应用于不同的场合。同理，导纳角的公式也有两个：式(4.4.16)和式(4.4.21)。

导纳与阻抗一样，虽然是复数，但不是相量，因此不加"·"。

导纳也可以借助一个直角三角形来描述它们之间的关系，该三角形称为导纳三角形，如图 4.4.4 所示。

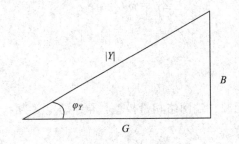

图 4.4.4 导纳三角形

根据式(4.4.16)，导纳可以用一个电导和一个电纳元件的并联电路来等效，如图 4.4.5(a)所示。根据并联的电纳元件性质的不同，电路呈现出不同的性质。当 $B > 0$ 时，$\varphi_Y > 0$，端口电压滞后电流，电路可等效为电导元件与电容元件的并联，称电路呈电容性，见图 4.4.5(b)；当 $B < 0$ 时，$\varphi_Y < 0$，端口电压超前电流，电路可等效为电导元件与电感元件的并联，称电路呈电感性，见图 4.4.5(c)；当 $B = 0$ 时，$\varphi_Y = 0$，端口电压与电流同相位，电路可等效为一个电导元件，称电路呈电阻性，见图 4.4.5(d)。

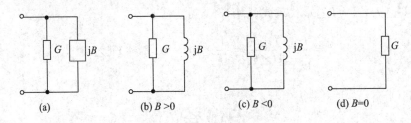

| (a) | (b) $B > 0$ | (c) $B < 0$ | (d) $B = 0$ |

图 4.4.5 导纳的等效电路

如果无源二端网络分别为单个元件 R、L、C，设它们相应的导纳分别为 Y_R、Y_L、Y_C，由阻抗与导纳互为倒数的关系并考虑式(4.4.10)、式(4.4.11)和式(4.4.12)，容易求得

$$Y_R = \frac{1}{R} = G \tag{4.4.22}$$

$$Y_L = \frac{1}{j\omega L} = -j\frac{1}{\omega L} = -jB_L \tag{4.4.23}$$

$$Y_C = j\omega C = jB_C \tag{4.4.24}$$

式中，$B_L = 1/\omega L$ 称为感纳，$B_L = 1/X_L$；$B_C = \omega C$ 称为容纳，$B_C = 1/X_C$。感纳和容纳的单位均为西门子（S）。

4.4.3　阻抗串联模型与导纳并联模型的等效互换

由阻抗和导纳的定义可知，对同一电路，阻抗与导纳互为倒数，阻抗模与导纳模也互为倒数，阻抗角与导纳角互为相反数，即

$$Y = \frac{1}{Z}, \quad |Y| = \frac{1}{|Z|}, \quad \varphi_Y = -\varphi_Z$$

而电阻、电抗分量与电导、电纳分量之间的关系如下：

$$Y = \frac{1}{Z} = \frac{1}{R+jX} = \frac{R-jX}{(R+jX)(R-jX)} = \frac{R-jX}{R^2+X^2} = \frac{R}{R^2+X^2} + j\frac{-X}{R^2+X^2} = G + jB$$

可见：

$$G = \frac{R}{R^2+X^2}, \; B = -\frac{X}{R^2+X^2} \tag{4.4.25}$$

同样地，有

$$Z = \frac{1}{Y} = \frac{1}{G+jB} = \frac{G-jB}{(G+jB)(G-jB)} = \frac{G-jB}{G^2+B^2} = \frac{G}{G^2+B^2} + j\frac{-B}{G^2+B^2} = R + jX$$

可见：

$$R = \frac{G}{G^2+B^2}, \; X = \frac{-B}{G^2+B^2} \tag{4.4.26}$$

由此可见，一般情况下：

$$R \neq \frac{1}{G}, \; X \neq \frac{1}{B}$$

由式（4.4.25）可从已知阻抗中的电阻和电抗分别求得电导和电纳，得到与串联模型电路等效的并联模型电路的最简形式，如图 4.4.6 所示。反之，由式（4.4.26）可从已知导纳中的电导和电纳分别求得电阻和电抗，得到与并联模型电路等效的串联模型电路的最简形式。

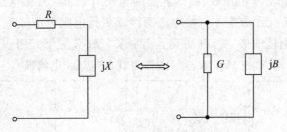

图 4.4.6　阻抗串联模型等效互换为导纳并联模型

【例 4.4.1】　RL 串联电路如图 4.4.7(a) 所示。已知 $R = 80\ \Omega$，$L = 0.06\ \text{mH}$，$\omega = 10^6\ \text{rad/s}$，将其等效为图 4.4.7(c) 所示的并联电路，并求出 R' 和 L' 的大小。

　　解　原电路的等效并联电路如图 4.4.7(b) 所示，依原电路，有

$$X_L = \omega L = 10^6 \times 0.06 \times 10^{-3} = 60 \ \Omega$$

$$Z = R + jX_L = 80 + j60 = 100\angle 37° \ \Omega$$

故有

$$Y = \frac{1}{Z} = \frac{1}{100\angle 37°} = 0.01\angle -37° = (0.008 - j0.006) \ \text{S}$$

对于图 4.4.7(b)所示的电路，有 $Y' = G - jB_L$，等效时应有 $Y = Y'$ 的关系，故

$$G = 0.008 \ \text{S}, \ B_L = 0.006 \ \text{S}$$

则

$$R' = \frac{1}{G} = 125 \ \Omega, \ L' = \frac{1}{\omega B_L} = 0.167 \ \text{mH}$$

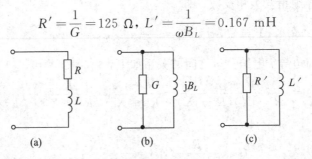

图 4.4.7　例 4.4.1 图

4.4.4　正弦稳态电路仿真

通过电路仿真，进一步了解电路特性，掌握电路各种参数的测试方法，特别注意相位之间的相互关系。

1. 仿真目的

仿真的目的是掌握电阻、电感、电容 3 种元件在正弦交流电路中所体现的电流与电压之间的关系。

2. 仿真步骤

1）电阻元件阻抗频率特性的仿真

按电路的原理图 4.4.8(a)绘制的仿真电路如图 4.4.9(a)所示，交流电压源有效值调至为 10 V 的正弦波（偏移为 0），电阻为 10 Ω，频率调至 50 Hz，电阻和电源两端分别并联万用表 1（电压表）和万用表 2（电压表）测得其上的电压有效值，并在电路中串联万用表 3（电流表）测量电阻电流值。示波器 A 口接电流探针以测得电阻电流波形，示波器 B 口并联在电阻两端，测得电阻电压波形。打开仿真运行开关，双击三个万用表，分别可得万用表 1、2、3 的读数为 10 V、10 V、1 A。双击示波器可观察电压、电流波形。

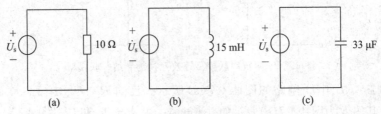

图 4.4.8　电阻元件频率特性的仿真

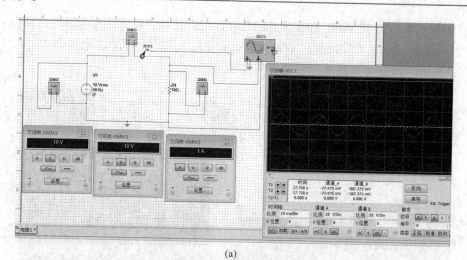

(a)

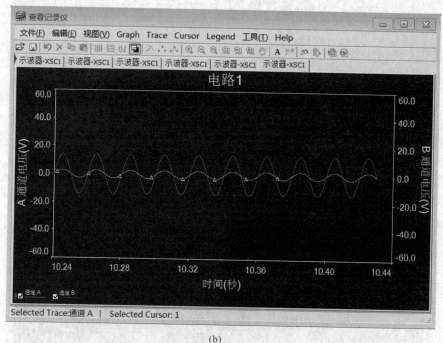

(b)

图 4.4.9　电阻元件交流电压电流测量的仿真图

理论计算值：$U_R = U_s = 10$ V

$$I_R = \frac{U_s}{R} = 1 \text{ A}$$

故，实际测量值与理论计算值相同。

打开波形分析仪观看波形，如图 4.4.9(b)所示，绿色为 A 通道，即电阻的电流波形；红色为 B 通道，即电阻的电压波形。可以看出，电压与电流的波形同相位，无相位差，这与理论分析结果一致。

2）电感元件阻抗频率特性的仿真

按图 4.4.8(b)绘制仿真电路如图 4.4.10(a)所示，交流电压源有效值仍为 10 V 的正弦波（偏移为 0），电感为 15 mH，频率为 50 Hz。万用表及示波器连接与电阻电路相同，不再赘述。打开仿真运行开关，双击三个万用表，万用表 1、2、3 的读数分别为 10 V、10 V、2.122 A。双击示波器可观察电压和电流的波形。

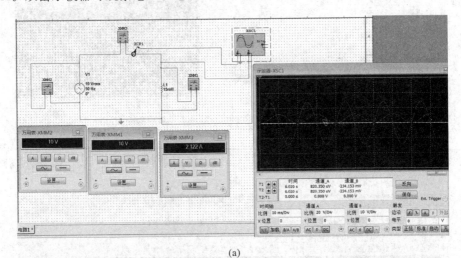

(a)

(b)

图 4.4.10　电感元件交流电压电流测量的仿真

理论值计算：

$$X_L = 2\pi f L = 2 \times 3.14 \times 50 \times 15 \times 10^{-3} = 4.71 \ \Omega$$

$$U_L = U_s = 10 \ \text{V}$$

$$I_L = \frac{U_s}{X_L} = 2.123 \ \text{A}$$

故，实际测量值与理论计算值相同。

从波形分析仪观看，如图 4.4.10(b)所示，绿色为 A 通道，即电感的电流波形；红色为 B 通道，即电感的电压波形。可以看出，电感电压超前电流 90°，与理论分析结果一致。

3）电容元件阻抗频率特性的仿真

按图 4.4.8(c)绘制的仿真电路如图 4.4.11(a)所示，交流电压源有效值仍为 10 V 的正弦波(偏移为 0)，电容为 33 μF，频率为 50 Hz。万用表及示波器连接与电阻电路相同，不再赘述。打开仿真运行开关，双击三个万用表，万用表 1、2、3 的读数分别为 10 V、10 V、103.673 mA。双击示波器可观察电压和电流的波形。

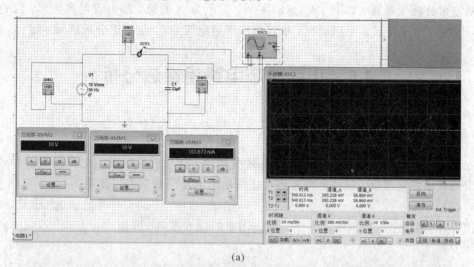

(a)

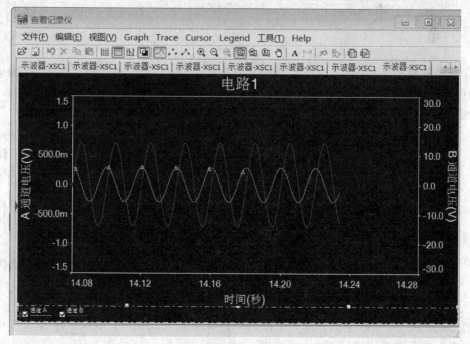

(b)

图 4.4.11　电容元件交流电流电压测量的仿真

理论值计算：

$$X_C = \frac{1}{2\pi f C} = \frac{1}{2 \times 3.14 \times 50 \times 33 \times 10^{-6}} = 96.5064 \ \Omega$$

$$U_C = U_s$$

$$I_C = \frac{U_s}{X_C} = 0.1036 \ \text{A}$$

故，实际测量值与理论计算值相同。

从波形分析仪观看，如图 4.4.11(b)所示，绿色为 A 通道，即电容电流波形；红色为 B 通道，即电容电压波形。可以看出，电容电压滞后电流 90°，与理论分析结果一致。

4.5   正弦稳态电路相量法分析

4.5.1   串、并、混联电路的分析

在讨论直流电阻电路中我们介绍过等效分析法，如串并联等效、电源模型的等效、戴维宁定理和诺顿定理等，这些等效定理在正弦稳态电路问题中仍可使用。

1. 阻抗串联

图 4.5.1 是两个阻抗串联的电路。根据图中的参考方向，可列出电压方程：

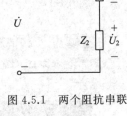

$$\dot{U} = \dot{U}_1 + \dot{U}_2 = Z_1 \dot{I} + Z_2 \dot{I} = (Z_1 + Z_2) \dot{I} = Z \dot{I}$$

等效阻抗为

$$Z = Z_1 + Z_2$$

2. 阻抗并联

图 4.5.1   两个阻抗串联

图 4.5.2 为两个阻抗并联的电路。根据图中的参考方向，可列出电流方程：

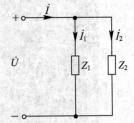

$$\dot{I} = \dot{I}_1 + \dot{I}_2 = \frac{\dot{U}}{Z_1} + \frac{\dot{U}}{Z_2}$$

$$= \dot{U}\left(\frac{1}{Z_1} + \frac{1}{Z_2}\right) = \frac{\dot{U}}{Z}$$

等效阻抗为

图 4.5.2   两个阻抗并联

$$Z = \frac{1}{\frac{1}{Z_1} + \frac{1}{Z_2}} = \frac{Z_1 Z_2}{Z_1 + Z_2}$$

可见，阻抗的串并联等效公式与电阻的串并联等效公式相同，串联分压公式与并联分流公式都与电阻电路相同，这里不再赘述。

在介绍了单个元件的相量模型后，就可以运用相量和相量模型分析正弦稳态电路了，这种分析方法称为相量法。先以 RLC 串联电路为例分析相量法的求解过程。

3. 电压和电流的关系

图 4.5.3(a)为 RLC 串联的交流时域电路。图 4.5.3(b)为 RLC 串联的交流电路的相量模型。电路中各元件通过同一电流，电流与各个电压的参考方向如图中所示。

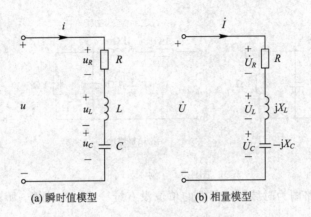

(a) 瞬时值模型　　　　(b) 相量模型

图 4.5.3　串联交流电路

根据 KVL 可列出电压方程及其相量形式为

$$u = u_R + u_L + u_C, \quad \dot{U} = \dot{U}_R + \dot{U}_L + \dot{U}_C$$

因为 $\dot{U}_R = R\dot{I}$，$\dot{U}_L = jX_L\dot{I}$，$\dot{U}_C = -jX_C\dot{I}$，所以

$$\dot{U} = R\dot{I} + jX_L\dot{I} - jX_C\dot{I} = [R + j(X_L - X_C)]\dot{I}$$

$$= (R + jX)\dot{I} = Z\dot{I} \tag{4.5.1}$$

在上一节分别讨论了纯电阻、纯电感和纯电容交流电路的电压和电流的关系，那么我们可以在同一个相量图上画出各元件的电压和总电压之间的关系。因为是串联电路，各元件上的电流一样，因此选择电流为参考相量比较方便，即假设电流的初相位为 0。图 4.5.4 为电压相量图，可见，$\dot{U}$、$\dot{U}_R$ 及 $\dot{U}_L + \dot{U}_C$ 构成了一个直角三角形，称为"电压三角形"，利用这个电压三角形，可求得总电压的有效值，即

$$U = \sqrt{U_R^2 + (U_L - U_C)^2}$$

$$= \sqrt{(RI)^2 + (X_L I - X_C I)^2}$$

$$= I\sqrt{R^2 + X^2}$$

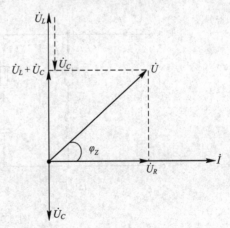

图 4.5.4　串联交流电路的相量图

由相量图不难看出，总电压是各部分电压的相量之和而不是有效值之和，因此交流电路中总电压的有效值可能会小于电容或电感电压的有效值，总电压小于某部分电压，这种现象在直流电路中是不可能出现的。

从图 4.5.4 和阻抗三角形可看出，φ_Z 角的大小是由电路(负载)的参数决定的，即 φ_Z 角的大小由 R、L、C 的值决定。随着电路参数的不同，电压 u 与电流 i 之间的相位差 φ_Z 也不同，即阻抗角也随之变化。

上面讨论的串联电路中包含了三种性质不同的参数，是具有一般意义的典型电路。单一参数交流电路或者只含有某两种参数的串联电路都可以视为 R、L、C 串联电路的特例。

【例 4.5.1】 已知 $\omega = 10^4$ rad/s，求图 4.5.5(a)所示电路的总阻抗 Z_{ab}，并画出电路的最简模型。

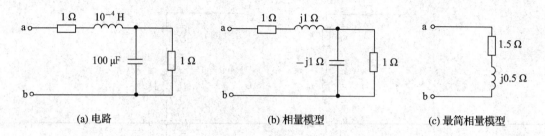

(a) 电路 (b) 相量模型 (c) 最简相量模型

图 4.5.5 例 4.5.1 图

解 因为原电路图为时域图，元件的单位没有统一，无法计算，所以要先将时域图等效为相量模型。

$$X_L = \omega L = 10^4 \times 10^{-4} = 1 \ \Omega$$

$$X_C = \frac{1}{\omega C} = \frac{1}{10^4 \times 100 \times 10^{-6}} = 1 \ \Omega$$

原电路图的相量模型如图 4.5.5(b)所示。

$$Z_{ab} = 1 + j1 + \frac{1 \times (-j1)}{1 - j1} = (1.5 + j0.5) \ \Omega$$

可见，电路为感性电路，最简电路模型如图 4.5.5(c)所示。

【例 4.5.2】 已知：$R_1 = 3 \ \Omega$，$R_2 = 8 \ \Omega$，$X_L = 4 \ \Omega$，$X_C = 6 \ \Omega$，电路模型如图 4.5.6(a)所示，电源电压 $u = 220\sqrt{2}\cos 314t$ V。(1) 求总电流 i、i_1 和 i_2；(2) 画相量图。

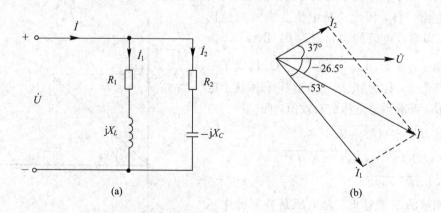

(a) (b)

图 4.5.6 例 4.5.2 图

解 (1) 求各电流。

方法一：

$$Z_1 = R_1 + jX_L = 3 + j4 = 5\angle 53° \ \Omega$$

$$Z_2 = R_2 - jX_C = 8 - j6 = 10\angle -37° \ \Omega$$

$$\dot{I}_1 = \frac{\dot{U}}{Z_1} = \frac{220\angle 0°}{5\angle 53°} = 44\angle -53° \ \text{A}$$

$$i_1 = 44\sqrt{2}\cos(314t - 53°)\ \text{A}$$

$$\dot{I}_2 = \frac{\dot{U}}{Z_2} = \frac{220\angle 0°}{10\angle -37°} = 22\angle 37°\ \text{A}$$

$$i_2 = 22\sqrt{2}\cos(314t + 37°)\ \text{A}$$

$$\dot{I} = \dot{I}_1 + \dot{I}_2 = 49.2\angle -26.5°\ \text{A}$$

$$i = 49.2\sqrt{2}\cos(314t - 26.5°)\text{A}$$

方法二：

$$Z = \frac{Z_1 Z_2}{Z_1 + Z_2} = 4.47\angle 26.5°\ \Omega$$

$$\dot{I} = \frac{\dot{U}}{Z} = \frac{220\angle 0°}{4.47\angle 26.5°} = 49.2\angle -26.5°$$

$$i = 49.2\sqrt{2}\cos(314t - 26.5°)\ \text{A}$$

分流公式为

$$i_1 = \frac{Z_2}{Z_1 + Z_2}i = 44\angle -53°\ \text{A}$$

$$i_2 = \frac{Z_1}{Z_1 + Z_2}i = 22\angle 37°\ \text{A}$$

（2）相量图如图 4.5.6(b)所示。

4.5.2 网孔、节点分析法用于正弦稳态电路的分析

一些较为复杂的电路，求解响应特别是一组变量时同样可以使用网孔法、回路法、节点法等方程法。

【例 4.5.3】 求图 4.5.7 所示电路在正弦稳态下电压源、电流源所发出的有功功率。已知 $\dot{U}_s = 10\angle 0°$ V，$\dot{I}_s = 5\angle 0°$ A，$X_{L1} = 2\ \Omega$，$R_C = 1\ \Omega$，$X_C = 1\ \Omega$，$R_L = 2\ \Omega$，$X_L = 3\ \Omega$。

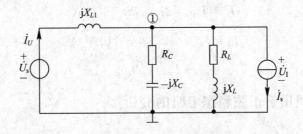

图 4.5.7 例 4.5.3 图

解 此题求电压源、电流源发出的有功功率，关键是求电压源中的电流和电流源两端的电压。可列写节点电压方程：

$$\left(\frac{1}{jX_{L1}} + \frac{1}{R_C - jX_C} + \frac{1}{R_L + jX_L}\right)\dot{U}_I = \frac{\dot{U}_s}{jX_{L1}} - \dot{I}_s$$

代入数据，有

$$\left(-j0.5 + \frac{1}{1 - j1} + \frac{1}{2 + j3}\right)\dot{U}_I = \frac{10}{2}\angle -90° - 5\angle 0°$$

$$\dot{U}_I = \frac{-7.071\angle 45°}{0.6934\angle -19.44°} = -10.2\angle 64.44° \text{ V}$$

电流源发出的功率为

$$P_I = 5 \times 10.2 \times \cos 64.44° = 22 \text{ W}$$

电压源中的电流为

$$\dot{I}_U = \frac{\dot{U}_s - \dot{U}}{jX_L} = \frac{10 + 10.2\angle 64.44°}{j2} = 8.544\angle -57.43° \text{ A}$$

电压源发出的功率为

$$P_U = 10 \times 8.544 \times \cos 57.43° = 46 \text{ W}$$

【例 4.5.4】 电路如图 4.5.8 所示，已知 $\dot{U}_{s1} = 100\angle 0°$ V，$\dot{U}_{s2} = 100\angle 90°$ V，$R = 5$ Ω，$X_C = 2$ Ω，$X_L = 5$ Ω，求各支路电流。

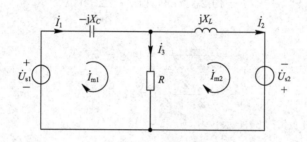

图 4.5.8 例 4.5.4 图

解 网孔电流参考方向如图所示，网孔电流方程为

$$\begin{cases} (5 - j2)\dot{I}_{m1} - 5\dot{I}_{m2} = 100 \\ -5\dot{I}_{m1} + (5 + j5)\dot{I}_{m2} = j100 \end{cases}$$

解得

$$\dot{I}_1 = \dot{I}_{m1} = 27.8\angle -56.3° \text{ A}$$

$$\dot{I}_2 = \dot{I}_{m2} = 32.3\angle -115.3° \text{ A}$$

$$\dot{I}_3 = \dot{I}_{m1} - \dot{I}_{m2} = 29.8\angle 11.8° \text{ A}$$

4.5.3 戴维宁定理用于正弦稳态电路的分析

【例 4.5.5】 电路如图 4.5.9(a)所示，求 $\dot{U}_{ab}$。

解 将 ab 间的支路断开后，求含源一端口网络的戴维宁等效电路。

开路电压 $\dot{U}_{oc}$ 为

$$\dot{U}_{oc} = \frac{10\angle 0°}{j10 + j10} \times j10 - (-j10) \times 10\angle 90° = 5\angle 0° - 100\angle 0° = -95 \text{ V}$$

等效电阻为

$$Z_{eq} = \frac{j10 \times j10}{j10 + j10} - j10 = -j5 \text{ Ω}$$

由图 4.5.9(b)可得

$$\dot{U}_{ab} = \frac{\dot{U}_{oc}}{Z_{eq} + j50} \times j50 = \frac{95\angle 180°}{5\angle -90° + 50\angle 90°} \times 50\angle 90° = -105.6 \text{ V}$$

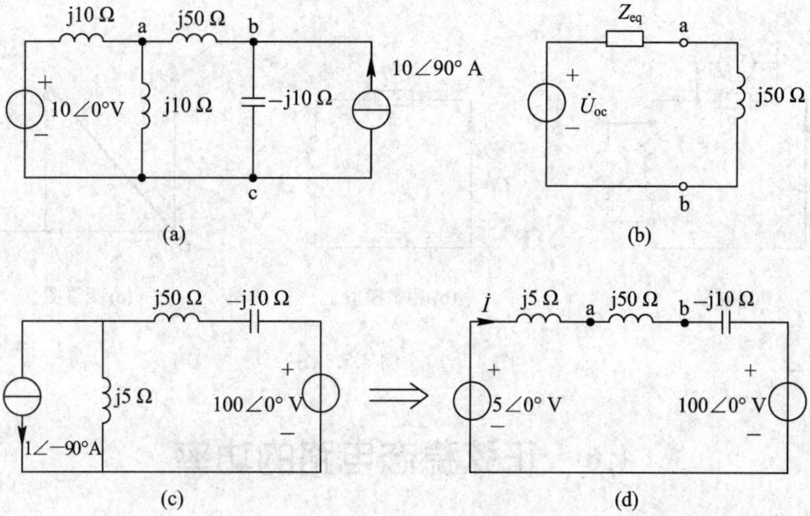

(a) (b)

(c) (d)

图 4.5.9 例 4.5.5 图

可见，直流电路中的分析方法在交流电路中仍然适用，解题步骤、思路与直流电路完全一样，只是计算过程中都是复数的运算。该题还可用电源两种模型的等效变换法求得，过程如下：

将图 4.5.9(a)经过等效变换为图 4.5.9(c)，再进一步变换为最简模型，见图 4.5.9(d)，在图 4.5.9(d)中可求出电流：

$$\dot{I} = \frac{5\angle 0° - 100\angle 0°}{j5 + j50 - j10} = \frac{19}{9}\angle 90° \text{A}$$

$$\dot{U}_{ab} = j50 \times \frac{19}{9}\angle 90° = 105.6\angle 180° = -105.6 \text{ V}$$

4.5.4 相量图法

分析正弦稳态电路时还有一种辅助方法称为相量图法。该方法通过作电流、电压的相量图求得未知相量。它特别适用于简单的 *RLC* 串联、并联和混联正弦稳态电路的分析。相量图法的分析步骤如下：

(1) 画出电路的相量模型。

(2) 选择参考相量，令该相量的初相为零。通常，对于串联电路，选择其电流相量作为参考相量；对于并联电路，选择其电压相量作为参考相量。

(3) 从参考相量出发，利用元件及确定有关电流和电压间的相量关系，定性画出相量图。

(4) 利用相量图表示的几何关系，求得所需的电压、电流相量。

【例 4.5.6】 正弦电路如图 4.5.10(a)所示，电压表的读数为 $U_1 = 30$ V，$U_2 = 40$ V，试求电压源的有效值 U_s。

解 （1）画电路的相量模型，如图 4.5.10(b)所示。

（2）因为是串联电路，选择电流相量为参考相量，可画出图 4.5.10(c)所示的相量图。

（3）由图 4.5.10(c)可得出

$$U_s = \sqrt{30^2 + 40^2} = 50 \text{ V}$$

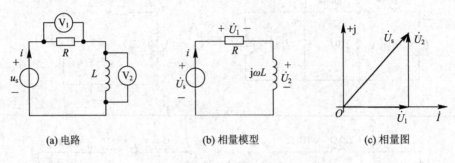

(a) 电路   (b) 相量模型   (c) 相量图

图 4.5.10　例 4.5.6 图

4.6　正弦稳态电路的功率

4.6.1　一端口网络的功率

前面分析过单一元件 R、L、C 交流电路中的功率，那么当电路中同时含有电阻元件和储能元件时，电路的功率既包含电阻元件消耗的功率，又包含储能元件与电源交换的无功功率。那么对于一般的交流电路来说，它的有功功率和无功功率与电压电流之间有什么关系呢？

1. 瞬时功率

对于一般交流电路，写出它的瞬时电压和瞬时电流的一般通式，即设

$$u(t) = \sqrt{2}\, U \cos(\omega t + \theta_u)$$

$$i(t) = \sqrt{2}\, I \cos(\omega t + \theta_i)$$

因为相位差 $\varphi = \theta_u - \theta_i$，所以瞬时电流可写为

$$i(t) = \sqrt{2}\, I \cos(\omega t + \theta_u - \varphi)$$

则瞬时功率为

$$
\begin{aligned}
p = ui &= \sqrt{2}\, U \cos(\omega t + \theta_u) \times \sqrt{2}\, I \cos(\omega t + \theta_u - \varphi) \\
&= 2UI \cos(\omega t + \theta_u) \times \cos(\omega t + \theta_u - \varphi) \\
&= UI[\cos(2\omega t + 2\theta_u - \varphi) + \cos\varphi] \\
&= UI \cos(2\omega t + 2\theta_u - \varphi) + UI \cos\varphi
\end{aligned}
\tag{4.6.1}
$$

2. 有功功率和无功功率

$$
\begin{aligned}
P &= \frac{1}{T} \int_0^T p\, \mathrm{d}t = \frac{1}{T} \int_0^T UI \cos(2\omega t + 2\theta_u - \varphi)\, \mathrm{d}t + \frac{1}{T} \int_0^T UI \cos\varphi\, \mathrm{d}t \\
&= UI \cos\varphi
\end{aligned}
\tag{4.6.2}
$$

式(4.6.2)就是一般的交流电路中有功功率的通式,是根据定义从公式推出来的。我们还可以从相量图上推导出式(4.6.2),如图 4.6.1 所示。在单一参数交流电路的分析中,当电流与电压同相时,电路为纯电阻电路,只消耗有功功率,没有无功功率,这时电路中的电流是用来传递有功功率的;当电流与电压的相位差 φ 为 $90°$ 时,电路为纯电感电路或纯电容电路,只有无功功率,没有有功功率,这时电路中的电流是用来传递无功功率的。在一般的交流电路中,电流与电压的相位差 φ 既不为 $0°$,也不为 $90°$。这时可将 $\dot{I}$ 分解成两个分量,其中与 $\dot{U}$ 同相的分量 $\dot{I}_P$ 是用来传递有功功率的,称为电流的有功分量;与 $\dot{U}$ 相位相差 $90°$ 的分量 $\dot{I}_Q$ 是用来传递无功功率的,称为电流的无功分量。它们与电流 I 之间的关系为

有功分量: $\qquad\qquad I_P = I\cos\varphi$

无功分量: $\qquad\qquad I_Q = I\sin\varphi$

因此可以得出有功功率和无功功率的一般通式:

$$P = UI\cos\varphi$$
$$Q = UI\sin\varphi \qquad\qquad (4.6.3)$$

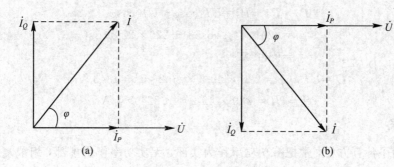

图 4.6.1　电流的有功分量和无功分量

3. 视在功率

电压与电流的有效值的乘积定义为视在功率,用 S 表示,单位为伏安($V \cdot A$),即

$$S = UI \qquad\qquad (4.6.4)$$

在直流电路里,UI 就等于负载消耗的功率;而在交流电路中,负载消耗的功率为 $UI\cos\varphi$,所以 UI 一般不代表实际消耗的功率,除非 $\cos\varphi = 1$。视在功率是用来说明一个电气设备的容量的物理量。

由式(4.6.2)~式(4.6.4)可以得出三种功率间的关系为

$$P = S\cos\varphi$$
$$Q = S\sin\varphi$$
$$S = \sqrt{P^2 + Q^2}$$

P、Q、S 三者之间符合直角三角形的关系,如图 4.6.2 所示,这个三角形称为功率三角形。不难看出,电压三角形、阻抗三角形和功率三角形是三个相似直角三角形。

在接有负载的电路中,不论电路的结构如何,电路总功率与局部功率的关系如下:

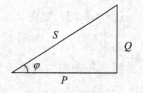

图 4.6.2　功率三角形

（1）总的有功功率等于各部分有功功率的算术和。因为有功功率是实际消耗的功率，所以电路中的有功功率总为正值，并且总有功功率就等于电阻元件的有功功率的算术和，即

$$P = \sum P_i = \sum R_i I_i^2 \tag{4.6.5}$$

（2）在同一电路中，电感的无功功率为正，电容的无功功率为负。因此，电路总的无功功率等于各部分的无功功率的代数和，即

$$Q = Q_L + Q_C = \mid Q_L \mid - \mid Q_C \mid \tag{4.6.6}$$

（3）视在功率是功率三角形的斜边，所以一般情况下总的视在功率不等于各部分视在功率的代数和，即 $S \neq \sum S_i$，只能用公式进行计算。

【例 4.6.1】 例 4.5.2 中，求电路的 P、Q、S。

解 用三种方法求有功功率。

方法一：$\qquad P = UI\cos\varphi = 220 \times 49.2 \times \cos 26.5° = 9680 \text{ W}$

方法二：$\qquad P = I_1^2 R_1 + I_2^2 R_2 = 44^2 \times 3 + 22^2 \times 8 = 9680 \text{ W}$

方法三：$\qquad P = P_1 + P_2 = UI_1\cos\varphi + UI_2\cos\varphi_2$

$$= 220 \times 44 \times \cos 53° + 220 \times 22 \times \cos(-37°)$$

$$= 9680 \text{ W}$$

$$Q = UI\sin\varphi = 220 \times 49.2 \times \sin 26.5° = 4843 \text{ Var}$$

$$S = UI = 220 \times 49.2 = 10824 \text{ V} \cdot \text{A}$$

4. 复功率

工程上为了计算方便，常把有功功率作为实部，无功功率作为虚部，组成复功率，用 $\tilde{S}$ 表示，即

$$\tilde{S} = P + jQ = UI\cos\varphi + jUI\sin\varphi = UI\text{e}^{j\varphi} \tag{4.6.7}$$

因为 $\varphi = \theta_u - \theta_i$，所以

$$\tilde{S} = U\text{e}^{j\theta_u} \times I\text{e}^{-j\theta_i} = U\angle\theta_u I\angle-\theta_i = \dot{U}\dot{I}^* \tag{4.6.8}$$

式（4.6.8）为复功率 $\tilde{S}$ 与二端网络端口的电压相量 $\dot{U}$ 与电流相量 $\dot{I}$ 之间的关系式，其中 $\dot{I}^*$ 是 $\dot{I}$ 的共轭复数。

由式（4.6.7）和式（4.6.8）不难得到

$$\mid \tilde{S} \mid = \sqrt{P^2 + Q^2} = UI = S \tag{4.6.9}$$

【例 4.6.2】 如图 4.6.3 所示，电流源 $\dot{I}_s = 10\angle 0°\text{A}$。试求电路各支路复功率 $\tilde{S}_1$、$\tilde{S}_2$ 和总复功率 $\tilde{S}$。

解 各支路的阻抗为

$$Z_1 = 10 + j25 = 26.92\angle 68.2° \ \Omega$$

$$Z_2 = 5 - j15 = 15.81\angle -71.6° \ \Omega$$

依据分流公式求各支路电流为

$$\dot{I}_1 = \frac{Z_2}{Z_1 + Z_2} \times \dot{I}_s = \frac{15.81 \angle -71.6° \times 10}{10 + j25 + 5 - j15} = 8.77 \angle -105.3° \ \text{A}$$

$$\dot{I}_2 = \frac{Z_1}{Z_1 + Z_2} \times \dot{I}_s = \frac{26.92 \angle 68.2° \times 10}{10 + j25 + 5 - j15} = 14.93 \angle 34.5° \ \text{A}$$

支路复功率为

$$\tilde{S}_1 = I_1^2 Z_1 = 8.77^2 \times (10 + j25) = 769.1 + j1922.8 \ \text{VA}$$

$$\tilde{S}_2 = I_2^2 Z_2 = 14.93^2 \times (5 - j15) = 1114.5 - j3343.6 \ \text{VA}$$

总复功率为

$$\tilde{S} = \tilde{S}_1 + \tilde{S}_2 = 1883.6 - j1420.8 \ \text{VA}$$

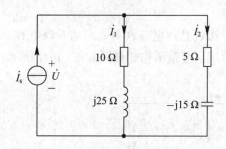

图 4.6.3　例 4.6.2 图

4.6.2　功率因数的提高

在交流电路中，有功功率与视在功率的比值称为电路的功率因数，用 λ 表示，即

$$\lambda = \frac{P}{S} = \cos\varphi \tag{4.6.10}$$

因而电压与电流的相位差 φ，也就是阻抗角也被称为功率因数角。同样它是由电路的参数决定的。在工农业生产中，广泛使用的异步电动机、感应加热设备等都是感性负载，有的感性负载功率因数很低。由平均功率表达式 $P = UI\cos\varphi$ 可知，$\cos\varphi$ 越小，由电网输送给此负载的电流就越大。这样一方面占用较多的电网容量，使电网不能充分发挥其供电能力，又会在发电机和输电线上引起较大的功率损耗和电压降，因此有必要提高此类感性负载的功率因数。

在纯电阻电路中，$P = S$，$Q = 0$，$\lambda = 1$，功率因数最高。在纯电感和纯电容电路中，$P = 0$，$Q = S$，$\lambda = 0$，功率因数最低。可见只有在纯电阻的情况下，电压和电流才同相，功率因数为 1；对其它负载来说，功率因数都是介于 0 和 1 之间。只要功率因数不等于 1，就说明电路中发生了能量的互换，出现了无功功率 Q。因此功率因数是一项重要的经济指标，它反映了用电质量，从充分利用电器设备的观点来看，应尽量使 λ 提高。

1. 功率因数低带来的影响

（1）发电设备的容量不能充分利用。容量 S_N 一定的供电设备能够输出的有功功率为

$$P = S_N \cos\varphi$$

若 $\cos\varphi$ 太小，则 P 值也会很小，设备的利用率就太低了。

（2）增加线路和供电设备的功率损耗。负载从电源取用的电流为

$$I = \frac{P}{U\cos\varphi}$$

因为线路的功率损耗为 $P = rI^2$，与 I^2 成正比，所以在 P 和 U 一定的情况下，$\cos\varphi$ 越低，I 就越大，供电设备和输电线路的功率损耗都会增多。

2. 功率因数低的原因

目前的各种用电设备中，电感性负载居多，并且很多负载如日光灯、工频炉等本身的功率因数也很低。电感性负载的功率因数之所以小于 1，是由于负载本身需要一定的无功功率，从技术经济的观点出发，要解决这个矛盾，实际上就是要解决如何减少电源与负载之间能量互换的问题。

3. 提高功率因数的方法

提高功率因数的常用方法就是在电感性负载两端并联电容。以日光灯为例来说明并联电容前后整个电路的工作情况，电路图和相量图如图 4.6.4 所示。

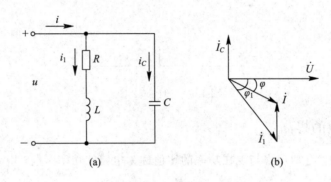

(a)   (b)

图 4.6.4　功率因数提高

1）并联电容前

（1）电路的总电流的有效值为

$$I_1 = \frac{U}{\sqrt{R^2 + X_L^2}}$$

（2）电路的功率因数就是负载的功率因数，即

$$\cos\varphi_1 = \frac{R}{\sqrt{R^2 + X_L^2}}$$

（3）电路的有功功率为

$$P = UI_1\cos\varphi_1 = I_1^2 R$$

2）并联电容后

（1）电路的总电流为

$$\dot{I} = \dot{I}_1 + \dot{I}_C$$

（2）电路中总的功率因数为 $\cos\varphi$。

（3）有功功率为

$$P = UI\cos\varphi = I_1^2 R$$

从相量图上不难看出，$\varphi < \varphi_1$，所以 $\cos\varphi > \cos\varphi_1$，功率因数得到了提高，只要 C 值选得恰当，便可将电路的功率因数提高到希望的数值。从公式可以看出，并联电容后，负载的电流 $\dot{I}_1$ 没有变，负载本身的功率因数 $\cos\varphi_1$ 没有变，因为负载的参数都没有变，提高功率因数不是提高负载的功率因数，而是提高了整个电路的功率因数，这样对电网而言提高了利用率。这一点是必须要清楚的。因为有功功率就是负载消耗的功率，即电阻消耗的功率，因为电感和电容的有功功率都为 0，电阻上的电流不变，所以并联电容前后的有功功率没有发生变化。

如果要将功率因数提高到希望的数值，应该并联多大的电容呢？由相量图可以求得，如图 4.6.4(b)所示，在相量图上可以求出 I_C，即

$$I_C = I_L \sin\varphi_L - I \sin\varphi$$

又因为

$$U = X_C I_C = \frac{I_C}{\omega C}$$

所以

$$C = \frac{I_C}{\omega U}$$

【例 4.6.3】　如图 4.6.4(a)所示，R、L 串联电路为一日光灯模型，已知 $U = 220$ V，$f = 50$ Hz，日光灯功率为 40 W，额定电流为 0.4 A。(1)求 R、L 的值；(2)要使 $\cos\varphi$ 提高到 0.8，需在日光灯两端并联多大的电容？

解　(1) $|Z| = \dfrac{U}{I} = \dfrac{220}{0.4} = 550$ Ω

$$\cos\varphi_1 = \frac{P}{UI} = \frac{40}{220 \times 0.4} = 0.45$$

$\varphi_1 = \pm 63°$（取＋，因为电路为电感性电路）

$Z = |Z| \angle \varphi_1 = 550 \angle 63° = 550(\cos 63° + j\sin 63°) = (250 + j490)$ Ω

$R = 250$ Ω

$X_L = 490$ Ω

$$L = \frac{X_L}{2\pi f} = \frac{490}{2 \times 3.14 \times 50} = 1.56 \text{H}$$

(2) 以 $\dot{U}$ 为参考相量，设 $\dot{U} = 220 \angle 0°$ V，可得

$$I' = \frac{P}{U\cos\varphi_2} = \frac{40}{220 \times 0.8} = 0.227 \text{ A}$$

$$\varphi_2 = 37°$$

$$I_C = I \sin\varphi_1 - I' \sin\varphi_2 = 0.4\sin 63° - 0.22\sin 37° = 0.22 \text{ A}$$

$$C = \frac{I_C}{\omega U} = \frac{0.22}{2 \times 3.14 \times 50 \times 220} = 3.2 \mu\text{F}$$

还可用无功功率去计算电容值，即

$$Q_C = Q_1 - Q = P\tan\varphi_1 - P\tan\varphi_2 = P(\tan\varphi_1 - \tan\varphi_2)$$

式中，Q_1 为并联电容器之前的电路的无功功率，Q 为并联电容器之后的电路的无功功率，Q_C 为电容器提供的无功功率。

又

$$Q_C = \frac{U^2}{X_C} = \omega C U^2$$

故

$$C = \frac{P}{\omega U^2}(\tan\varphi_1 - \tan\varphi_2)$$

4.7   正弦稳态电路中的功率传输

电源的能量(功率)经传输到达负载，在传输过程中希望能量损耗越小越好。传输线上损耗的功率主要是传输线路自身的电阻损耗。当传输导线选定和传输距离一定时，它的电阻 R_L 就是一定的。因此，根据 $P_L = I^2 R_L$ 关系可知，要想使传输线上的损耗功率 P_L 小，就必须设法减小传输线上的电流。电力系统中高压远距离电能传输，上节讨论的功率因数的提高都是基于这样的考虑。当然，提高功率因数还为了充分发挥电源设备潜在的输出功率能力。

因为一般的实际电源都存在内电阻 R_0，所以功率传输过程中还有内阻的功率损耗(暂不考虑传输线电阻的功率损耗)，负载获得的功率 P_L 将小于电源输出的功率。定义负载获得的功率与电源输出的功率之比为电源传输功率的传输效率 η，即

$$\eta = \frac{I^2 R_L}{I^2(R_0 + R_L)} = \frac{R_L}{R_0 + R_L}$$

可见，为了提高传输效率，要尽量减小内阻 R_0。如何提高传输效率，是电力工业中一个极其重要的问题。

在一些弱电系统中，常常要求负载能从给定的信号电源中获得尽可能大的功率，而不过分追求尽可能高的效率。如何使负载从给定的电源中获得最大的功率，称为最大功率传输问题。

图 4.7.1 左图中 N 为任意线性含源二端网络，根据戴维宁定理可以将网络 N 等效变换为电压源 $\dot{U}_0$ 串联内阻抗 Z_0 的模型，如图 4.7.1 右图，可调负载 Z_L 是实际用电设备或器具的等效阻抗，接于二端网络 N 两端。电源的电能输送给负载 Z_L，再转换为热能、机械能等供人们生产、生活中使用。

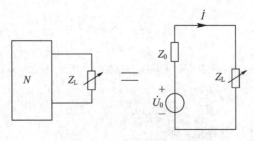

图 4.7.1   正弦稳态功率传输电路

在 $\dot{U}_0$ 和 Z_0 一定或在线性有源二端电路一定的情况下，负载 Z_L 获得功率的大小将随负载阻抗而变化。设电源内阻抗（已知）为

$$Z_0 = R_0 + jX_0 \tag{4.7.1}$$

负载阻抗为

$$Z_L = R_L + jX_L \tag{4.7.2}$$

由图 4.7.1 右图电路可求得电流相量为

$$\dot{I} = \frac{\dot{U}_0}{Z_0 + Z_L} = \frac{\dot{U}_0}{(R_0 + R_L) + j(X_0 + X_L)}$$

电流的有效值为

$$I = \frac{U_0}{\sqrt{(R_0 + R_L)^2 + (X_0 + X_L)^2}}$$

负载吸收的功率

$$P_L = I^2 R_L = \frac{U_0^2 R_L}{(R_0 + R_L)^2 + (X_0 + X_L)^2} \tag{4.7.3}$$

负载获得最大功率的条件与其调节参数的方式有关，下面分两种情况进行讨论。

1. 负载的电阻和电抗均可独立调节

从式(4.7.3)可见，若先将 R_L 保持不变，只改变 X_L，显然当 $X_0 + X_L = 0$ 时，P_L 可以获得最大值，这时有

$$P_L = \frac{U_0^2 R_L}{(R_0 + R_L)^2}$$

再改变 R_L，使 P_L 获得最大值的条件是

$$\frac{\mathrm{d}P_L}{\mathrm{d}R_L} = 0$$

即

$$\frac{\mathrm{d}P_L}{\mathrm{d}R_L} = U_0^2 \frac{(R_0 + R_L)^2 - 2R_L(R_0 + R_L)}{(R_0 + R_L)^4} = 0$$

故

$$(R_0 + R_L)^2 - 2R_L(R_0 + R_L) = 0$$

得 $R_0 = R_L$。因此，负载获得最大功率的条件为

$$\begin{cases} X_L = -X_0 \\ R_L = R_0 \end{cases} \tag{4.7.4}$$

或

$$Z_L = Z_0^* \tag{4.7.5}$$

式(4.7.4)或式(4.7.5)称为负载获得最大功率的共轭匹配条件。将该条件代入式(4.7.3)，得负载获得的最大功率为

$$P_{L\max} = \frac{U_0^2}{4R_0} \tag{4.7.6}$$

2. 负载为纯电阻

此时，$Z_L = R_L$，R_L 可变化。因为此时式(4.7.3)中的 $X_L = 0$，即

$$P_{\mathrm{L}} = \frac{U_0^2 R_{\mathrm{L}}}{(R_0 + R_{\mathrm{L}})^2 + X_0^2} \tag{4.7.7}$$

P_{L} 为最大值的条件是 $\dfrac{\mathrm{d}P_{\mathrm{L}}}{\mathrm{d}R_{\mathrm{L}}} = 0$，即

$$\frac{\mathrm{d}P_{\mathrm{L}}}{\mathrm{d}R_{\mathrm{L}}} = U_0^2 \frac{\left[(R_0 + R_{\mathrm{L}})^2 + X_0^2\right] - 2R_{\mathrm{L}}(R_0 + R_{\mathrm{L}})}{\left[(R_0 + R_{\mathrm{L}})^2 + X_0^2\right]^2} = 0$$

由此可得

$$(R_0 + R_{\mathrm{L}})^2 + X_0^2 - 2R_{\mathrm{L}}(R_0 + R_{\mathrm{L}}) = 0$$

或

$$R_{\mathrm{L}}^2 = R_0^2 + X_0^2$$

即

$$R_{\mathrm{L}} = \sqrt{R_0^2 + X_0^2} = |Z_0| \tag{4.7.8}$$

式中，$|Z_0|$ 为内阻抗的模。式(4.7.8)表明，当负载为纯电阻时，获得最大功率的条件是负载电阻与电源的内阻抗的模相等，称此为模匹配。很显然，与共轭匹配相比较，这时负载获得的功率要小一些。

【例 4.7.1】 如图 4.7.2(a)所示，已知 $\dot{U}_0 = 10\angle 0°\mathrm{V}$，$\dot{I}_0 = 1\angle 20°\mathrm{A}$，$Z_1 = 3 + \mathrm{j}4\Omega$，$Z_2 = 10\angle 0°\Omega$，$Z_3 = 10 + \mathrm{j}17\Omega$，$Z_4 = 3 - \mathrm{j}4\Omega$。问当 Z 为何值时电流 I 为最大？求出此电流最大值。

解 作出原电路的戴维宁等效电路，如图 4.7.2(b)所示。应用叠加定理求得开路电压为

$$\dot{U}_{\mathrm{oc}} = \dot{U}_0 + \left(Z_1 + \frac{Z_2 Z_3}{Z_2 + Z_3}\right)\dot{I}_0$$

$$= 10\angle 0° + \left[3 + \mathrm{j}4 + \frac{10(10 + \mathrm{j}17)}{20 + \mathrm{j}17}\right] \times 1\angle 20°$$

$$= 17.28 + \mathrm{j}9.53 = 10.73\angle 28.88° \ \mathrm{V}$$

输入阻抗为

$$Z_0 = Z_1 + \frac{Z_2 Z_3}{Z_2 + Z_3} = 3 + \mathrm{j}4 + \frac{10(10 + \mathrm{j}17)}{20 + \mathrm{j}17}$$

$$= 10.1 + \mathrm{j}6.467\Omega = 11.99\angle 32.64° \ \Omega$$

可见，当 $Z = -\mathrm{j}6.467\Omega$ 时，电流 I 最大，且其最大值为

$$I = \frac{U_{\mathrm{oc}}}{10.1} = \frac{19.73}{10.1} = 1.95 \ \mathrm{A}$$

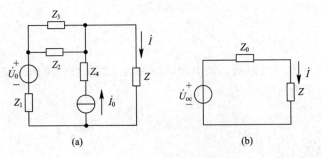

图 4.7.2 例 4.7.1 图

4.8 三 相 电 路

目前，世界各国的电力系统中电能的生产、传输和供电方式绝大多数都采用三相制，它主要是由三相电源、三相负载和三相输电线路三部分组成的。三相电源是由三个同频、等幅、初相互差 120°的正弦交流电源组成的供电系统。与单项交流电路相比，三相交流电路在发电、输电和配电等方面具有很多优点。例如，在尺寸相同的情况下，三相发电机输出的功率比单相发电机要大；传输电能时，在电气指标相同的情况下，三相交流电路比单相交流电路可节省导线材料。本节主要讨论三相电源的基本概念、三相电源的连接、三相负载的连接、对称三相电路的计算。

4.8.1 三相电路的基本概念

1. 三相交流电的概念

三相电源是由三相发电机获得的。图 4.8.1(a)为三相发电机的示意图。由图可以看出，一台三相发电机主要由转子与定子组成。中间的转子可以转动，它一般由锻钢制成，其上绕有线圈，通直流电产生磁场。四周的定子是固定不动的，它一般由硅钢片叠成，定子内圆凹槽中嵌入三相绕组（线圈），即 AX、BY、CZ，每组线圈称为一相，分别称为 A 相、B 相、C 相。每组线圈的匝数、形状、尺寸、绕向都是相同的，其中，A、B、C 称为始端，X、Y、Z 称为末端，三相线圈在空间的几何位置互差 120°。同时，在设计、工艺上保证定、转子间气隙中的磁通密度沿定子内表面的分布是正弦的，最大值在转子磁极的 N 和 S 处。

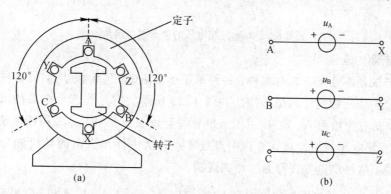

图 4.8.1 三相发电机示意图与三相电源模型图

当装配在转轴上的转子在汽轮机或水轮机驱动下以角速度 ω 顺时针旋转时，在各相绕组的始末端间产生随时间按正弦变化的感应电压，这些电压频率相同，幅值相同，相位彼此相差 120°，相当于三个独立的正弦电压源，其模型如图 4.8.1(b)所示，它们的电压瞬时表达式为

$$\begin{cases} u_A(t) = U_m\cos(\omega t) = \sqrt{2}U\cos(\omega t) \\ u_B(t) = U_m\cos(\omega t - 120°) = \sqrt{2}U\cos(\omega t - 120°) \\ u_C(t) = U_m\cos(\omega t + 120°) = \sqrt{2}U\cos(\omega t + 120°) \end{cases} \tag{4.8.1}$$

式中，U_m 为每相电压的振幅；U 为每相电压的有效值。

由式(4.8.1)写出的各正弦电压的向量为

$$\begin{cases} \dot{U}_A = U\angle 0° \\ \dot{U}_B = U\angle -120° \\ \dot{U}_C = U\angle 120° \end{cases} \qquad (4.8.2)$$

三相电源的波形图与相量图分别如图 4.8.2(a)、(b)所示。同频、等幅、相位互差 120° 的一组正弦电压源，称为对称三相电压源。这样一组电压源的一个突出特点是：无论何时，对称三相电源瞬时电压代数和恒等于零，即有 $u_A(t) + u_B(t) + u_C(t) = 0$，显然也有 $\dot{U}_A + \dot{U}_B + \dot{U}_C = 0$。这三个电压达到最大值的先后次序称为相序。由式(4.8.1)或图 4.8.2(a) 可以看出，这三个电压的相序是 A - B - C。我国三相电源频率为 $f = 50$ Hz，入户电压为 220 V，而日、美、欧洲等国家的电源频率和入户电压分别为 60 Hz、110 V。

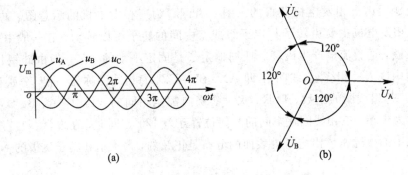

图 4.8.2　对称三相电压的波形图与向量图

2. 三相电源的连接

三相电源的基本连接方式有两种：一种是星形接法（或 Y 形接法），另一种是三角形接法（或△形接法）。三相电源的星形接法如图 4.8.3 所示。它是将三个电源的末端 X、Y、Z 连接在一起，从三个始端 A、B、C 引出三根导线至负载。A、B、C 三根线俗称火线，公共端点 N 称为三相电源的中性点，简称中点或零点。从中性点引出的导线称为中性线或中线，俗称零线。这种供电方式称为三相四线制。

火线到中线间的电压称为相电压，如 $\dot{U}_A$、$\dot{U}_B$、$\dot{U}_C$ 就是 A 相、B 相、C 相的相电压。火线与火线之间的电压称为线电压，如 $\dot{U}_{AB}$、$\dot{U}_{BC}$、$\dot{U}_{CA}$。

三相电源的三角形接法如图 4.8.4 所示。它是将三个电源的始、末端依次连接在一起，形成一个三角形回路。由于电压是对称的，所以回路电压为零，即电流为零。从三个始端 A、B、C 引出三根导线至负载。A、B、C 三根线俗称火线，这种供电方式称为三相三线制，无中性线。

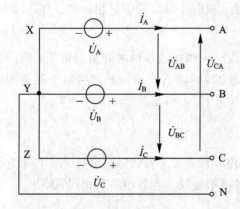

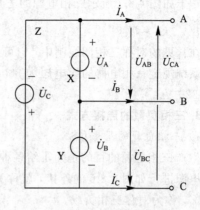

图 4.8.3　三相电源的星形接法　　　　　图 4.8.4　三相电源的三角形接法

对于如图 4.8.3 所示三相电源的星形接法，由 KVL 由可知，线电压与相电压的关系为

$$\dot{U}_{AB} = \dot{U}_A - \dot{U}_B = U\angle 0° - U\angle -120°$$
$$= U - U(\cos120° - j\sin120°)$$
$$= \frac{3}{2}U + j\frac{\sqrt{3}}{2}U = \sqrt{3}\dot{U}_A\angle 30°$$

同理，其它两个线电压也有

$$\dot{U}_{BC} = \sqrt{3}\dot{U}_B\angle 30°$$
$$\dot{U}_{CA} = \sqrt{3}\dot{U}_C\angle 30°$$

以上结果表明：三相电源为星形接法时，若相电压对称，则线电压也对称，而且线电压的有效值是相电压有效值的 $\sqrt{3}$ 倍，即 $U_L = \sqrt{3}U_P$，线电压超前相电压 30°。

线电压与相电压的相量图如图 4.8.5(a)所示。将三个线电压平移后，可知如图 4.8.5(b)所示的另一种形式的相量图。

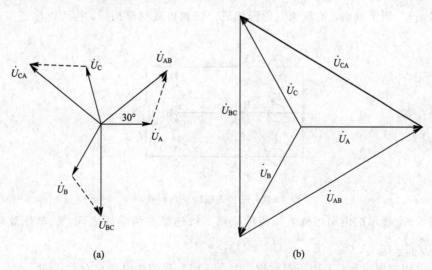

图 4.8.5　对称三相电压相量图

对于如图 4.8.4 所示三相电源的三角形接法，相电压与线电压是相同的。即 $\dot{U}_A = \dot{U}_{AB}$、$\dot{U}_B = \dot{U}_{BC}$、$\dot{U}_C = \dot{U}_{CA}$。

在常见的对称三相四线制中，它可以提供线电压和相电压两种等级的电压，我国低压配电系统规定三相电路的线电压为 380 V，相电压为 220 V。所以日常生活中的单相电器均为 220 V。

3. 三相负载的连接方式

1）三相负载的星形接法

生产三相电源的目的是为了给各种负载供电。设有三个负载 Z_A、Z_B、Z_C，如果它们与三相电源进行如图 4.8.6 的连接，就称为负载的星形连接。若各相负载相同，即 $Z_A = Z_B = Z_C = Z$，称为对称三相负载。

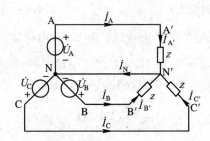

图 4.8.6　三相负载的星形连接

火线上的电流称为线电流，如 $\dot{I}_A$、$\dot{I}_B$、$\dot{I}_C$ 就是火线 A、B、C 的线电流。流过各相负载的电流称为相电流，如 $\dot{I}_{A'}$、$\dot{I}_{B'}$、$\dot{I}_{C'}$。显然，在三相负载为星形接法的情况下，线电流等于相应的相电流，即 $\dot{I}_A = \dot{I}_{A'}$、$\dot{I}_B = \dot{I}_{B'}$、$\dot{I}_C = \dot{I}_{C'}$。每相负载上的电压为负载的相电压，如 $\dot{U}_{A'N'}$、$\dot{U}_{B'N'}$、$\dot{U}_{C'N'}$，显然有 $\dot{U}_A = \dot{U}_{A'N'}$、$\dot{U}_B = \dot{U}_{B'N'}$、$\dot{U}_C = \dot{U}_{C'N'}$。

2）三相负载的三角形接法

如图 4.8.7 所示电路，负载为三角形接法。三相负载完全相同，称为对称三相负载。

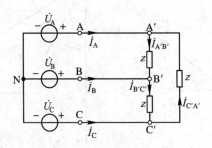

图 4.8.7　三相负载的三角形接法

由图 4.8.7 所示的电路可知，每相负载都直接连接在两端线之间，线电压就等于相电压，即有 $\dot{U}_{AB} = \dot{U}_{A'B'}$、$\dot{U}_{BC} = \dot{U}_{B'C'}$、$\dot{U}_{CA} = \dot{U}_{C'A'}$。

由于三相电源对称，三相负载对称，因而三相负载的相电流也对称，即

$$\dot{I}_{A'B'} = I\angle 0°，\dot{I}_{B'C'} = I\angle -120°，\dot{I}_{C'A'} = I\angle 120°$$

根据 KCL，由图 4.8.7 可知线电流与相电流的关系为

$$\dot{I}_{A} = \dot{I}_{A'B'} - \dot{I}_{C'A'} = I\angle 0° - I\angle 120° = I - I(\cos 120° + j\sin 120°)$$

$$= \frac{3}{2}I - j\frac{\sqrt{3}}{2}I = \sqrt{3}\dot{I}_{A'B'}\angle -30°$$

同理，其它两个线电流也有

$$\dot{I}_{B} = \sqrt{3}\dot{I}_{B'C'}\angle -30°$$

$$\dot{I}_{C} = \sqrt{3}\dot{I}_{C'A'}\angle -30°$$

以上结果表明：在三相对称负载为三角形接法时，相电流对称，线电流也对称，而且线电流的有效值是相电流有效值的 $\sqrt{3}$ 倍，即 $I_{L} = \sqrt{3}I_{P}$，线电流滞后相电流 30°。

对称线电流与相电流的相量图如图 4.8.8(a)所示。将三个线电流平移后，可得如图 4.8.8(b)所示的另一种形式的相量图。

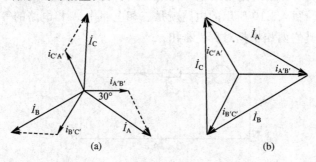

图 4.8.8　对称三相电流的相量图

三相电路就是由对称三相电源和三相负载连接起来所组成的系统，工程上根据实际需要可以组成：Y－Y 连接方式、Y-△连接方式、△－Y 连接方式、△-△连接方式。

4.8.2　对称三相电路的计算

对称三相电路由于电源对称、负载对称、线路对称，因而可以引入一特殊的计算方法，来简化对称三相电路的分析计算。

对于如图 4.8.9 所示 Y－Y 连接的对称三相电路，N 为电源中性点，N′为负载中性点。每相负载均为 Z，Z_{N} 为中线阻抗。由于只有一个独立结点，以 N 为参考结点，列结点方程，可得

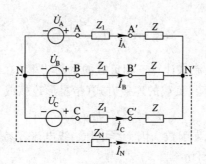

图 4.8.9　Y－Y 对称三相电路

$$\left(\frac{1}{Z_N}+\frac{3}{Z+Z_1}\right)\dot{U}_{N'N}=\frac{1}{Z_1+Z}(\dot{U}_A+\dot{U}_B+\dot{U}_C)$$

由于三相电源对称，恒有 $\dot{U}_A+\dot{U}_B+\dot{U}_C=0$，所以 $\dot{U}_{N'N}=0$。这表明两中性点等电位，中线无电流，即 $\dot{I}_N=0$。各相电源和负载中的电流等于线电流，分别为

$$\left.\begin{array}{l}\dot{I}_A=\dfrac{\dot{U}_A-U_{N'N}}{Z+Z_1}=\dfrac{\dot{U}_A}{Z+Z_1}\\[3mm]\dot{I}_B=\dfrac{\dot{U}_B}{Z+Z_1}=\dfrac{\dot{U}_A\angle-120°}{Z+Z_1}\\[3mm]\dot{I}_C=\dfrac{\dot{U}_C}{Z+Z_1}=\dfrac{\dot{U}_A\angle120°}{Z+Z_1}\end{array}\right\} \qquad (4.8.3)$$

从式(4.8.3)可知，各相电流是独立计算的，由于三相电流是对称的，我们只要计算其中的一相就可以了。图 4.8.10 所示的电路就是三相电路中 A 相电路的等效电路，可以用它计算 A 相的电流，其它两相根据对称性推出。

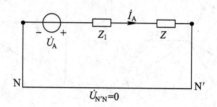

图 4.8.10 A 相电路

在三相电路中，一相负载获得的平均功率为

$$P_P=U_P I_P\cos\varphi_Z \qquad (4.8.4)$$

在对称的三相电路中，各相负载是相同的，因此各相负载的电压、电流的有效值和阻抗角 φ_Z 都相同，故对称三相负载的平均功率为

$$P=3U_P I_P\cos\varphi_Z \qquad (4.8.5)$$

若负载为星形连接，则 $U_P=\dfrac{1}{\sqrt{3}}U_L$，$I_P=I_L$，三相负载的平均功率为

$$P=3\frac{1}{\sqrt{3}}U_L I_L\cos\varphi_Z=\sqrt{3}U_L I_L\cos\varphi_Z \qquad (4.8.6)$$

若负载为三角形连接，则

$$U_P=U_L,\ I_P=\frac{1}{\sqrt{3}}I_L$$

因此，若用线电压、线电流来计算三相负载的平均功率，在线电压、线电流一定的条件下，对称三相负载的平均功率与负载的连接方式(指星形连接或三角形连接)无关，均为

$$P=\sqrt{3}U_L I_L\cos\varphi_Z \qquad (4.8.7)$$

式中，$\cos\varphi_Z$ 是一相负载的功率因数。因为线电压、线电流容易测量得到，所以常常会用式(4.8.7)来计算三相负载的平均功率。

在对称三相电路中，三相负载总瞬时功率等于定值，就等于三相负载吸收的平均功率

P，即

$$p(t)=p_\mathrm{A}(t)+p_\mathrm{B}(t)+p_\mathrm{C}(t)=\sqrt{3}\,U_\mathrm{L}I_\mathrm{L}\cos\varphi_Z=P（定值） \tag{4.8.8}$$

因此，在这种情况下运行的发电机和电动机的机械转矩是恒定的，也就没有波动，这是对称三相电路的一个突出优点。

【**例 4.8.1**】 如图 4.8.11 所示，电路为 Y - Y 对称三相电路，A 相电压源 $\dot{U}_\mathrm{A}=110\angle0°$ V，线路阻抗 $Z_1=(5-\mathrm{j}2)\,\Omega$，负载阻抗 $Z=(10+\mathrm{j}8)\,\Omega$，中线阻抗 $Z_\mathrm{N}=(1+\mathrm{j}1)\,\Omega$，求线电流。

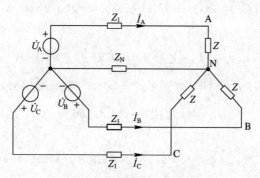

图 4.8.11 例 4.8.1 的电路图

解 由于是对称三相电路，可以抽出一相计算。A 相等效电路如图 4.8.12 所示。计算可得

$$\dot{I}_\mathrm{A}=\frac{\dot{U}_\mathrm{A}}{Z_1+Z}=\frac{110\angle0°}{5-\mathrm{j}2+10+\mathrm{j}8}=6.81\angle-21.8°\ \mathrm{A}$$

其它两个线电流分别为

$$\dot{I}_\mathrm{B}=6.81\angle(-21.8°-120°)=6.81\angle-141.8°\ \mathrm{A}$$

$$\dot{I}_\mathrm{C}=6.81\angle(-21.8°+120°)=6.81\angle98.2°\ \mathrm{A}$$

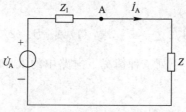

图 4.8.12 例 4.8.1 的 A 相电路

【**例 4.8.2**】 对称三相三线制的线电压为 $380\mathrm{V}$，每相负载阻抗为 $Z=10\angle53.1°\,\Omega$，求负载为三角形时的电流和三相功率。

解 负载为三角形连接时，电路如图 4.8.13 所示。

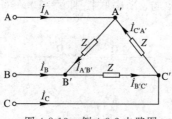

图 4.8.13 例 4.8.2 电路图

— 133 —

设 $\dot{U}_{AB}=380\angle 0°$ V,则

$$\dot{I}_{A'B'}=\frac{\dot{U}_{AB}}{Z}=\frac{380\angle 0°}{10\angle 53.1°}=38\angle -53.1°\text{ A}$$

其它两相负载的电流分别为

$$\dot{I}_{B'C'}=38\angle(-53.1°-120°)=38\angle -173.1°\text{ A}$$

$$\dot{I}_{C'A'}=38\angle(-53.1°+120°)=38\angle 66.9°\text{ A}$$

求得线电流分别为

$$\dot{I}_A=\sqrt{3}\dot{I}_{A'B'}\angle -30°=65.8\angle -83.1°\text{ A}$$

$$\dot{I}_B=\dot{I}_A\angle -120°=65.8\angle -203.1°=65.8\angle 156.9°\text{ A}$$

$$\dot{I}_C=\dot{I}_A\angle 120°=65.8\angle 36.9°\text{ A}$$

三相负载总功率为

$$P=\sqrt{3}U_L I_L\cos\varphi_z=\sqrt{3}\times 380\times 65.8\times\cos 53.1°=26019\text{ W}$$

习 题 4

4.1 已知 $I_m=10$ mA,$f=50$ Hz,初相位 $\varphi=60°$。写出 i 的正弦函数表达式,并求解 $t=1$ ms 时的 i。

4.2 已知某正弦电流当其相位角为 $\frac{\pi}{6}$ 时,其值为 5 A,该电流的有效值是多少? 若此电流的周期为 10 ms,且在 $t=0$ 时正处于由正值过渡到负值时的零值,写出电流的瞬时值表达式 i 及相量 $\dot{I}$。

4.3 已知 $A=8+j6$,$B=4\sqrt{2}\angle -45°$。求:(1) $A+B$;(2) $A-B$;(3) $A\cdot B$;(4) $\dfrac{A}{B}$。

4.4 求串联交流电路中,下列三种情况下电路中的 R 和 X 各为多少? 指出电路的性质和电压对电流的相位差。

(1) $Z=(6+j8)\Omega$

(2) $\dot{U}=50\angle 30°$ V,$\dot{I}=2\angle 30°$ A

(3) $\dot{U}=100\angle -30°$ V,$\dot{I}=4\angle 30°$A

4.5 已知 $i_1=10\cos(\omega t+30°)$A,$i_2=10\cos(\omega t-60°)$A。用相量法求它们的和及差。

4.6 题 4.6 图所示电路中 R 与 ωL 串联接到 $u=10\cos(\omega t-180°)$V 的电源上,求解电感电压 u_L 为多少。

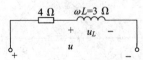

题 4.6 图

4.7　分别求出题 4.7 图所示电路电流表 A_0 和电压表 V_0 的读数。

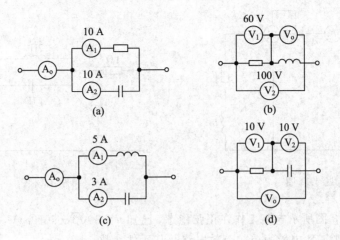

题 4.7 图

4.8　一个电感线圈（电阻忽略不计）接在 $U=100$ V、$f=50$ Hz 的交流电源上时，流过 2 A 电流。如果把它接在 $U=150$ V、$f=60$ Hz 的交流电源上，则流过的电流 I 为多少？

4.9　题 4.9 图所示正弦稳态电路中，$\dot{U}$ 与 $\dot{I}$ 同相，电源电压有效值 $U=1$ V，频率为 50 Hz，电源发出的平均功率为 0.1 W，且已知 Z_1 和 Z_2 吸收的平均功率相等，Z_2 的功率因数为 0.5（感性），求 Z_1 和 Z_2。

4.10　题 4.10 图所示电路中，已知 $U=8$ V，$Z_1=(1-j5)\Omega$，$Z_2=(3-j1)\Omega$，$Z_3=(1+j1)\Omega$。求：

（1）电路输入导纳；

（2）各支路的电流；

（3）Z_2 的有功功率 P 和无功功率 Q。

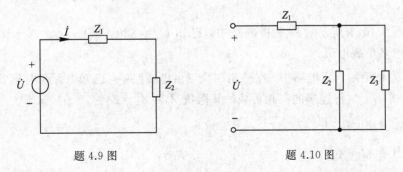

题 4.9 图　　　　　　　　　　　题 4.10 图

4.11　题 4.11 图所示电路中，已知电压表读数为 50 V，电流表读数为 1 A，功率表读数为 30 W，电源的频率为 50 Hz。求 L、R 值和功率因数 λ。

4.12　题 4.12 图所示电路中，$u(t)=\sqrt{2}\cos(t)$V，$i(t)=\cos(t+45°)$A，N 为不含源网络，求 N 的阻抗 Z。

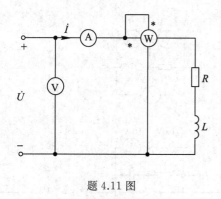

题 4.11 图

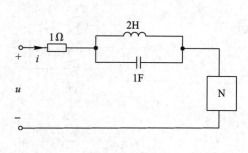

题 4.12 图

4.13 题 4.13 图所示电路工作在正弦稳态，已知 $u=30\sqrt{2}\cos(10t)$V，$i=5\sqrt{2}\cos(10t)$ A，试确定无源网络 N 内最简单的等效电路及其元件参数。

4.14 RLC 串联电路的端电压 $u(t)=10\sqrt{2}\cos(2500t+10°)$V，当 $C=8$ μF 时，电路中吸收的功率为最大，$P_{max}=100$ W，求电感 L 和 Q 值及电感和电容上的电压相量。

4.15 已知题 4.15 图所示正弦电流电路中电流表的读数分别为 A_1：5A，A_2：20 A，A_3：25 A。如果维持 A_1 的读数不变，把电源频率提高一倍，求电流表 A 的读数。

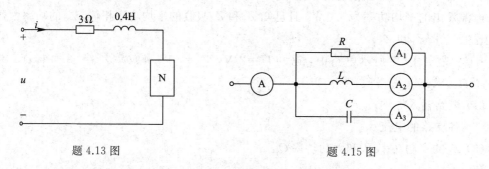

题 4.13 图　　　　　　　　　　　　题 4.15 图

4.16 题 4.16 图所示对称三相电路中，已知 $\dot{U}_A=220\angle0°$V，$Z=(6+j8)\Omega$，$Z_N=(1+j2)\Omega$，求各负载电流。

4.17 题 4.17 图所示电路中，在三相四线制供电线路中，已知电源线电压 $u_{12}=380\sqrt{2}\cos(314t+30°)$V，星形连接的三相负载的复阻抗 $Z_1=Z_2=Z_3=22$ Ω。试求：

(a) 电源的相电压 $\dot{U}_1$、$\dot{U}_2$、$\dot{U}_3$；

(b) 线电流 $\dot{I}_{L1}$、$\dot{I}_{L2}$、$\dot{I}_{L3}$；

(c) 相电流 $\dot{I}_1$、$\dot{I}_2$、$\dot{I}_3$；

(d) 三相总功率 P。

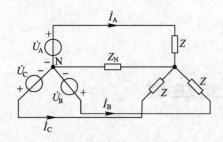

题 4.16 图

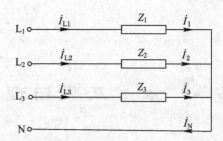

题 4.17 图

4.18　对称三相电源的相电压为 125 V，对称星形负载阻抗为 $(19.9+j14.2)\Omega$，线路阻抗为 $(0.1+j0.8)\Omega$，以电源的 A 相电压为参考，求：

(1) 三个相电流；

(2) 电源处的三个线电压；

(3) 负载处的三个相电压；

(4) 负载处的三个线电压。

第 5 章 互感与理想变压器

5.1 耦合电感元件

当线圈通过变化的电流时，它的周围将建立磁场。如果两个线圈的磁场存在相互作用，则称这两个线圈具有磁耦合。具有磁耦合的两个或两个以上的线圈，称为耦合线圈。当其中一个线圈有交变电流通过时，不仅在自己线圈上产生磁链和电压，还在其它线圈上产生磁链和电压。如果假定各线圈的位置是固定的，并且忽略线圈本身所具有的损耗电阻和匝间分布电容，得到的耦合线圈的理想化模型称为理想耦合电感(coupled inductor)。

5.1.1 耦合电感

如图 5.1.1 所示，电流 i_1 流入一个孤立的线圈，线圈的匝数为 N，i_1 产生的磁通设为 ϕ，则该线圈的磁通链 ψ 应为

$$\psi = N\phi$$

当线圈周围的媒质为非铁磁物质时，磁链 ψ 与产生它的电流 i 成正比，当 ψ 与 i 的参考方向符合右手螺旋法则时，有

$$\psi = Li$$

式中，L 是常量，为线圈的电感，也称为自感，单位为亨（H）。

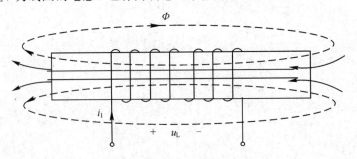

图 5.1.1 电感线圈

当电流 i_1 变化时，磁通 ϕ 和磁通链 ψ 也随之变化，于是在线圈的两端出现感应电压，即自感电压 u_L。如果端口电压 u_L 与电流 i_1 为关联参考方向，且电流 i_1 与磁通的参考方向符合右手螺旋法则，可得电感的伏安关系为

$$u_L = L \frac{\mathrm{d}i}{\mathrm{d}t}$$

图 5.1.2 中，两个耦合线圈 1、2 的匝数分别为 N_1 和 N_2，自感分别为 L_1 和 L_2。线圈

1 中通电流 i_1，线圈 2 中通电流 i_2，i_1 和 i_2 称为施感电流。当 i_1 通过线圈 1 时，线圈 1 中将产生自感磁通 ϕ_{11}，方向如图 5.1.2 所示。ϕ_{11} 在穿越自身的线圈时，所产生的磁通链为 ψ_{11}，称为自感磁通链，$\psi_{11}=N_1\phi_{11}$。ϕ_{11} 的一部分或全部交链线圈 2 时，线圈 1 对线圈 2 的互感磁通为 ϕ_{21}，ϕ_{21} 在线圈 2 中产生的磁通链为 ψ_{21}，称为互感磁通链，$\psi_{21}=N_2\phi_{21}$。同理，线圈 2 中的电流 i_2 也在线圈 2 中产生自感磁通 ϕ_{22} 和自感磁通链 ψ_{22}。在线圈 1 中产生互感磁通 ϕ_{12} 和互感磁通链 ψ_{12}。每个耦合线圈中的磁通链等于自感磁通链和互感磁通链两部分的代数和，设线圈 1 和 2 的总磁通链分别为 ψ_1 和 ψ_2，则

$$\psi_1=\psi_{11}\pm\psi_{12}$$
$$\psi_2=\psi_{22}\pm\psi_{21} \tag{5.1.1}$$

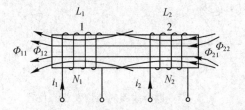

图 5.1.2 两个耦合的电感线圈

当周围空间为线性磁介质时，自感磁通链为

$$\psi_{11}=L_1i_1,\quad \psi_{22}=L_2i_2$$

互感磁通链为

$$\psi_{12}=M_{12}i_2,\quad \psi_{21}=M_{21}i_1$$

式中，L_1 和 L_2 称为自感系数（self – inductance），简称自感；M_{12} 和 M_{21} 称为互感系数，其中 M_{21} 称为线圈 1 中电流对线圈 2 的互感系数，M_{12} 称为线圈 2 的电流对线圈 1 的互感系数，M_{12} 和 M_{21} 简称互感（mutual inductance），单位均为亨利（H）。可以证明 $M_{12}=M_{21}$，所以在只有两个线圈耦合时可以略去 M 的下标，不再区分 M_{12} 和 M_{21}，都用 M 表示。于是两个耦合线圈的磁通链可表示为

$$\psi_1=L_1i_1\pm Mi_2$$
$$\psi_2=\pm Mi_1+L_2i_2 \tag{5.1.2}$$

自感磁通链总为正，互感磁通链可正可负。当互感磁通链的参考方向与自感磁通链的参考方向一致时，彼此相互加强，互感磁通链取正；反之，互感磁通链取负。互感磁通链的方向由它的电流方向、线圈绕向及相对位置决定。

互感的量值反映了一个线圈在另一个线圈产生磁链的能力。在一般情况下，一个耦合线圈的电流产生的磁通只有部分磁通与另一个线圈相交链。如图 5.1.2 所示，ϕ_{21} 只是 ϕ_{11} 的一部分，即 $\phi_{21}\leqslant\phi_{11}$；同理 $\phi_{12}\leqslant\phi_{22}$。为了描述耦合线圈耦合的紧密程度，通常把两线圈的互磁链与自磁链之比的几何平均值定义为耦合系数，用 k 表示。即

$$k=\sqrt{\frac{\psi_{21}}{\psi_{11}}\cdot\frac{\psi_{12}}{\psi_{22}}}=\sqrt{\frac{\phi_{21}}{\phi_{11}}\cdot\frac{\phi_{12}}{\phi_{22}}}=\frac{M}{\sqrt{L_1L_2}}$$

$$k=\frac{M}{\sqrt{L_1L_2}}=\sqrt{\frac{M^2}{L_1L_2}}=\sqrt{\frac{(Mi_1)(Mi_2)}{L_1i_1L_2i_2}}=\sqrt{\frac{\psi_{12}\psi_{21}}{\psi_{11}\psi_{22}}}\leqslant 1$$

由此可知，$0\leqslant k\leqslant 1$。k 值越大，说明两个线圈之间耦合越紧，当 $k=1$ 时，称为全耦

合；当 $k=0$ 时，说明两线圈没有耦合。k 接近 1 称为紧耦合，k 较小时，称为松耦合。

  耦合系数 k 的大小与两线圈的结构、相互位置以及周围磁介质有关。如图 5.1.3(a)所示的两线圈绕在一起，其 k 值可能接近 1。相反，如图 5.1.3(b)所示，两线圈相互垂直，其 k 值可能近似于零。由此可见，改变或调整两线圈的相互位置，可以改变耦合系数 k 的大小；当 L_1、L_2 一定时，调节 k 值也就相应地改变了互感 M 的大小。

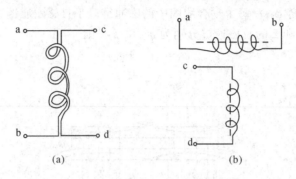

图 5.1.3   耦合线圈的结构及相互位置

  在电子电路和电力系统中，为了更有效地传输信号或功率，总是尽可能紧密地耦合，使 k 尽可能接近 1。一般采用铁磁性材料制成的芯了可达到这一目的。在工程上有时尽量减少互感的作用，以避免线圈之间的相互干扰，这方面除了采用屏蔽手段外，一个有效的方法就是合理布置这些线圈的相互位置，这样可以大大地减小它们的耦合作用，使实际的电器设备或系统少受或不受干扰影响，能正常地运行工作。

5.1.2   耦合电感的伏安关系

  当图 5.1.2 中，两个耦合的电感 L_1 和 L_2 中有变化的电流时，各电感中的磁通链也将随电流的变化而变化。设 L_1 和 L_2 中的电压、电流均为关联参考方向，且电流与磁通符合右手螺旋法则，依据电磁感应定律，由式(5.1.1)和式(5.1.2)可得

$$\begin{cases} u_1 = \dfrac{\mathrm{d}\psi_1}{\mathrm{d}t} = u_{11} \pm u_{12} = L_1 \dfrac{\mathrm{d}i_1}{\mathrm{d}t} \pm M \dfrac{\mathrm{d}i_2}{\mathrm{d}t} \\[3mm] u_2 = \dfrac{\mathrm{d}\psi_2}{\mathrm{d}t} = \pm u_{21} + u_{22} = \pm M \dfrac{\mathrm{d}i_1}{\mathrm{d}t} + L_2 \dfrac{\mathrm{d}i_2}{\mathrm{d}t} \end{cases} \tag{5.1.3}$$

自感电压为

$$u_{11} = L_1 \frac{\mathrm{d}i_1}{\mathrm{d}t}, \quad u_{22} = L_2 \frac{\mathrm{d}i_2}{\mathrm{d}t}$$

互感电压为

$$u_{12} = M \frac{\mathrm{d}i_2}{\mathrm{d}t}, \quad u_{21} = M \frac{\mathrm{d}i_1}{\mathrm{d}t}$$

  式(5.1.3)表示两个耦合电感的电压电流关系，即伏安关系，该式表明耦合电感上的电压是自感电压和互感电压的代数和。u_1 不仅与 i_1 有关也与 i_2 有关，u_2 也如此。u_{12} 是变化的电流 i_2 在 L_1 中产生的互感电压，u_{21} 是变化的电流 i_1 在 L_2 中产生的互感电压。当线圈的电压和电流取关联参考方向时，自感电压总为正，互感电压可正可负。当互感磁通链与自感磁通链相互"增长"（即磁通相助）时，互感电压为正；反之（即磁通相消时）互感电压

为负。

在正弦稳态激励下,耦合电感伏安关系即式(5.1.3)的相量形式为

$$\begin{cases} \dot{U}_1 = j\omega L_1 \dot{I}_1 \pm j\omega M \dot{I}_2 \\ \dot{U}_2 = \pm j\omega M \dot{I}_1 + j\omega L_2 \dot{I}_2 \end{cases} \tag{5.1.4}$$

式中,ωL_1 和 ωL_2 分别为两线圈的自感抗;ωM 为互感抗。

5.1.3　耦合电感的同名端

1. 同名端的定义

上述关于互感电压符号的讨论,判定磁通是相助还是相消,是由线圈上电流的参考方向和两线圈的相对位置及导线绕向来决定的。但实际的线圈往往是密封的,无法看到具体绕向;并且在电路图中绘出线圈的方向也很不方便。为此引入同名端(dotted terminals)的概念。采用同名端标记方法。

两个线圈的同名端是这样规定的:当两个电流分别从两个线圈的对应端子同时流入(或流出)时,若产生的磁通相互增强,则这两个对应端子称为两个互感线圈的同名端,反之为异名端。如图 5.1.4(a)所示,当 i_1 和 i_2 分别从 a、d 端流入时,所产生的磁通相互增强,a 与 d 是一对同名端(b 与 c 也是一对同名端);a 与 c 是一对异名端(b 与 d 也是一对异名端)。在这两个有耦合的线圈同名端处用相同的符号标记,如"·"或"﹡"。

有了同名端的规定,图 5.1.4(a)所示的耦合线圈在电路中可用图 5.1.4(b)所示的有同名端标记的电路模型表示。

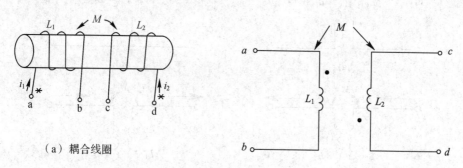

(a) 耦合线圈

图 5.1.4　同名端

耦合电感标注同名端后,且两线圈上电压、电流参考方向标定后,可按下列规则确定自感电压和互感电压的符号:先判断自感电压的符号,自感电压符号由各自线圈的电压、电流参考方向决定,如果线圈电压、电流为关联参考方向,则该线圈的自感电压前取"＋"号,否则取"－";互感电压的符号由同名端判定,若两个耦合电感线圈电流均从各自同名端流入(或流出),则各线圈的互感电压与自感电压符号相同,否则互感电压与自感电压符号相反。

【例 5.1.1】　电路如图 5.1.5 所示,已知四个互感线圈同名端和各线圈上电压、电流的参考方向,试写出每一互感线圈上的电压电流关系。

解　分析图 5.1.5(a)。

线圈 1:由于其电压和电流为关联参考方向,因此自感电压取"＋"号。

线圈 2：由于其电压和电流为关联参考方向，因此自感电压取"＋"号。

互感符号判断：由于两线圈电流均从同名端流入，故磁通相助，则每个线圈的自感电压和互感电压同号。由此可写出图 5.1.5(a)的电压电流关系式：

$$u_1 = L_1 \frac{\mathrm{d}i_1}{\mathrm{d}t} + M \frac{\mathrm{d}i_2}{\mathrm{d}t}, \quad u_2 = M \frac{\mathrm{d}i_1}{\mathrm{d}t} + L_2 \frac{\mathrm{d}i_2}{\mathrm{d}t}$$

同理，可分析出其它线圈上电压和电流的关系。

对于图 5.1.5(b)：

$$u_1 = L_1 \frac{\mathrm{d}i_1}{\mathrm{d}t} - M \frac{\mathrm{d}i_2}{\mathrm{d}t}, \quad u_2 = -M \frac{\mathrm{d}i_1}{\mathrm{d}t} + L_2 \frac{\mathrm{d}i_2}{\mathrm{d}t}$$

对于图 5.1.5(c)：

$$u_1 = L_1 \frac{\mathrm{d}i_1}{\mathrm{d}t} + M \frac{\mathrm{d}i_2}{\mathrm{d}t}, \quad u_2 = -M \frac{\mathrm{d}i_1}{\mathrm{d}t} - L_2 \frac{\mathrm{d}i_2}{\mathrm{d}t}$$

对于图 5.1.5(d)：

$$u_1 = -L_1 \frac{\mathrm{d}i_1}{\mathrm{d}t} - M \frac{\mathrm{d}i_2}{\mathrm{d}t}, \quad u_2 = -M \frac{\mathrm{d}i_1}{\mathrm{d}t} - L_2 \frac{\mathrm{d}i_2}{\mathrm{d}t}$$

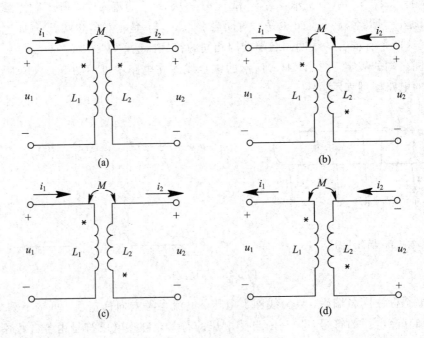

图 5.1.5　例题 5.1.1 电路图

注意：耦合电感上的伏安关系，不仅与耦合电感的同名端位置有关，也与两线圈上电流参考方向及电压参考方向有关。

【例 5.1.2】 在图 5.1.6(a)所示的电路中，已知两线圈的互感 $M=1$ H，电流源 $i(t)$ 的波形如图 5.1.6(b)所示，试求开路电压 u_{CD} 的波形。

解　由于 L_2 线圈开路，其电流为零，因而 L_2 上自感电压为零，L_2 上仅有由电流 i 产生的互感电压。根据 i 的参考方向和同名端位置，则有

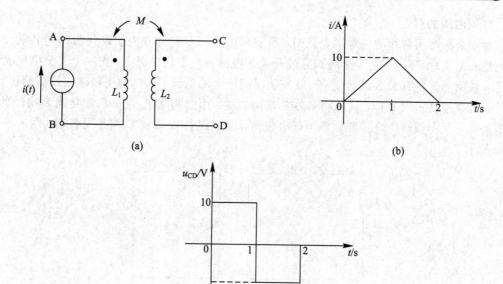

图 5.1.6　例 5.1.2 电路图

$$u_{CD} = M \frac{\mathrm{d}i}{\mathrm{d}t}$$

由图 5.1.6(b)可知：

$0 \leqslant t \leqslant 1$ s 时, $i = 10t$ A, 则

$$u_{CD} = M \frac{\mathrm{d}(10t)}{\mathrm{d}t} = 10 \text{ V}$$

$1 \leqslant t \leqslant 2$ s 时, $i = (-10t + 20)$ A

$$u_{CD} = M \frac{\mathrm{d}(-10t + 20)}{\mathrm{d}t} = -10 \text{ V}$$

$t \geqslant 2$ s 时, $i = 0$, 则

$$u_{CD} = 0$$

开路电压 u_{CD} 的波形如图 5.1.6(c)所示。

　　同名端总是成对出现的，如果有两个以上的线圈彼此间都存在磁耦合，则同名端应一对一对地加以标记，每一对须用不同的符号标出。例如图 5.1.7 中线圈 1 和线圈 2 用小圆点标示的端子为同名端，当电流从这两端子同时流入或流出时，则互感起相助作用。同理，线圈 1 和线圈 3 用星号标示的端子为同名端。线圈 2 和线圈 3 用三角标示的端子为同名端。

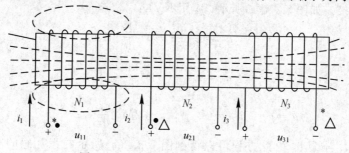

图 5.1.7　互感线圈同名端的表示方法

2. 同名端的测定

对于未标明同名端的一对耦合线圈，我们可以采用实验的方法加以判断其同名端。实验电路如图 5.1.8 所示，把一个线圈通过开关 S 接到一个直流电源上，把一个直流电压表接到另一线圈上。把开关 S 迅速闭合，就有随时间增大的电流 i 从电源正极流入线圈端钮 A，如果电压表指针正向偏转，就说明 C 端为高电位端，由此判断 A 端和 C 端是同名端；如果电压表指针反向偏转，就说明 C 端为低电位端，由此判断 A 端和 D 端是同名端。

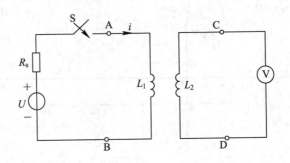

图 5.1.8　测定同名端的实验电路

5.2　耦合电感的去耦等效

本节主要讲述含耦合电感元件电路的基本计算方法。在计算含有耦合电感的正弦稳态电路时，仍然采用相量法，KCL 的形式不变，但在 KVL 表达式中，应计入由于互感的作用而引起的互感电压。

如果我们对含有耦合电感的电路进行等效变换，消去互感，求出它们的去耦等效电路，就可不必计入由于互感的作用而引起的互感电压，最终达到简化这类电路的分析计算的目的。

5.2.1　耦合电感的串并联等效

含耦合电感的电路有多种形式，下面将对具有不同特点的含有耦合电感的电路进行分析，消去互感，得到消去互感后的等效电路。

1. 耦合电感的串联等效

耦合电感的串联方式有两种——顺接串联和反接串联，电流从两个电感的同名端流入（或流出）称为顺接。如图 5.2.1(a)所示，应用 KVL：

$$u_1 = L_1 \frac{\mathrm{d}i}{\mathrm{d}t} + M \frac{\mathrm{d}i}{\mathrm{d}t}$$

$$u_2 = L_2 \frac{\mathrm{d}i}{\mathrm{d}t} + M \frac{\mathrm{d}i}{\mathrm{d}t}$$

$$u = u_1 + u_2 = (L_1 + L_2 + 2M) \frac{\mathrm{d}i}{\mathrm{d}t} = L \frac{\mathrm{d}i}{\mathrm{d}t} \tag{5.2.1}$$

式中，$L = L_1 + L_2 + 2M$，由此方程可以得到图 5.2.1(a)所示的无互感的等效电路，见图 5.2.1(c)。所以顺接时耦合电感可用一个等效电感 L 替代，可见顺接时电感增大。

图 5.2.1(b)为串联反接，反接就是同名端相接，应用 KVL：

$$u_1 = L_1 \frac{\mathrm{d}i}{\mathrm{d}t} - M \frac{\mathrm{d}i}{\mathrm{d}t}$$

$$u_2 = L_2 \frac{\mathrm{d}i}{\mathrm{d}t} - M \frac{\mathrm{d}i}{\mathrm{d}t}$$

$$u = L_1 \frac{\mathrm{d}i}{\mathrm{d}t} - M \frac{\mathrm{d}i}{\mathrm{d}t} + L_2 \frac{\mathrm{d}i}{\mathrm{d}t} - M \frac{\mathrm{d}i}{\mathrm{d}t} = (L_1 + L_2 - 2M) \frac{\mathrm{d}i}{\mathrm{d}t} = L \frac{\mathrm{d}i}{\mathrm{d}t} \qquad (5.2.2)$$

式中，$L = L_1 + L_2 - 2M$，由此方程可以得到图 5.2.1(b)所示的无互感的等效电路，见图 5.2.1(d)。反接时耦合电感可用一个等效电感 L 替代，可见反接时电感变小。

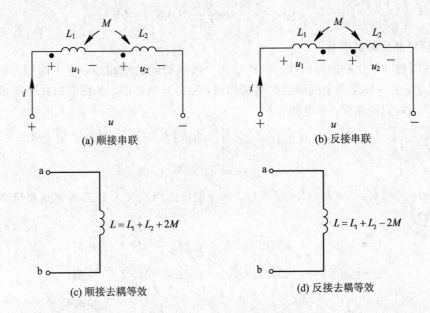

(a) 顺接串联   (b) 反接串联

(c) 顺接去耦等效   (d) 反接去耦等效

图 5.2.1 互感线圈的串联

【例 5.2.1】 电路如图 5.2.2 所示，已知 $L_1 = 1$ H、$L_2 = 2$ H、$M = 0.5$ H、$R_1 = R_2 = 1$ kΩ，正弦电压 $u_s = 100\cos(200\pi t)$ V，试求电流 i 及耦合系数 k。

解 电压 u_s 的相量为

$$\dot{U}_s = 100\angle 0° \text{ V}$$

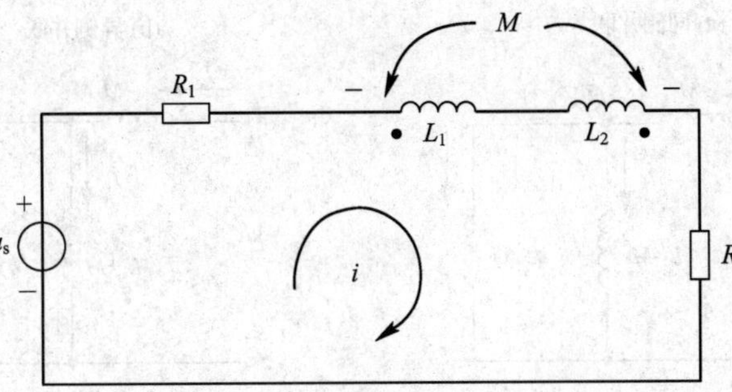

图 5.2.2 例 5.2.1 电路图

因两线圈为反向串联，所以

$$Z_i = R_1 + R_2 + j\omega(L_1 + L_2 - 2M)$$
$$= 2000 + j200\pi(3 - 1)$$
$$= 2000 + j400\pi$$
$$= 2360\angle 32.1°\,\Omega$$

$$\dot{I} = \frac{\dot{U}_s}{Z_i} = 42.3\angle - 32.1°\,\text{mA}$$

$$i = 42.3\cos(200\pi t - 32.1°)\,\text{mA}$$

$$k = \frac{M}{\sqrt{L_1 L_2}} = \frac{0.5}{\sqrt{2 \times 1}} = \frac{0.5}{1.41} = 0.354 = 35.4\%$$

2. 耦合电感的并联等效

互感线圈的并联也有两种形式：一种是两个线圈的同名端相连，称为同侧并联，如图 5.2.3(a)所示；另一种是两个线圈的异名端相连，称为异侧并联，如图 5.2.3(b)所示。在正弦稳态情况下对同侧并联，列电路方程：

$$\begin{cases} \dot{U} = j\omega L_1 \dot{I}_1 + j\omega M \dot{I}_2 \\ \dot{U} = j\omega L_2 \dot{I}_2 + j\omega M \dot{I}_1 \end{cases} \tag{5.2.3}$$

由 $\dot{I} = \dot{I}_1 + \dot{I}_2$ 可得 $\dot{I}_2 = \dot{I} - \dot{I}_1$，$\dot{I}_1 = \dot{I} - \dot{I}_2$，再分别将此两式代入第 1 条支路和第 2 条支路方程中，则有

$$\dot{U} = j\omega L_1 \dot{I}_1 + j\omega M(\dot{I} - \dot{I}_1) = j\omega(L_1 - M)\dot{I}_1 + j\omega M \dot{I}$$

$$\dot{U} = j\omega L_2 \dot{I}_2 + j\omega M(\dot{I} - \dot{I}_2) = j\omega(L_2 - M)\dot{I}_2 + j\omega M \dot{I} \tag{5.2.4}$$

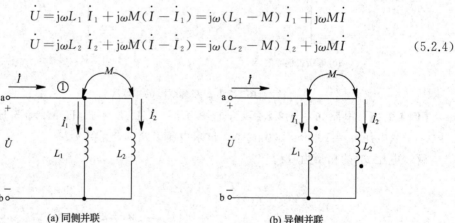

(a) 同侧并联　　　　　　　　　　　　(b) 异侧并联

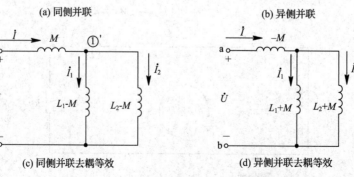

(c) 同侧并联去耦等效　　　　　　　(d) 异侧并联去耦等效

图 5.2.3　互感线圈的并联及去耦等效电路

根据式(5.2.4)的伏安关系及等效的概念,图 5.2.3(a)所示的具有互感的电路就可以用图 5.2.3(c)所示无互感的电路来等效。

同理,对图 5.2.3(b)所示的异侧并联电路也可以得到无互感的等效电路,如图 5.2.3(d)所示。把具有互感的电路转化为等效的无互感的电路的处理方法称为去耦法;而得到的等效的无互感电路称为去耦等效电路。等效电感与电流的参考方向无关。去耦等效电路中的结点,如图 5.2.3(c)中的①′,不是图 5.2.3(a)所示原电路的结点①,原结点移至 M 的前面 a 点。由图 5.2.3(c)可直接求出两个互感线圈同侧并联时的等效电感为

$$L = \frac{L_1 L_2 - M^2}{L_1 + L_2 - 2M}$$

由图 5.2.3(d)可直接求出两互感线圈异侧并联时的等效电感为

$$L = \frac{L_1 L_2 - M^2}{L_1 + L_2 + 2M}$$

5.2.2　耦合电感的 T 形等效

如果耦合电感的 2 条支路各有一端与第 3 条支路形成一个仅含 3 条支路的共同结点,称为耦合电感的 T 形连接。显然耦合电感的并联也属于 T 形连接。T 形连接有两种方式:一种是同名端连在一起的(见图 5.2.4(a))称为同名端为共同端的 T 形连接;另一种是异名端连在一起的(见图 5.2.4(b))称为异名端为共同端的 T 形连接。

对图 5.2.4(a)同名端为共同端相连的电路,其电压方程为

$$\begin{cases} \dot{U}_{13} = j\omega L_1 \dot{I}_1 + j\omega M \dot{I}_2 \\ \dot{U}_{23} = j\omega L_2 \dot{I}_2 + j\omega M \dot{I}_1 \end{cases} \tag{5.2.5}$$

由 KCL 以及 $\dot{I} = \dot{I}_1 + \dot{I}_2$ 得 $\dot{I}_2 = \dot{I} - \dot{I}_1$,$\dot{I}_1 = \dot{I} - \dot{I}_2$,代入式(5.2.5)变换后,得

$$\begin{cases} \dot{U}_{13} = j\omega (L_1 - M) \dot{I}_1 + j\omega M \dot{I} \\ \dot{U}_{23} = j\omega M (L_2 - M) \dot{I}_2 + j\omega M \dot{I} \end{cases} \tag{5.2.6}$$

由式(5.2.6)可得图 5.2.4(a)所示的去耦等效电路,见图 5.2.4(c)。

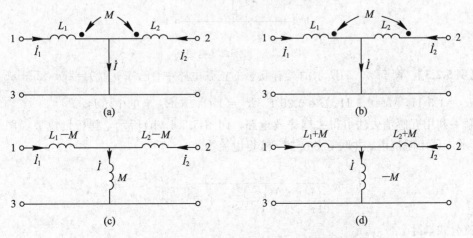

图 5.2.4　互感线圈的 T 形连接及去耦等效电路

同理，两互感线圈异名端为共端的电路(见图 5.2.4(b))的去耦等效电路如图 5.2.4(d)所示。

可归纳如下：如果耦合电感的 2 条支路各有一端与第 3 条支路形成一个仅含 3 条支路的共同结点，则可用 3 条无耦合的电感支路等效替代，3 条支路的等效电感分别为

支路 3：$L_3 = \pm M$(同名端为共同端取"+"，反之取"−")

支路 1：$L_1' = L_1 \mp M$(M 前所取符号与 L_3 中的相反)

支路 2：$L_2' = L_2 \mp M$(M 前所取符号与 L_3 中的相反)

上述分别对具有耦合电感的串联、并联及 T 形电路进行分析，得到了相应的去耦等效电路。在去耦等效电路中采用无互感电路进行分析和计算，但要注意等效的含义。

【例 5.2.2】 在图 5.2.5 所示的互感电路中，ab 端加 10 V 的正弦电压，已知电路的参数为 $R_1 = R_2 = 3\ \Omega$，$\omega L_1 = \omega L_2 = 4\ \Omega$，$\omega M = 2\ \Omega$。求 cd 端的开路电压。

解 因为 cd 端开路时，线圈 2 中无电流，因此，在线圈 1 中没有互感电压。以 ab 端电压为参考电压，得

$$\dot{U}_{ab} = 10\angle 0°\ \text{V}$$

$$\dot{I} = \frac{\dot{U}_{ab}}{R + j\omega L_1} = \frac{10\angle 0°}{3 + j4} = 2\angle -53.1°\ \text{A}$$

由于线圈 L_2 中没有电流，因而 L_2 上无自感电压。但 L_1 上有电流，因此线圈 L_2 中有互感电压，根据电流及同名端的方向可知，cd 端的电压为

$$\dot{U}_{cd} = j\omega M \dot{I}_1 + \dot{U}_{ab} = j2\angle -53.1° + 10 = 4\angle 36.9° + 10 = 13.4\angle 10.3°\ \text{V}$$

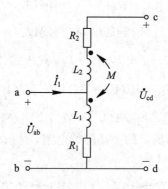

图 5.2.5　例 5.2.2 电路图

【例 5.2.3】 图 5.2.6(a)所示的具有互感的正弦电路中，已知 $u_s(t) = 2\cos(2t + 45°)$ V，$L_1 = L_2 = 1.5$ H，$M = 0.5$ H，$C = 0.25$ F，$R_L = 1\ \Omega$，求 R_L 上的电流 $\dot{I}_{Lm}$。

解 利用互感消去法可得去耦等效电路，如图 5.2.6(b)所示，其相量模型如图 5.2.6(c)所示。利用阻抗串、并联等效变换，求得电流为

$$\dot{I}_m = \frac{\dot{U}_{sm}}{\dfrac{(1+j2)(j-j2)}{(1+j2)+(j-j2)} + j2} = 2\sqrt{2}\angle 0°\ \text{A}$$

由分流公式，得

$$\dot I_{\text{Lm}}=\frac{\text{j}-\text{j}2}{1+\text{j}2+\text{j}-\text{j}2}\dot I_{\text{m}}=2\angle-135°\text{ A}$$

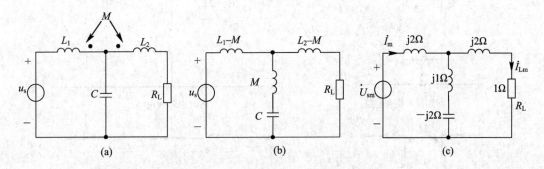

图 5.2.6　例 5.2.3 电路图

【例 5.2.4】 电路如图 5.2.7(a)所示，试写出网孔电路方程。

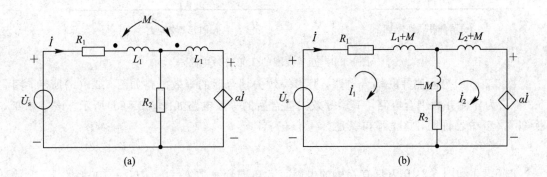

图 5.2.7　例 5.2.4 电路图

解　画出去耦等效电路，如图 5.2.7(b)所示，列写网孔电流方程：

$$\begin{cases}[R_1+R_2+\text{j}\omega(L_1+M-M)]\dot I_1-(R_2-\text{j}\omega M)\dot I_2=\dot U_s\\-(R_2-\text{j}\omega M)\dot I_1+[R_2+\text{j}\omega(L_2+M-M)]\dot I_2=-\alpha\dot I\\\dot I=\dot I_1\end{cases}$$

整理得

$$\begin{cases}[R_1+R_2+\text{j}\omega L_1]\dot I_1-(R_2-\text{j}\omega M)\dot I_2=\dot U_s\\-(-\alpha+R_2-\text{j}\omega M)\dot I_1+(R_2+\text{j}\omega L_2)\dot I_2=0\end{cases}$$

5.2.3　仿真实验

1. 实验目的

（1）验证互感消去法的正确性。

（2）通过仿真实验掌握互感消去法的基本概念和理论分析原理。

2. 实验原理

1）理论分析

T 形等效电路的去耦原理如图 5.2.8 所示。

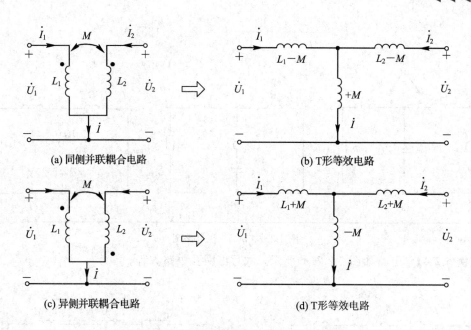

(a) 同侧并联耦合电路　　　　　(b) T形等效电路

(c) 异侧并联耦合电路　　　　　(d) T形等效电路

图 5.2.8　互感线圈的 T 形等效电路

图 5.2.8(a)为同侧并联耦合电路，T 形等效去耦合后的等效电路如图 5.2.8(b)所示，图 5.2.8(c)为异侧并联耦合电路，T 形等效去耦合后的等效电路如图 5.2.8(d)所示，该等效变换在 5.2 节中已证明，这里不再赘述。

2）实例

图 5.2.9 和图 5.2.10 为具有互感的电路，已知耦合系数 $k = 0.5$，$\dot{U}_1 = 100\angle 0° \text{ V}$，$R = 4\ \Omega$，$X_{L1} = 16\ \Omega$，$X_{L2} = 4\ \Omega$，$X_C = 8\ \Omega$。求输出电压的大小和相位。

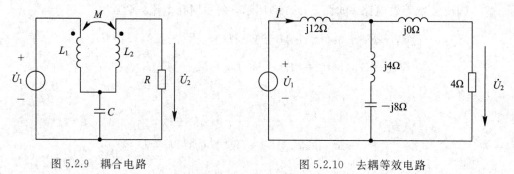

图 5.2.9　耦合电路　　　　　　图 5.2.10　去耦等效电路

理论解：先将图 5.2.9 所示的电路去耦合，去耦后的等效电路如图 5.2.10 所示。

$$\omega M = k\sqrt{\omega L_1 \times \omega L_2} = 0.5 \times 8 = 4\ \Omega$$

$$Z = \text{j}12 + \frac{4 \times (\text{j}4 - \text{j}8)}{4 + (\text{j}4 - \text{j}8)} = 2\sqrt{26}\angle 78.69°\ \Omega$$

$$\dot{I} = \frac{\dot{U}_1}{Z} = \frac{100\angle 0°}{2\sqrt{26}\angle 78.69°} = \frac{25\sqrt{26}}{13}\angle -78.69°\ \text{A}$$

$$\dot{U}_2 = \frac{-\text{j}4}{4 - \text{j}4} \times \frac{25\sqrt{26}}{13}\angle -78.69° \times 4 = 27.735\angle -123.69°\ \text{V}$$

可见，U_2 滞后 U_1 的角度为 123.69°，U_2 有效值为 27.735 V。

3. 仿真实验

按照图 5.2.9 所示的电路搭建仿真电路，如图 5.2.11 所示。

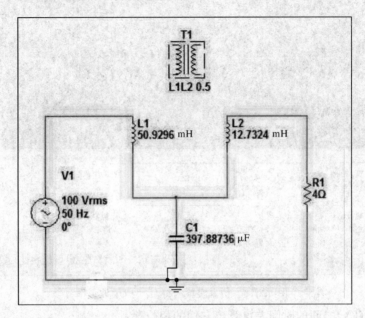

图 5.2.11　仿真电路图

电阻两端接一电压表，可测得 U_2 的电压有效值，如图 5.2.12 所示，示波器 A 口测 U_1 的电压波形，B 口测 U_2 的电压波形，波形如图 5.2.13 所示。

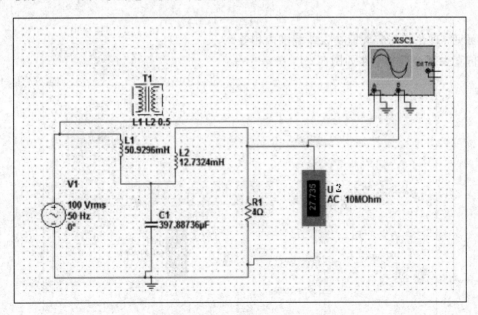

图 5.2.12　仿真电路实验运行时测得电阻两端电压

图 5.2.12 中，U_2 的读数为 27.735 V，实验值与理论值在误差范围内相同。

观察图 5.2.13 所示的波形，根据两条波形到达同一点所用时间的时间差，即蓝色线

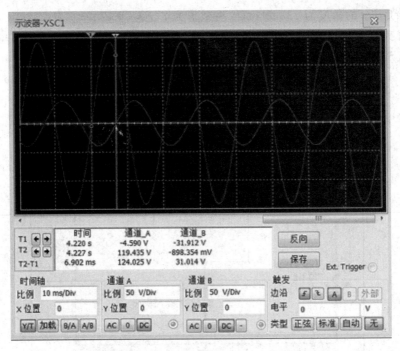

图 5.2.13　仿真实验测得 U_1 与 U_2 波形图

(U_1) 与黄色线(U_2)之间的时间差可算出它们的相位差：

$$\varphi = 2 \times 180 \times 50 \times (-6.902 \times 10^{-3}) = -124.24°$$

即 U_2 滞后 U_1 的角度为 124.25°，又因为 $\dot{U}_1 = 100\angle 0°$ V，所以

$$\dot{U}_2 = 27.735\angle -124.25° \text{ V}$$

由此可见，理论值与实验值在误差范围内相等。

仿真去耦合后的电路如图 5.2.14 所示。

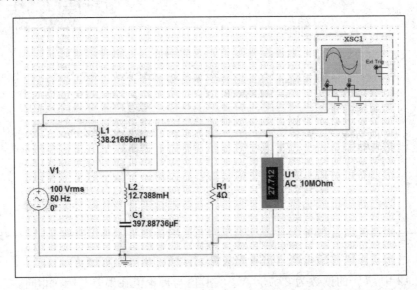

图 5.2.14　去耦合后等效电路仿真实验图

图 5.2.14 的 U_2 读数为 27.712 V，与理论值在误差范围内相等。波形图与图 5.2.13 相同，所以相位差与理论值在误差范围内也相等。

5.3　理 想 变 压 器

变压器是利用电磁感应原理传输电能或电信号的器件，它常应用在电力系统和电子电路中。在输电方面，当输送功率和负载功率因数一定时，电压越高，则线路电流越小。这不仅可以减小输电线的截面积，节省材料，同时还可以减小线路的功率损耗。故在输电时必须利用变压器将电压升高。在用电方面，为了保证用电安全和合乎用电设备的电压要求，还要用变压器将电压降低。

变压器由两个耦合线圈绕在一个共同的芯子上制成，其中一个线圈与电源相连称为初级线圈，所形成的回路称为原边回路（或初级回路）；另一线圈与负载相连称为次级线圈，所形成的回路称副边回路（或次级回路）。理想变压器（ideal transformer）是从实际变压器中抽象出来的理想化模型，主要是为了方便分析变压器电路。

变压器种类很多，应用广泛，但基本结构和工作原理相同。

5.3.1　理想变压器的伏安关系

理想变压器可看成是耦合电感的极限情况，也就是变压器要同时满足如下三个理想化条件：

(1) 变压器本身无损耗。这意味着绕制线圈的金属导线无电阻，或者说绕制线圈的金属导线的导电率为无穷大，其铁芯的导磁率为无穷大。

(2) 耦合系数 $k=1$，$k=\dfrac{M}{\sqrt{L_1 L_2}}=1$ 即全耦合。

(3) L_1、L_2 和 M 均为无限大，但保持 $\sqrt{\dfrac{L_1}{L_2}}=n$ 不变，n 为匝数比。

理想变压器由于满足三个理想化条件与互感线圈在性质上有着本质的不同，下面重点讨论理想变压器的主要性能。

1. 电压关系

图 5.3.1 为满足上述三个理想条件的耦合线圈，由于 $k=1$，所以流过变压器初级线圈的电流 i_1 所产生的磁通 Φ_{11} 将全部与次级线圈相交链，即 $\Phi_{21}=\Phi_{11}$；同理，i_2 产生的磁通 Φ_{22} 也将全部与初次级线圈相交链，所以 $\Phi_{12}=\Phi_{22}$。这时，穿过两线圈的总磁通或称为主磁通相等，总磁通 Φ 为

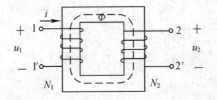

图 5.3.1　满足三个理想条件的耦合线圈

$$\Phi = \Phi_{11} + \Phi_{12} = \Phi_{22} + \Phi_{21} = \Phi_{11} + \Phi_{22}$$

总磁通在两线圈中分别产生感应电压 u_1 和 u_2，即

$$u_1 = N_1 \frac{\mathrm{d}\Phi}{\mathrm{d}t}, \quad u_2 = N_2 \frac{\mathrm{d}\Phi}{\mathrm{d}t}$$

由此可得理想变压器的电压关系为

$$\frac{u_1}{u_2} = \frac{N_1}{N_2} = n \tag{5.3.1}$$

式中，N_1 与 N_2 分别是初线线圈和次级线圈的匝数，n 称为匝数比或变比。

图 5.3.1 的理想变压器模型如图 5.3.2 所示，可见 u_1、u_2 参考方向的"+"极设在同名端，则 u_1 与 u_2 之比等于 N_1 与 N_2 之比。如果 u_1、u_2 参考方向的"+"极设在异名端，如图 5.3.3 所示，则 u_1 与 u_2 之比为

$$\frac{u_1}{u_2} = -\frac{N_1}{N_2} = -n$$

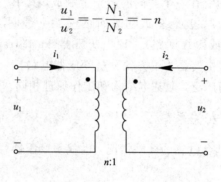

图 5.3.2　理想变压器符号

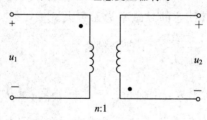

图 5.3.3　电压参考方向的"+"极设在变压器的异名端

注意：在进行理想变压器的电压关系分析计算时，电压关系式的正负号取决于两电压的参考方向的极性与同名端的位置，和两线圈中电流参考方向无关。

2. 电流关系

理想变压器不仅可以进行变压，而且也具有变流的特性。理想变压器如图 5.3.2 所示，其耦合电感的伏安关系为

$$u_1 = L_1 \frac{\mathrm{d}i_1}{\mathrm{d}t} + M \frac{\mathrm{d}i_2}{\mathrm{d}t}$$

其相量形式为

$$\dot{U}_1 = \mathrm{j}\omega L_1 \dot{I}_1 + \mathrm{j}\omega M \dot{I}_2$$

可得

$$\dot{I}_1 = \frac{\dot{U}_1}{\mathrm{j}\omega L_1} - \frac{M}{L_1}\dot{I}_2 = \frac{\dot{U}_1}{\mathrm{j}\omega L_1} - \sqrt{\frac{L_2}{L_1}}\dot{I}_2$$

根据理想化的条件(3)，$L_1 \to \infty$，但$\sqrt{\dfrac{L_1}{L_2}} = n$，所以上式可整理为

$$\dot{I}_1 = -\sqrt{\frac{L_2}{L_1}}\,\dot{I}_2, \quad \frac{\dot{I}_1}{\dot{I}_2} = -\frac{1}{n}$$

即

$$\frac{i_1}{i_2} = -\frac{1}{n} \tag{5.3.2}$$

式(5.3.2)表示，当初、次级电流 i_1、i_2 分别从同名端流入（或流出）时，i_1 与 i_2 之比等于负的 N_2 与 N_1 之比。如果 i_1、i_2 参考方向从异名端流入，如图 5.3.4 所示，则 i_1 与 i_2 之比等于 N_2 与 N_1 之比。

$$\frac{i_1}{i_2} = \frac{1}{n}$$

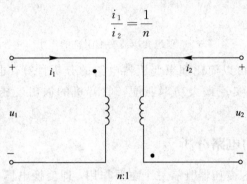

图 5.3.4　电流的参考方向从变压器异名端流入

3. 功率

通过以上分析可知，不论理想变压器的同名端如何，由理想变压器的伏安关系，总有

$$u_1 i_1 + u_2 i_2 = 0$$

这表明它吸收的瞬时功率恒等于零，它是一个既不耗能也不储能的无记忆的多端元件。在电路图中，理想变压器虽然也用线圈作为电路符号，但这符号并不意味着电感的作用，它仅代表式(5.3.1)和式(5.3.2)中电压之间及电流之间的约束关系。

在实际工程中，永远不可能满足理想变压器的三个理想条件，实际使用的变压器都不是理想变压器。为了使实际变压器的性能接近理想变压器，一方面尽量采用具有高导磁率的铁磁性材料做芯子；另一方面尽量紧密耦合，使 k 接近于 1，并在保持变比不变的前提下，尽量增加原、副线圈的匝数。在实际工程计算中，在误差允许的情况下，把实际变压器看做理想变压器，可简化计算过程。

4. 阻抗变换性质

从上述分析可知，理想变压器可以起到改变电压及改变电流大小的作用。从下面的分析可以看出，它还具有改变阻抗大小的作用。图 5.3.5 (a)所示的电路在正弦稳态下，理想变压器次级所接的负载阻抗为 Z_L，则从初级看进去的输入阻抗为

$$Z_{in} = \frac{\dot{U}_1}{\dot{I}_1} = \frac{n\dot{U}_2}{-\frac{1}{n}\dot{I}_2} = n^2\left(-\frac{\dot{U}_2}{\dot{I}_2}\right) = n^2 Z_L \tag{5.3.3}$$

式(5.3.3)表明，当次级接阻抗 Z_L 时，对初级来说，相当于接一个 $n^2 Z_L$ 的阻抗，如图 5.3.5(b)所示，Z_{in} 称为次级对初级的折合阻抗(referred impedance)。可以证明，折合阻抗的计算与同名端无关。可见理想变压器具有变换阻抗的作用。理想变压器的阻抗变换的作用只改变原阻抗的大小，不改变原阻抗的性质。也就是说，负载阻抗为感性时折合到初级的阻抗也为感性，负载阻抗为容性时折合到初级的阻抗也为容性。

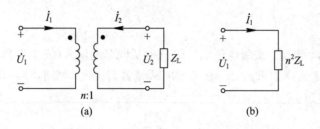

图 5.3.5　理想变压器变换阻抗的作用

利用阻抗变换性质，可以简化理想变压器电路的分析计算，也可以利用改变匝数比的方法来改变输入阻抗，实现最大功率匹配。收音机的输出变压器就是为此目的而设计的。

5.3.2　含理想变压器的电路分析

从以上分析可知，理想变压器具有三个主要作用，即变换电压、电流和阻抗。在对含有理想变压器的电路进行分析时，还要注意同名端及电流电压的参考方向，因为当同名端及电流电压的参考方向变化时，伏安关系的表达式的符号也要随之变换。下面举例说明含理想变压器的电路分析。

【例 5.3.1】　电路如图 5.3.6(a)所示，已知 $R_L = \sqrt{2}$ Ω，$Z_s = 100 + j100$ Ω，为使 R_L 上获得最大功率，求理想变压器的变比 n。

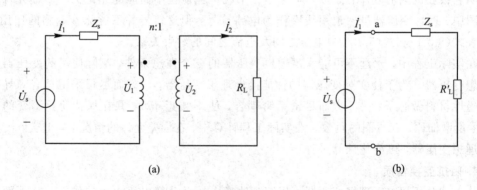

图 5.3.6　例题 5.3.1 电路图

解　作出原电路的初级等效电路，见图 5.3.6(b)，由阻抗变换关系得

$$R'_L = n^2 R_L = n^2 \sqrt{2} \text{ Ω}$$

由获得最大功率应满足模匹配的条件，可知

$$R'_L = \sqrt{100^2 + 100^2} = 100\sqrt{2} \text{ Ω}$$

所以

$$n^2\sqrt{2}=100\sqrt{2}$$
$$n=10$$

【例 5.3.2】　求图 5.3.7(a)所示电路负载电阻上的电压 $\dot{U}_2$。

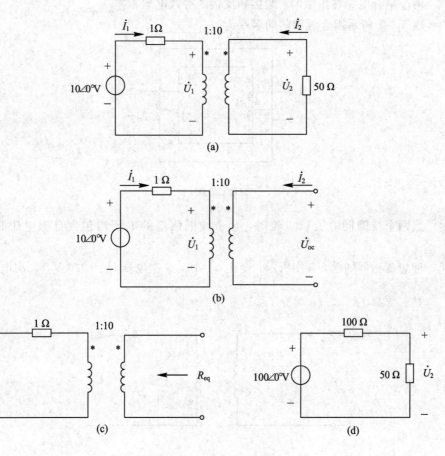

图 5.3.7　例题 5.3.2 电路图

解　应用戴维宁定理。首先，根据图 5.3.7(b)求 $\dot{U}_{oc}$。

因为 $\dot{I}_2=0$，所以 $\dot{I}_1=0$，有

$$\dot{U}_{oc}=10\dot{U}_1=10\dot{U}_s=100\angle 0°\text{ V}$$

由图 5.3.7(c)求等效电阻 R_{eq}。由 $n=\dfrac{1}{10}$，在次级得到的等效电阻应为

$$R_{eq}=\frac{1}{n^2}\times R_1=10^2\times 1=100\text{ }\Omega$$

戴维宁等效电路如图 5.3.7(d)所示，则

$$\dot{U}_2=\frac{100\angle 0°}{100+50}\times 50=33.33\angle 0°\text{ V}$$

习 题 5

5.1 耦合电感的耦合系数 $k=0$，说明耦合电感的耦合程度为_____。

5.2 两个耦合电感在串联时，顺接和反接的等效电感相差_____。

5.3 题 5.3 图所示耦合线圈的同名端为_____。

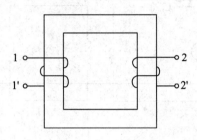

题 5.3 图

5.4 当两个线圈同时通以电流时，每个线圈两端的电压均包含自感电压和_____电压。

5.5 理想变压器如题 5.5 图所示，变比 $n=10$，一次电压 $U_1=220$ V，二次电压 U_2 为_____。

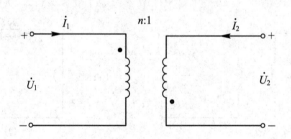

题 5.5 图

5.6 理想变压器如题 5.6 图所示，变比 $n=5$，一次端电流 $I_1=1$ A，二次端电流 I_2 为_____。

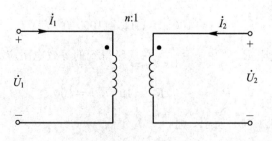

题 5.6 图

5.7 理想变压器如题 5.7 所示，变比为 $10:1$，电阻 R_L 为_____时获得最大功率。

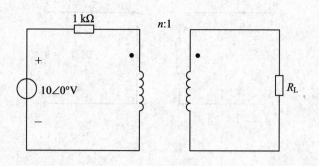

题 5.7 图

5.8　理想变压器如题 5.8 图所示，变比为 $10 : 1$，电压 $\dot{U}_2 =$ _____ 。

5.9　理想变压器如题 5.9 图所示，如果使 $10\ \Omega$ 电阻获得最大功率，理想变压器的变比为 _____ 。

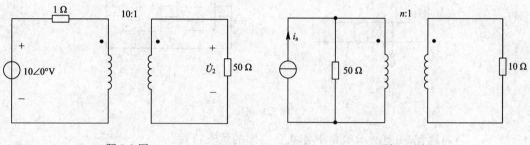

题 5.8 图　　　　　　　　　　　　　题 5.9 图

5.10　电路如题 5.10 图所示，则感应电压 u_1 为（　　）。

A. $L\dfrac{\mathrm{d}i_1}{\mathrm{d}t} + M\dfrac{\mathrm{d}i_2}{\mathrm{d}t}$ 　　　　　　　B. $L\dfrac{\mathrm{d}i_1}{\mathrm{d}t} - M\dfrac{\mathrm{d}i_2}{\mathrm{d}t}$

C. $-L\dfrac{\mathrm{d}i_1}{\mathrm{d}t} - M\dfrac{\mathrm{d}i_2}{\mathrm{d}t}$ 　　　　　　D. $-L\dfrac{\mathrm{d}i_1}{\mathrm{d}t} + M\dfrac{\mathrm{d}i}{\mathrm{d}t}$

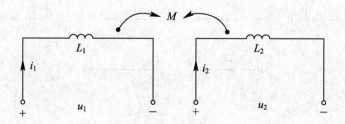

题 5.10 图

5.11　理想变压器原边与副边的匝数比等于（　　）。

A. $-\sqrt{\dfrac{L_2}{L_1}}$ 　　　B. $\sqrt{\dfrac{L_2}{L_1}}$ 　　　C. $-\sqrt{\dfrac{L_1}{L_2}}$ 　　　D. $\sqrt{\dfrac{L_1}{L_2}}$

5.12　理想变压器如题 5.12 图副边与原边的电流比为（　　）。

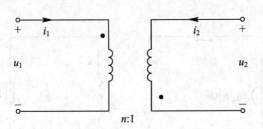

题 5.12 图

A. $-n$ B. n C. $-\dfrac{1}{n}$ D. $\dfrac{1}{n}$

5.13 试确定题图 5.13 所示电路中耦合线圈的同名端。

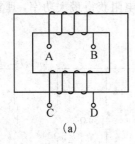

(a)

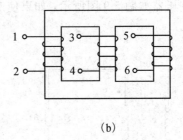

(b)

题 5.13 图

5.14 写出题 5.14 图所示电路中各耦合电感的伏安特性。

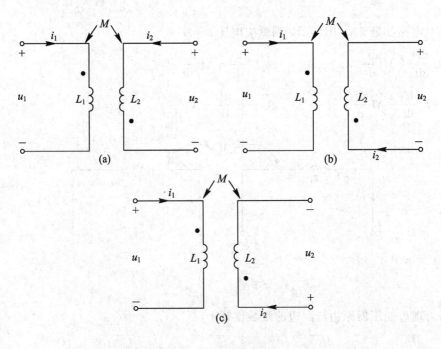

题 5.14 图

5.15　如题 5.15 图所示电路中，已知 $L_1 = 6$ H，$L_2 = 3$ H，$M = 4$ H。试求从端子 $1-1'$ 看进去的等效电感。

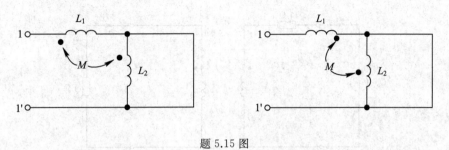

题 5.15 图

5.16　电路如题 5.16 图所示，求输出电压 $\dot{U}_2$。

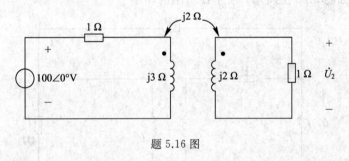

题 5.16 图

5.17　电路如题 5.17 图所示。(1) 试选择合适的匝数比使传输到负载上的功率达到最大；(2) 求 1 Ω 负载上获得的最大功率。

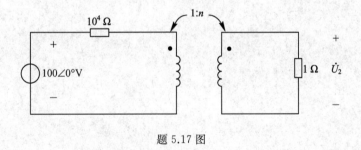

题 5.17 图

5.18　电路如题 5.18 图所示，为理想变压器，已知 $\dot{U}_s = 10\angle 0°$ V，求 $\dot{U}_2$。

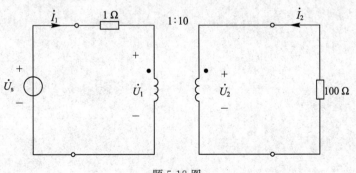

题 5.18 图

5.19 电路如题 5.19 图所示，为理想变压器，$\dot{U}_s=100\angle 0°$ V，求 n 为多少时负载可获得最大功率。

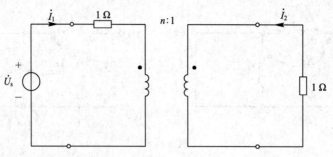

题 5.19 图

5.20 电路如题 5.20 图所示，求 4 Ω 电阻的功率。

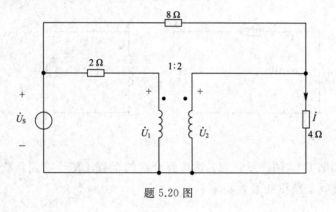

题 5.20 图

第 **6** 章　电路频率响应

含有电感、电容的正弦稳态电路，其阻抗是频率的函数，致使电路响应随频率变化。本章将分析电源频率变化对电路中电压和电流的影响，分析的任务就是电路的频率响应。

6.1　网络函数与频率响应

6.1.1　网络函数

在正弦稳态电路分析中，对于一个在单一给定频率的正弦电压或电流激励下的线性时不变电路而言，其稳态响应是与输入同频率的正弦量。但是，由于电路中存在电容、电感，它们都是频率的函数，响应的幅值和相位与输入的不同，电路对于不同频率激励信号的响应是不同的，即当不同频率的正弦激励源作用于同一电路时，即便它们的振幅和初相位都相同，所对应的响应的振幅和初相位仍会因输入频率的不同而彼此不同。这种在正弦稳态条件下电路的响应随激励频率改变而相应发生变化的性质称为电路的频率响应，又称频率特性。通常是采用单输入（一个激励量）、单输出（一个输出量）的方式，在输入变量和输出变量之间建立函数关系来描述电路的频率特性，这样的函数关系就称为电路的网络函数。

网络函数定义为电路的响应相量与电路的激励相量之比，以符号 $H(\mathrm{j}\omega)$ 表示，即

$$H(\mathrm{j}\omega) \xlongequal{\text{def}} \frac{\dot{R}_n(\mathrm{j}\omega)}{\dot{E}_{sm}(\mathrm{j}\omega)} \tag{6.1.1}$$

式中，$\dot{R}_n(\mathrm{j}\omega)$ 为输出端口 n 的响应，既可以是电压相量 $\dot{U}_n(\mathrm{j}\omega)$，也可以是电流相量 $\dot{I}_n(\mathrm{j}\omega)$；$\dot{E}_{sm}(\mathrm{j}\omega)$ 为输入端口 m 的输入变量（正弦激励），既可以是电压源相量 $\dot{U}_{sm}(\mathrm{j}\omega)$，也可以是电流源相量 $\dot{I}_{sm}(\mathrm{j}\omega)$。

网络函数可以分为两大类：① 若响应相量和激励相量位于同一对端钮上，所定义的网络函数称为驱动点函数或策动点函数；② 若响应相量和激励相量各处于不同的端钮对上，所定义的网络函数称为转移函数（又称为传递函数）。每一类网络函数还可以细分为多种。

根据网络函数的定义，对于图 6.1.1(a) 所示的电路，$\dot{U}_s$ 为电压源相量，$\dot{I}_1$ 为响应相量，则 N 的网络函数为

$$H_1(\mathrm{j}\omega) = \frac{\dot{I}_1}{\dot{U}_s} \tag{6.1.2}$$

称为驱动点导纳函数。

对于图 6.1.1(b)所示的电路，$\dot{I}_s$ 为电流源相量，$\dot{U}_1$ 为响应相量，则 N 的网络函数

$$H_2(j\omega) = \frac{\dot{U}_1}{\dot{I}_s} \tag{6.1.3}$$

称为驱动点阻抗函数。

对于图 6.1.1(c)所示的电路，若以$\dot{U}_2$ 为响应相量，则 N 的网络函数

$$H_3(j\omega) = \frac{\dot{U}_2}{\dot{U}_s} \tag{6.1.4}$$

称为转移电压比。

若以$\dot{I}_2$ 为响应相量，则 N 的网络函数

$$H_4(j\omega) = \frac{\dot{I}_2}{\dot{U}_s} \tag{6.1.5}$$

称为转移导纳函数。

对于图 6.1.1(d)所示电路，若以$\dot{U}_2$ 为响应相量，则 N 的网络函数

$$H_5(j\omega) = \frac{\dot{U}_2}{\dot{I}_s} \tag{6.1.6}$$

称为转移阻抗函数。

若以$\dot{I}_2$ 为响应相量，则 N 的网络函数

$$H_6(j\omega) = \frac{\dot{I}_2}{\dot{I}_s} \tag{6.1.7}$$

称为转移电流比。

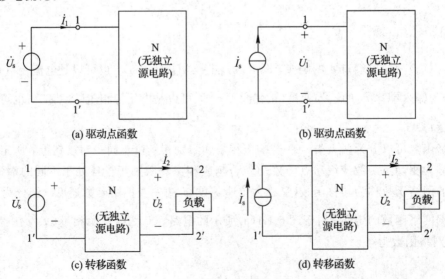

图 6.1.1 定义网络函数使用电路

显而易见,式(6.1.2)和式(6.1.5)的网络函数单位为西门子(S);式(6.1.3)和式(6.1.6)的网络函数单位为欧姆(Ω);式(6.1.4)和式(6.1.7)的网络函数无单位。

这里需要指出的是:当所讨论的网络一定时,若选择的激励端、响应端不同,则其网络函数形式亦可以是不同的,但都是频率的复函数。

6.1.2　网络频率特性

一般情况下,含动态元件电路的网络函数 $H(\mathrm{j}\omega)$ 是频率的复函数,将它写为指数表示形式,有

$$H(\mathrm{j}\omega) = \left| H(\mathrm{j}\omega) \right| \mathrm{e}^{\mathrm{j}\varphi(\omega)} \qquad (6.1.8)$$

式中,$\left| H(\mathrm{j}\omega) \right|$ 称为网络函数的模,它反映了电路响应和激励的幅值之比与频率的函数关系,称为幅度频率特性,简称幅频特性;$\varphi(\omega)$ 称为网络函数的辐角,它表明电路响应相量和激励相量的相位差与频率的函数关系,称为相位频率特性,简称相频特性。显然,$\left| H(\mathrm{j}\omega) \right|$ 和 $\varphi(\omega)$ 均为频率 ω 的函数,且 $\left| H(\mathrm{j}\omega) \right| \geqslant 0$。因为这两者全面地表征了电路响应与频率的关系,所以合称为频率响应或频率特性。

为了直观地反映电路的频率特性,可以将幅频特性和相频特性分别画成曲线,称为电路的幅频特性曲线和相频特性曲线,合称为频率特性曲线。

根据网络的幅频特性,可将网络分为低通、高通、带通、带阻、全通网络,也称为相应的低通、高通、带通、带阻、全通滤波器,对应的理想滤波器的幅频特性分别如图 6.1.2(a)~(e)所示。图中"通带"表示频率处于这个区域的激励源信号(又称输入信号)可以通过,顺利到达输出端,产生响应信号输出;"止带"表示频率处于这个区域的激励信号被网络阻止,不能到达输出端和产生输出信号,即被滤除了。滤波器名称的由来就源于此。符号 ω_{c} 被称为截止角频率。图 6.1.2(a)(低通滤波器)中的 ω_{c} 表示角频率高于 ω_{c} 的输入信号被截止,不产生输出信号,它的通频带宽度为 $\mathrm{BW}=0\sim\omega_{c}$。图 6.1.2(b)(高通滤波器)中的 ω_{c} 表示角频率低于 ω_{c} 的输入信号被截止,不产生输出信号,它的通频带宽度为 $\mathrm{BW}=\omega_{c}\sim\infty$。图 6.1.2(c)(带通滤波器)中的 ω_{c1}、ω_{c2} 分别称为下、上截止角频率,其意为角频率低于 ω_{c1} 的输入信号和角频率高于 ω_{c2} 的输入信号被截止,不产生输出信号,它的通频带宽度为 $\mathrm{BW}=\omega_{c1}\sim\omega_{c2}$。图 6.1.2(d)(带阻滤波器)中的 ω_{c1}、ω_{c2} 亦分别称为下、上截止角频率,其意为

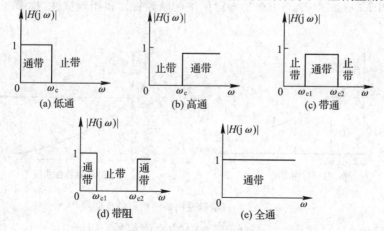

图 6.1.2　理想滤波器的幅频特性

角频率高于 ω_{c1} 而低于 ω_{c2} 的输入信号被截止,不产生输出信号,它的带阻宽度为 $\omega_{c1}\sim\omega_{c2}$,它的通带要分作两段表示,即 $\mathrm{BW}=\begin{cases}0\sim\omega_{c1}\\\omega_{c2}\sim\infty\end{cases}$。对于带阻滤波器来说,人们更关注的是它的带阻宽度。图 6.1.2(e)(全通滤波器)中无截止角频率 ω_c,意味着对于所有频率分量的输入信号都能通过网络,到达输出端,产生输出信号。

6.2 常用 *RC* 一阶电路的频率特性

6.2.1 *RC* 一阶低通电路的频率特性

在图 6.2.1 所示的电路中,若选 $\dot{U}_1$ 为激励相量,$\dot{U}_2$ 为响应相量,则网络函数为

$$H(\mathrm{j}\omega)=\frac{\dot{U}_2}{\dot{U}_1}=\frac{\dfrac{1}{\mathrm{j}\omega C}}{R+\dfrac{1}{\mathrm{j}\omega C}}=\frac{1}{1+\mathrm{j}\omega RC}=\left|H(\mathrm{j}\omega)\right|\mathrm{e}^{\mathrm{j}\varphi(\omega)} \tag{6.2.1}$$

式中:

$$\left|H(\mathrm{j}\omega)\right|=\frac{1}{\sqrt{1+\omega^2R^2C^2}} \tag{6.2.2}$$

$$\varphi(\omega)=-\arctan(\omega RC) \tag{6.2.3}$$

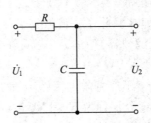

图 6.2.1 *RC* 一阶低通网络

根据式(6.2.2)和式(6.2.3)可分别画得网络的幅频特性和相频特性,如图 6.2.2(a)、(b)所示。

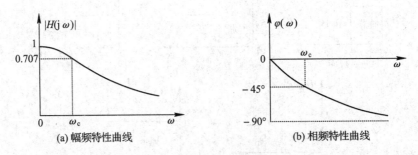

图 6.2.2 *RC* 一阶低通网络的频率特性曲线

由图 6.2.2(a)、(b)可见:当 $\omega=0$ 时,输入为直流信号,$\left|H(\mathrm{j}0)\right|=1$,$\varphi(0)=0°$,这说明输出信号电压与输入信号电压大小相等、相位相同;当 $\omega=\infty$ 时,$\left|H(\mathrm{j}\infty)\right|=0$,$\varphi(\infty)=$

$-90°$，这说明输出信号电压大小为 0，而相位滞后输入信号电压 $90°$。由此可见，对图 6.2.1 所示的电路来说，直流和低频信号容易通过，而高频信号受到抑制，所以这样的网络属于低通网络。但从图 6.2.2(a) 所示网络的幅频特性看，它与图 6.1.2(a) 所示理想低通的幅频特性相比有着明显的差异。那么它的截止角频率如何确定呢？

实际低通网络的截止角频率是指网络函数的幅值 $|H(j\omega)|$ 下降到 $|H(j0)|$ 值的 $1/\sqrt{2}$ 时所对应的角频率，记为 ω_c。对图 6.2.1 所示的 RC 一阶低通网络，因 $|H(j0)|=1$，所以按 $|H(j\omega_c)|=\dfrac{1}{\sqrt{2}}$ 来求截止频率。由 (6.2.2) 式得

$$|H(j\omega_c)|=\frac{1}{\sqrt{1+\omega_c^2 R^2 C^2}}=\frac{1}{\sqrt{2}}$$

解得

$$\omega_c=\frac{1}{RC} \tag{6.2.4}$$

引入截止角频率 ω_c 以后，可将式 (6.2.1) 表达的一阶低通网络的网络函数归纳为如下的一般形式：

$$H(j\omega)\overset{\text{def}}{=\!=\!=}|H(j0)|\frac{1}{1+j\dfrac{\omega}{\omega_c}} \tag{6.2.5}$$

式中，$|H(j0)|=|H(j\omega)|_{\omega=0}$，它是与网络的结构及元件参数有关的常数。

由式 (6.2.5) 或图 6.2.2 可以看出：当 $\omega=\omega_c$ 时，$|H(j\omega_c)|=0.707|H(j0)|$，$\varphi(\omega_c)=-45°$。对于 $|H(j0)|=1$ 的这类低通网络，当 ω 高于低通截止频率 ω_c 时，$|H(j\omega)|<0.707$，输出信号的幅值较小，工程实际中常将它忽略不计，认为角频率高于 ω_c 的输入信号不能通过网络，被滤除了。通常把 $0\leqslant\omega\leqslant\omega_c$ 的角频率范围作为这类实际低通滤波器的通频带宽度。

如果以分贝为单位表示网络的幅频特性，其定义为

$$|H(j\omega)|\overset{\text{def}}{=\!=\!=}20\lg|H(j\omega)|\ \text{dB} \tag{6.2.6}$$

当 $\omega=\omega_c$ 时，有

$$20\lg|H(j\omega_c)|=20\lg0.707=-3\ \text{dB}$$

所以又称 ω_c 为 3 分贝频率。在这一角频率上，输出电压与它的最大值相比较正好下降了 3 dB。在电子电路中约定，当输出电压下降到它的最大值的 3 dB 以下时，就认为该频率成分对输出的贡献很小。

6.2.2 RC 一阶高通电路的频率特性

图 6.2.3 所示的网络是多级放大器中常用的 RC 耦合电路，若选 $\dot{U}_1$ 为输入相量，$\dot{U}_2$ 为输出相量，则网络函数为

$$H(j\omega)=\frac{\dot{U}_2}{\dot{U}_1}=\frac{R}{R-j\dfrac{1}{\omega C}}=\frac{1}{1-j\dfrac{1}{\omega RC}}=|H(j\omega)|e^{j\varphi(\omega)} \tag{6.2.7}$$

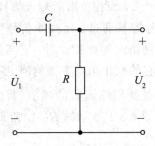

图 6.2.3 RC 一阶高通网络

式中：

$$|H(\mathrm{j}\omega)| = \frac{1}{\sqrt{1 + \dfrac{1}{\omega^2 R^2 C^2}}} \tag{6.2.8}$$

$$\varphi(\omega) = \arctan\frac{1}{\omega RC} \tag{6.2.9}$$

由式(6.2.8)和式(6.2.9)可分别画得网络的幅频特性和相频特性，如图 6.2.4(a)、(b)所示。

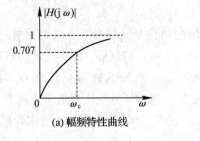
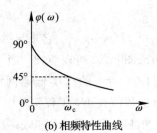

(a) 幅频特性曲线   (b) 相频特性曲线

图 6.2.4 一阶高通网络的频率特性曲线

从图 6.2.4 可以看出：当 $\omega = 0$ 时，$|H(\mathrm{j}0)| = 0$，$\varphi(0) = 90°$，说明输出电压大小为 0 V，而相位超前输入电压 90°；当 $\omega = \infty$ 时，$|H(\mathrm{j}\infty)| = 1$，$\varphi(\infty) = 0$，说明输入与输出电压相量大小相等、相位相同。由此可以看出，图 6.2.4 所示网络的幅频特性恰与低通网络的幅频特性相反，它起到抑制低频分量、易使高频分量通过的作用，所以它属于高通网络。

实际高通网络的截止角频率可按下式定义：

$$|H(\mathrm{j}\omega_c)| \stackrel{\mathrm{def}}{=\!=} \frac{1}{\sqrt{2}}|H(\mathrm{j}\infty)| \tag{6.2.10}$$

对于图 6.2.4 所示的 RC 一阶高通网络，$|H(\mathrm{j}\infty)| = 1$，把式(6.2.10)代入式(6.2.8)中，得

$$\frac{1}{\sqrt{1 + \dfrac{1}{\omega^2 R^2 C^2}}} = \frac{1}{\sqrt{2}}$$

解得

$$\omega_c = \frac{1}{RC} \tag{6.2.11}$$

从式(6.2.4)和式(6.2.11)可以看出：求得的一阶 RC 低通和高通网络的截止角频率的数值都等于一阶电路时间常数的倒数，但低通、高通网络截止角频率的含义恰恰是相反的。

与低通网络类似，在引入截止角频率 ω_c 后，对一阶高通网络的网络函数亦可以表示为如下形式：

$$H(j\omega) \xmathoverset{\text{def}}{=\!=\!=} |H(j\infty)| \frac{1}{1 - j\left(\dfrac{\omega_c}{\omega}\right)} \tag{6.2.12}$$

式中，$|H(j\infty)| = |H(j\omega)|_{\omega=\infty}$，它是与网络的结构和元件参数有关的常数。

6.3　RLC 谐振电路

在通信和无线电技术中，经常要求电路的频率选择性很强，即希望它们具有很高频率窄带的带通特性。由无源元件 R、L、C 构成的谐振电路便具有这种选频特性，它们是最简单的二阶带通电路。当一个含有 L、C 元件的无源一端口网络在正弦激励作用下，其输入端阻抗呈电阻性，即端口电压和电流同相位时，这种工作状态就称为谐振。

6.3.1　RLC 串联谐振电路

由实际的电感线圈、电容器相串联组成的电路，称为串联谐振电路。图 6.3.1 表示一个在正弦电压源作用下的 RLC 串联电路的相量模型，设正弦激励电压源的角频率为 ω，其电压相量为 $\dot{U}_s$，则串联电路的总阻抗为

$$Z(j\omega) = R + j\left(\omega L - \frac{1}{\omega C}\right) = R + jX(\omega) = |Z(j\omega)| e^{j\varphi_Z(\omega)} \tag{6.3.1}$$

式中：

$$|Z(j\omega)| = \sqrt{R^2 + \left(\omega L - \frac{1}{\omega C}\right)^2} \tag{6.3.2}$$

$$\varphi_Z(\omega) = \arctan\left(\frac{\omega L - \dfrac{1}{\omega C}}{R}\right) \tag{6.3.3}$$

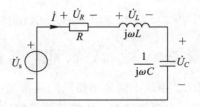

图 6.3.1　RLC 串联电路的相量模型

1. 谐振条件和谐振频率

设电路中各元件参数保持一定，电源的频率 ω 可变，则电路的总阻抗 $Z(j\omega)$ 仅为频率的函数。电路中的电阻 R、感抗感抗 $X_L = \omega L$、容抗 $X_C = \dfrac{1}{\omega C}$、电抗 $X = \omega L - \dfrac{1}{\omega C}$ 及阻抗模

$|Z|$ 随 ω 变化的关系曲线如图 6.3.2 所示。可以看到，X_L 随频率 ω 的升高而增大、X_C 随频率 ω 的升高而减小，但两者的电抗性质是相反的，因此，随着电源频率 ω 升高到某一个特定值时势必会使整个 RLC 串联电路的总电抗等于 0，即有

$$\omega_0 L - \frac{1}{\omega_0 C} = 0 \qquad (6.3.4)$$

这时称回路发生了谐振。式(6.3.4)称为 RLC 串联电路的谐振条件。由此可以得到谐振角频率为

$$\omega_0 = \frac{1}{\sqrt{LC}} \ \text{rad/s} \qquad (6.3.5)$$

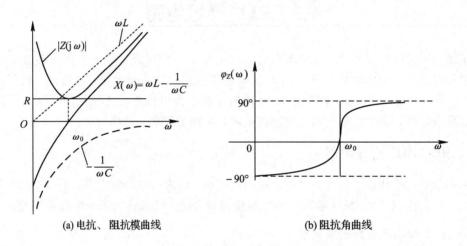

(a) 电抗、阻抗模曲线   (b) 阻抗角曲线

图 6.3.2 RLC 串联电路电抗、阻抗模、阻抗角随频率变化的曲线

进而可得谐振频率为

$$f_0 = \frac{1}{2\pi\sqrt{LC}} \ \text{Hz} \qquad (6.3.6)$$

由式(6.3.5)可知，电路的谐振频率 ω_0 仅由电路自身的元件参数 L 和 C 决定，为电路所固有，故也称为固有频率。因此 ω_0 可以看做 RLC 串联谐振网络基本属性的一个重要参数。

由图 6.3.2 可以看出，当 $\omega = \omega_0$ 时，$|Z(\mathrm{j}\omega_0)| = R$，$\varphi_Z(\omega_0) = 0$，电路对外呈电阻性，端口电压 $u(t)$ 与 $i(t)$ 同相位；当 $\omega < \omega_0$ 时，$\omega L < \frac{1}{\omega C}$，$X(\omega) < 0$，$\varphi_Z(\omega) < 0$，电路呈电容性；当 $\omega > \omega_0$ 时，$\omega L > \frac{1}{\omega C}$，$X(\omega) > 0$，$\varphi_Z(\omega) > 0$，电路呈电感性。

从上面的分析知道，当 RLC 串联电路外加激励的频率与电路固有的谐振频率相同时，电路就会发生串联谐振。因此，有两种调谐方法能够使 RLC 串联电路发生谐振：一是不改变电路元件的参数 L 和 C，调节电源频率使之等于电路自身的调谐频率，这称之为调频调谐；二是保持电源频率不变，通过调整电路参数 L 或/和 C 来改变自身的调谐频率，使之与电源频率相同，从而实现电路发生谐振的目的。实际应用中，一般采用第二种方法，调节电感参数的称为调感调谐，调节电容参数的则称为调容调谐。例如，要收听某一短波电台的频率为 86.5 MHz 的电台节目，这个频率是固定的，如果要想收听该台节目，可以调整收

音机的波段开关，即调整电感，使之处于短波段，再调整收音机的调台旋钮来改变电容量，当改变电路的谐振频率正好是 86.5 MHz 时，电路便与该台播音信号发生谐振，于是就选到了该台的节目。现代的许多电子设备都采用电调谐。电调谐速度快，谐振点更精确。总之，在电感 L、电容 C 和电源角频率 ω 这三个量中，无论改变哪一个都可以令电路满足谐振条件，使之与某一特定频率的信号谐振，这一过程称为调谐；也可以使三者之间的关系不满足谐振条件而达到消除谐振的目的。

2. 品质因素与特性阻抗

为了评价 RLC 串联谐振电路的品质，引入一个重要参数，称为品质因数。RLC 串联电路在谐振时电压源供给电路的能量全部转化为电阻损耗产生的热能，因此要维持谐振电路中的电容与电感之间所进行的周期电磁振荡，电源就必须不断地向电路提供能量，以补偿电阻消耗的那部分能量。显然，如果与谐振时电路中所储存总电磁能相比，每振荡一次电路所消耗的能量越小，即在一定时间内维持一定能量的电磁振荡所需来自电源的能量越小，则电路的品质自然就越好。因此，为了定量地反映谐振电路的储能效率，品质因素 Q 一般定义式为

$$Q = 2\pi \frac{\text{谐振时电路中所储存的总电磁能}}{\text{谐振时电路在一个周期内消耗的能量}} \tag{6.3.7}$$

则对于 RLC 串联谐振电路，其品质因素根据式(6.3.7)可以表示为

$$Q = 2\pi \frac{LI_0^2}{T_0 R I_0^2} = 2\pi f_0 \frac{L}{R} = \frac{\omega_0 L}{R} = \frac{1}{\omega_0 RC} \tag{6.3.8}$$

发生谐振时的感抗或容抗值称为电路的特性阻抗，以符号 ρ 表示，即

$$\rho = \omega_0 L = \frac{1}{\omega_0 C} \tag{6.3.9}$$

把式(6.3.5)代入式(6.3.9)得

$$\rho = \omega_0 L = \frac{1}{\omega_0 C} = \sqrt{\frac{L}{C}} \tag{6.3.10}$$

因此，RLC 串联谐振电路品质因 Q 与其特性阻抗 ρ 的关系为

$$Q = \frac{\rho}{R} = \frac{\omega_0 L}{R} = \frac{1}{R\omega_0 C} = \frac{1}{R}\sqrt{\frac{L}{C}} \tag{6.3.11}$$

3. 谐振时的特点

电路发生谐振时($f = f_0$)具有以下特点：

(1) 由式(6.3.1)可得谐振式的回路阻抗为

$$Z_0 = R + j\left(\omega_0 L - \frac{1}{\omega_0 C}\right) = R \tag{6.3.12}$$

此为纯电阻，且数值最小。

(2) 由式(6.3.2)可得谐振时的回路电流为

$$\dot{I}_0 = \frac{\dot{U}_s}{Z_0} = \frac{\dot{U}_s}{R} \tag{6.3.13}$$

其值最大，且与激励源 $\dot{U}_s$ 同相位。

（3）谐振时电阻 R 上的电压为

$$\dot{U}_R = R\dot{I}_0 = \dot{U}_s \tag{6.3.14}$$

它与激励源 $\dot{U}_s$ 大小相等、相位相同。

（4）谐振时电容 C 上的电压为

$$\dot{U}_C = -\mathrm{j}\frac{1}{\omega_0 C}\dot{I}_0 = -\mathrm{j}\frac{1}{\omega_0 C}\cdot\frac{\dot{U}_s}{R} = -\mathrm{j}Q\dot{U}_s \tag{6.3.15}$$

（5）谐振电感时电感 L 上的电压为

$$\dot{U}_L = \mathrm{j}\omega_0 L\dot{I}_0 = \mathrm{j}\omega_0 L\frac{\dot{U}_s}{R} = \mathrm{j}Q\dot{U}_s \tag{6.3.16}$$

比较式(6.3.15)与式(6.3.16)可知：当 RLC 串联电路在谐振时，电容 C 上的电压与电感 L 上的电压大小相等、相位相反。两者电压大小都等于电源电压的 Q 倍。通常实际串联谐振电路的品质因数 Q 大小为几十、几百的数值，这就意味着谐振时电容（或电感）上的电压可以比输入电压大几十、几百倍。

4. 频率特性

谐振电路广泛应用于无线电技术，它们通常都不是在单一频率的正弦输入信号下工作，一般会同时接收到若干个中心频率不同、波形也可能相异的多种信号，对于这种多频输入信号，谐振电路具有频率选择性，即可以选中某些频率的需要信息，而剔除其它频率的干扰信息。因此，为了了解串联谐振电路的选频特性，就必须讨论它的频率特性。

在图 6.3.1 所示的电路中，若以 $\dot{U}_s$ 为激励相量，以电流 $\dot{I}$ 为响应相量，则网络函数为

$$H(\mathrm{j}\omega) = \frac{\dot{I}}{\dot{U}_s} = \frac{1}{R+\mathrm{j}\left(\omega L-\dfrac{1}{\omega C}\right)} = \frac{1/R}{1+\mathrm{j}\dfrac{\omega L-\dfrac{1}{\omega C}}{R}} = \frac{1/R}{1+\mathrm{j}\dfrac{\omega_0 L}{R}\left(\dfrac{\omega}{\omega_0}-\dfrac{1}{\omega\omega_0 LC}\right)}$$

$$\tag{6.3.17}$$

把 $Q=\omega_0 L/R$，$\omega_0^2=1/(LC)$ 代入式(6.3.17)，得

$$H(\mathrm{j}\omega) = \frac{1/R}{1+\mathrm{j}Q\left(\dfrac{\omega}{\omega_0}-\dfrac{\omega_0}{\omega}\right)} = |H(\mathrm{j}\omega)|\mathrm{e}^{\mathrm{j}\varphi(\omega)} \tag{6.3.18}$$

其中：

$$|H(\mathrm{j}\omega)| = \frac{1/R}{\sqrt{1+Q^2\left(\dfrac{\omega}{\omega_0}-\dfrac{\omega_0}{\omega}\right)^2}} \tag{6.3.19}$$

$$\varphi(\omega) = -\arctan\left[Q\left(\frac{\omega}{\omega_0}-\frac{\omega_0}{\omega}\right)\right] \tag{6.3.20}$$

由式(6.3.19)和式(6.3.20)可画出该网络的幅频特性与相频特性。

为了通用性和分析问题的方便，一般对 $H(\mathrm{j}\omega)$ 采用归一化处理，定义谐振函数为

$$N(\mathrm{j}\omega) \stackrel{\mathrm{def}}{=\!=\!=} \frac{H(\mathrm{j}\omega)}{H(\mathrm{j}\omega_0)} \tag{6.3.21}$$

在 $\omega = \omega_0$ 时，由式(6.3.18)得

$$H(\mathrm{j}\omega_0) = \frac{1}{R} \tag{6.3.22}$$

将式(6.3.18)和式(6.3.22)代入式(6.3.21)中，得

$$N(\mathrm{j}\omega) = \frac{H(\mathrm{j}\omega)}{H(\mathrm{j}\omega_0)} = \frac{1}{1 + \mathrm{j}Q\left(\dfrac{\omega}{\omega_0} - \dfrac{\omega_0}{\omega}\right)} = |N(\mathrm{j}\omega)|\,\mathrm{e}^{\mathrm{j}\varphi_N(\omega)} \tag{6.3.23}$$

其中：

$$|N(\mathrm{j}\omega)| = \frac{1}{\sqrt{1 + Q^2\left(\dfrac{\omega}{\omega_0} - \dfrac{\omega_0}{\omega}\right)^2}} \tag{6.3.24}$$

$$\varphi_N(\omega) = -\arctan\left[Q\left(\frac{\omega}{\omega_0} - \frac{\omega_0}{\omega}\right)\right] \tag{6.3.25}$$

为了表述方便，将 $|N(\mathrm{j}\omega)|$ 和 $\varphi_N(\omega)$ 中的自变量 ω 改用角频率与谐振频率之比 $\xi = \omega/\omega_0$，称为相对角频率，它表示激励电压的角频率 ω 偏离谐振角频率 ω_0 的程度。因此，$|N(\mathrm{j}\omega)|$ 和 $\varphi_N(\omega)$ 的表述式对应分别改写为

$$|N(\mathrm{j}\xi)| = \frac{1}{\sqrt{1 + Q^2\left(\xi - \dfrac{1}{\xi}\right)^2}} \tag{6.3.26}$$

$$\varphi_N(\xi) = -\arctan\left[Q\left(\xi - \frac{1}{\xi}\right)\right] \tag{6.3.27}$$

若以 Q 为参变量，由式(6.3.26)和式(6.3.27)可画得归一化的幅频特性和相频特性，如图 6.3.3(a)、(b)所示。由图 6.3.3(a)所示的幅频特性可见，回路 Q 越高，曲线越尖锐，对非谐振频率信号的拟制能力就越强，电路对谐振频率选择性越好。反之，Q 较小时，在谐振频率 ω_0 附近电流变化不大，幅频特性曲线的顶部较为平坦，电路的选择性就很差。收音机的输入电路就是采用串联谐振电路，通过调谐使收音机输入电路的谐振频率与欲收听电台信号的载波频率相同，使之发生串联谐振，从而实现了"选台"收听。

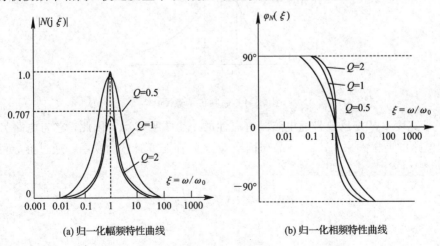

(a) 归一化幅频特性曲线　　　　(b) 归一化相频特性曲线

图 6.3.3　RLC 串联谐振电路的归一化特性曲线

从图 6.3.3(b)所示的相频特性也可看出，当 $\xi<1$ 时，导纳角 $\varphi_N(\omega)>0$，相移为正，电路呈容性，电流 $\dot{I}$ 超前电压源 $\dot{U}_s$；当 $\xi=1$（谐振）时，$\varphi_N=0$，相移为零，$\dot{I}$ 和 $\dot{U}_s$ 同相位；当 $\xi>1$ 时，导纳角 $\varphi_N<0$，相移为负，此时电路呈感性，电流 $\dot{I}$ 滞后电压源 $\dot{U}_s$。还可看到，回路品质因数 Q 越高，在 $\xi=1$ 附近（即 f_0 附近），相位特性的斜率越大。

5. 通频带

通过对串联谐振电路的频率特性的讨论可见：Q 值越高的电路，谐振曲线越尖锐，越适合于从多个单一频率信号中选择出所需要的信号，而将其它频率信号作为干扰加以有效抑制。然而，实际信号都占有一定的频带宽度，就是说，实际信号是由若干频率分量所组成的多频率信号，不能只选择实际信号中的某一频率分量而把实际信号中其余有用的频率分量抑制掉，那样就会引起严重的失真。这就要求谐振电路能够把实际信号中的各有用频率分量都能选择出来，并能对它们均等地进行传输，而对于不需要的频率信号视为干扰，能最大限度地加以抑制。所以要全面评估一个谐振电路的性能，不仅要注重其选择信号频率的能力，还必须考察其不失真地传输信号的能力，即在传输具有一定带宽的实际信号时，能够均等地传输其中所包含的各个频率分量以确保最后输出信号的波形不会改变，对于这种能力，一般用电路的通频带来衡量。下面定义串联谐振电路的通频带。

在中心频率 f_0 两侧，当 $|N(j\omega)|=1/\sqrt{2}$ 时，对应的频率 f_{c1}、f_{c2} 如图 6.3.4 所示。把高于 f_0 的 f_{c2} 称为上截止频率，低于 f_0 的 f_{c1} 称为下截止频率。把介于这两个截止频率之间的一段频率范围定义为电路的通频带，即

$$\text{BW}=(f_{c2}-f_{c1})\ \text{Hz} \tag{6.3.28}$$

或

$$\text{BW}=(\omega_{c2}-\omega_{c1})\ \text{rad/s} \tag{6.3.29}$$

从上面分析可以看出，RLC 串联谐振电路属于带通电路。

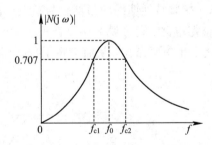

图 6.3.4　通频带示意图

通频带宽度 BW 是反映带通电路固有属性的一个重要参数，因此，它与电路另外两个参数，即电路的谐振频率 $f_0(\omega_0)$、品质因数 Q 之间存在着必然的联系。通过推导可以得到电路通频带又一计算式，即

$$\text{BW}=f_{c2}-f_{c1}=\frac{f_0}{Q}\ \text{Hz} \tag{6.3.30}$$

或

$$\text{BW}=\omega_{c2}-\omega_{c1}=\frac{\omega_0}{Q}\ \text{rad/s} \tag{6.3.31}$$

这表明：在谐振频率一定时，电路的通频带与其品质因数成反比，Q 值越高，幅频特性曲线越陡，选频特性越好，但电路的通频带就越窄，失真也就越大，所以电路的选择性与通频带之间存在着一定的矛盾。一般的应用原则是：在满足电路带宽等于或略大于欲传输信号带宽的前提下，应尽量提高其电路的 Q 值。

【例 6.3.1】　电路如图 6.3.5 所示，$L = 0.3\ \text{mH}$，$R = 10\ \Omega$，$f = 560\ \text{kHz}$。（1）求调谐电容 C 的值；（2）如果输入电压为 $1.5\ \mu\text{V}$，求谐振电流和此时的电容电压。

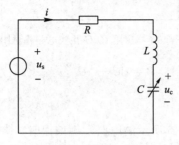

图 6.3.5　例 6.3.1 图

解　（1）由 $f_0 = \dfrac{1}{2\pi\sqrt{LC}}$ 得

$$C = \frac{1}{(2\pi f_0)^2 L} = \frac{1}{(2 \times 3.14 \times 560 \times 10^3)^2 \times 0.3 \times 10^{-3}} = 2.7 \times 10^{-10}\ \text{F} = 270\ \text{pF}$$

（2）输入电压为 $1.5\ \mu\text{V}$ 时，谐振电流为

$$I_0 = \frac{U}{R} = \frac{1.5 \times 10^{-6}}{10} = 1.5 \times 10^{-7}\ \text{A} = 0.15\ \mu\text{A}$$

电容电压为

$$U_C = I_0 X_C = I_0 \frac{1}{2\pi f C} = 1.5 \times 10^{-7} \times \frac{1}{2 \times 3.14 \times 560 \times 10^3 \times 2.7 \times 10^{-10}}$$
$$= 1.58 \times 10^{-4}\ \text{V} = 158\ \mu\text{V}$$

6.3.2　实用 RLC 并联谐振电路

1. 电路模型

串联谐振电路仅适用于信号源内阻小的情况，若信号源内阻较大，将使回路 Q 值降低，以致电路的选择性变差。当信号源内阻较大时，为了获得较好的选择特性，常采用并联谐振电路。

实用并联谐振电路是由实际的电感线圈、电容器相并联组成的电路，电路模型如图 6.3.6 所示。R 是反映实际线圈本身损耗的等效电阻，实际电容器的损耗很小，可忽略不计。

在角频率为 ω 的正弦激励电流源 $\dot{I}_s$ 作用下，这个电路的输入导纳为

$$Y = \frac{\dot{I}_s}{\dot{U}} = j\omega C + \frac{1}{R + j\omega L} = \frac{R}{R^2 + \omega^2 L^2} + j\left(\omega C - \frac{\omega L}{R^2 + \omega^2 L^2}\right) = G + jB \quad (6.3.32)$$

式中：

$$G = \frac{R}{R^2 + \omega^2 L^2} \quad (6.3.33)$$

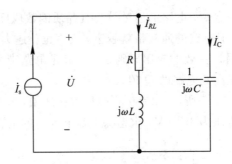

图 6.3.6　实用 RLC 并联电路相量图

$$B = \omega C - \frac{\omega L}{R^2 + \omega^2 L^2} \tag{6.3.34}$$

2. 谐振条件与谐振频率

按照谐振的定义，当图 6.3.6 所示的电路发生谐振时，端口电压 $\dot{U}$ 与端口电流 $\dot{I}_s$ 同相位，因此式(6.3.32)的虚部等于零，由此得该电路发生谐振的条件为

$$B(\omega_0) = \omega_0 C - \frac{\omega_0 L}{R^2 + \omega_0^2 L^2} = 0 \tag{6.3.35}$$

即

$$R^2 + \omega_0^2 L^2 = \frac{L}{C} \tag{6.3.36}$$

可由式(6.3.36)求出电路的谐振角频率 ω_0 和频率 f_0 分别为

$$\omega_0 = \sqrt{\frac{1}{LC} - \left(\frac{R}{L}\right)^2} = \frac{1}{\sqrt{LC}}\sqrt{1 - \frac{R^2 C}{L}} \tag{6.3.37}$$

$$f_0 = \frac{1}{2\pi}\sqrt{\frac{1}{LC} - \left(\frac{R}{L}\right)^2} = \frac{1}{2\pi\sqrt{LC}}\sqrt{1 - \frac{R^2 C}{L}} \tag{6.3.38}$$

式(6.4.37)表明，对于图 6.3.6 所示的并联谐振电路，其谐振角频率不但与回路中的电抗元件参数有关，而且与回路中的损耗电阻 R 有关。

3. 品质因素

对于图 6.3.6 所示 RLC 并联电路，由于电阻 R 和电感 L 流过同一电流 I_{RL0}，由式(6.3.7)可以得出品质因素为

$$Q = \frac{\omega_0 L I_{RL0}^2}{R I_{RL0}^2} = \frac{\omega_0 L}{R} \tag{6.3.39}$$

在通信和无线电技术等实际应用中，线圈的电阻 R 通常很小，电路(特别是高频电路)具有很高的 Q 值，即 $\omega_0 L \gg R$。因此，由式(6.3.37)和式(6.3.38)分别可得

$$\omega_0 \approx \frac{1}{\sqrt{LC}} \tag{6.3.40}$$

$$f_0 \approx \frac{1}{2\pi\sqrt{LC}} \tag{6.3.41}$$

从形式上看，在高 Q 条件下，并联谐振电路谐振频率的计算公式同串联谐振电路计算谐振频率的公式是一样的。

并联谐振电路在发生谐振时，即激励源($\dot{I}_s$)的角频率(ω)等于电路的谐振角频率(ω_0)时，具有下面的特点。

4. 谐振时的特点

(1)在高 Q 值条件下，发生谐振时，由式(6.3.32)得并联电路输入导纳为

$$Y_0 = \frac{R}{R^2 + \omega_0^2 L^2} \approx \frac{R}{\omega_0^2 L^2} = \frac{CR}{L} = G_0 \tag{6.3.42}$$

其值最小，且为纯电导。若换算为阻抗，即

$$Z_0 = \frac{1}{Y_0} = \frac{L}{CR} = R_0 \tag{6.3.43}$$

(2)在高 Q 值条件下，发生谐振时，回路两端电压为

$$\dot{U}_0 = \frac{\dot{I}_s}{G_0} = R_0 \dot{I}_s \tag{6.3.44}$$

其数值为最大值，且与激励源 $\dot{I}_s$ 同相位。实验室中观察并联谐振电路的谐振状态，常用电压表并接到回路两端，以电压表指示最大作为回路处于谐振状态的标志。

(3)并联回路谐振时，电容支路的电流为

$$\dot{I}_{C0} = \mathrm{j}\omega_0 C \dot{U}_0 = \mathrm{j}\omega_0 C R_0 \dot{I}_s = \mathrm{j}\omega_0 C \frac{L}{CR} \dot{I}_s = \mathrm{j}\frac{\omega_0 L}{R} \dot{I}_s = \mathrm{j}Q \dot{I}_s \tag{6.3.45}$$

电感电流为

$$\dot{I}_{L0} = \dot{I}_s - \dot{I}_{C0} = (1 - \mathrm{j}Q) \dot{I}_s \tag{6.3.46}$$

在高 Q 值条件下，有

$$\dot{I}_{L0} \approx -\mathrm{j}Q \dot{I}_s \tag{6.3.47}$$

比较式(6.3.46)和式(6.3.47)可看出，回路谐振时的电容支路电流与电感支路电流大小近似相等、相位相反，且远大于电流源的电流，因此，实用高 Q 值 RLC 并联电路的谐振也称为电流谐振，谐振时好像 RL 和 C 组成的并联闭合回路中，有一个很大的过电流 QI_s 在其中往复循环流动，该回路中的这一电流称为环流。

习 题 6

6.1　求题 6.1 图所示网络的电压传递函数 $H(\mathrm{j}\omega) = \dot{U}_2/\dot{U}_1$。

6.2　求题 6.2 图所示二端口网络函数 $H(\mathrm{j}\omega) = \dot{U}_2/\dot{U}_1$。

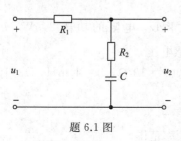

题 6.1 图

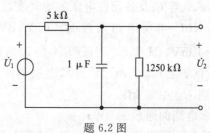

题 6.2 图

6.3 求题 6.3 图所示电路端口 $1-1'$ 的驱动点阻抗 $\dfrac{\dot{U}}{\dot{I}_1}$、转移电流比 $\dfrac{\dot{I}_C}{\dot{I}_1}$、转移阻抗 $\dfrac{\dot{U}_2}{\dot{I}_1}$。

6.4 如题 6.4 图所示的简单 RC 串联电路常用做放大器的 RC 耦合电路。前级放大器输出的信号电压通过它输送到下一级放大器，C 称为耦合电容。下一级放大器的输入电阻并接到 R 两端，作为它的负载电阻 R_L。试分析该耦合电路的频率特性（求出截止角频率 ω_c，画出幅频和相频特性图），并讨论负载 R_L 的大小对频率特性的影响。

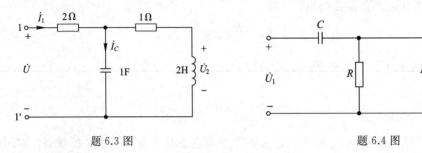

题 6.3 图   题 6.4 图

6.5 如题 6.5 图所示 RLC 串联谐振电路。已知信号源电压有效 $U_s=1$ V，频率 $f=1$ MHz，现调节电容 C 使回路谐振，这时回路电流 $I_0=100$ mA，电容器两端电压 $U_{C0}=100$ V。试求电路参数 R、L、C 及回路的品质因数 Q 与通频带 BW。

6.6 在如题 6.6 图所示的 RLC 串联谐振电路中，已知 $R=10$ Ω，回路的品质因数 $Q=100$，谐振频率 $f_0=1000$ kHz。

（1）求该电路的 L、C 和通频带 BW；

（2）若外加电压源频率 f 等于电路谐振频率 f_0，外加电压源的有效值 $U_s=100$ μV，求此时回路中的电流 I_0 和电容上的电压 U_{C0}。

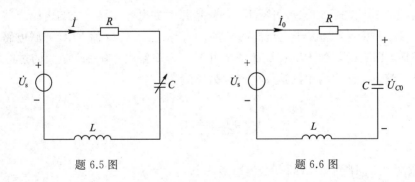

题 6.5 图   题 6.6 图

6.7 已知 RLC 串联电路中，$R=50$ Ω，$L=400$ mH，谐振角频率 $\omega_0=5000$ rad/s，$U_s=1$ V。求电容 C 及各元件电压的瞬时表达式。

6.8 RLC 串联电路谐振时，已知 BW $=6.4$ kHz，电阻的功耗 2 μW，$u_s(t)=\sqrt{2}\cos(\omega_0 t)$ mV，试求 L、谐振频率 f_0 和谐振时电感电压 U_L。

6.9 在如题 6.9 图所示的并联谐振电路中，已知 $r=10$ Ω，$L=1$ mH，$C=1000$ pF，信号源内阻 $R_s=150$ kΩ。

（1）求电路的通频带 BW；

（2）欲使回路阻抗 $|Z|>50$ kΩ，求满足要求的频率范围。

6.10　在如题 6.10 图所示的并联谐振电路中，已知 $L=500\ \mu\mathrm{H}$，空载回路品质因数 $Q_0=100$，$\dot{U}_s=50\angle0^\circ\ \mathrm{V}$，$R_s=50\ \mathrm{k\Omega}$，电源角频率 $\omega=10^6\ \mathrm{rad/s}$，并假设电路已对电源频率谐振。

（1）求电路的通频带 BW 和回路两端电压 U；

（2）如果在回路上并联 $R_L=30\ \mathrm{k\Omega}$ 的电阻，这时通频带又为多少？

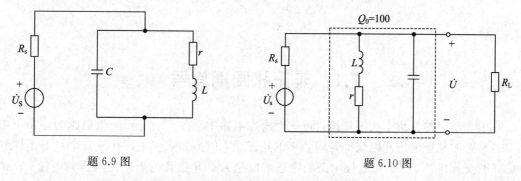

题 6.9 图　　　　　　　　　　题 6.10 图

6.11　在题 6.11 图所示的并联谐振电路中，已知 $L=100\ \mu\mathrm{H}$，$C=100\ \mathrm{pF}$，虚线框所围的空载回路 $Q_0=50$，信号源电压有效值 $U=150\ \mathrm{V}$，内阻 $R_s=25\ \Omega$。欲使回路谐振，电源的角频率应是多少？求谐振时的总电流 I_0、环流 I_l、回路两端电压 U_0 及回路消耗的功率 P。

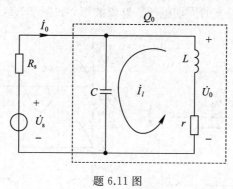

题 6.11 图

第 7 章 非正弦周期电流电路

7.1 非正弦周期信号

在前面章节的介绍中我们知道，同一个线性电路中，在一个正弦交流电源的作用下电路中各支路的稳态电压和电流都是同频率的正弦量，但是如果将电源换成几个具有不同频率的正弦交流电源，那么该线性电路的稳态响应通常是非正弦的周期性电压和电流；在某些电路中电源电压或电流本身就是非正弦周期函数，例如由方波或锯齿波电压源作用而引起的响应一般也是非正弦周期函数。

此外，在含有非线性元件的电路中，即使是在一个正弦激励的作用下，电路中也会出现非正弦电流。例如：图 7.1.1(a)所示的半波整流电路，正弦电流作用于非线性的二极管元件，经过整流后得到了半波的周期电压、电流波形，如图 7.1.1(b)所示。

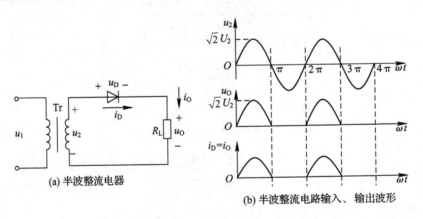

(a) 半波整流电器

(b) 半波整流电路输入、输出波形

图 7.1.1 正弦波信号经过半波整流后得到非正弦波

在现实中非正弦周期电压、电流是普遍存在的，我们应用的某些直流电源和正弦电源，严格地说是近似的直流电源和正弦电源，如通过整流而获得的直流电压，尽管采取某些措施使其波形平直，但仍不可避免地存在一些周期性的起伏，即存在纹波；在电力系统中，即使发电机产生的电压要求按正弦规律变化，但由于制造方面的原因，尽管是周期变化的，但其电压波形会产生畸变，形成非正弦周期变化的波形；以及实验室经常使用的电子示波器扫描电压的锯齿波、在自动控制及电子技术领域中经常使用的脉冲信号也都是非正弦的周期信号。图 7.1.2 所示为几种常见的非正弦周期信号。

本章仅讨论非正弦周期信号作用于线性电路的分析与计算。

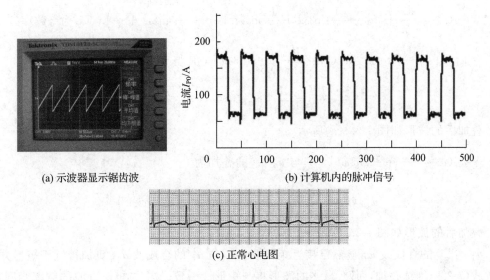

(a) 示波器显示锯齿波   (b) 计算机内的脉冲信号

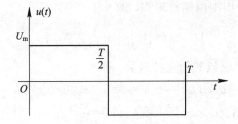

(c) 正常心电图

图 7.1.2 几种常见的非正弦周期信号

7.2 非正弦周期信号分解为傅立叶级数

分析在非正弦周期信号的作用下的线性电路的稳态响应时,可采用傅立叶级数展开的方法,将非正弦周期信号分解为一系列不同频率的正弦量之和的形式,基于线性电路中的叠加定理,分别计算在各个正弦分量单独作用时的电压或电流响应分量,最后将各分量瞬时值叠加,即为该非正弦周期信号作用下的稳态响应。其实质就是将非正弦周期电流电路的分析转化为正弦交流电路的分析。

根据傅立叶级数展开的方法,可以将一个非正弦周期信号的波形分解为许多不同频率的正弦波的和。例如:有一矩形周期电压,波形如图 7.2.1 所示,其在一个周期内的表达式为

$$u(t)=\begin{cases} U_{\mathrm{m}} & \left(0 \leqslant t \leqslant \dfrac{T}{2}\right) \\ -U_{\mathrm{m}} & \left(\dfrac{T}{2} < t < T\right) \end{cases}$$

图 7.2.1 矩形周期电压

按照傅立叶级数展开可得

$$u(t) = \frac{4U_{\mathrm{m}}}{\pi}\left(\sin\omega t + \frac{1}{3}\sin3\omega t + \frac{1}{5}\sin5\omega t + \cdots + \frac{1}{k}\sin k\omega t + \cdots\right) \quad (k\text{ 为奇数})\quad(7.2.1)$$

令 $u_1(t) = \frac{4U_{\mathrm{m}}}{\pi}\sin\omega t$，$u_2(t) = \frac{4U_{\mathrm{m}}}{\pi}\left(\frac{1}{3}\sin3\omega t\right)$，其与 $u_1(t)$ 的叠加为

$$u_{12}(t) = \frac{4U_{\mathrm{m}}}{\pi}\left(\sin\omega t + \frac{1}{3}\sin3\omega t\right)$$

叠加后的波形如图 7.2.2(a)所示。

令 $u_3(t) = \frac{4U_{\mathrm{m}}}{\pi}\left(\frac{1}{5}\sin5\omega t\right)$，其与 $u_{12}(t)$ 的叠加为

$$u_{123}(t) = \frac{4U_{\mathrm{m}}}{\pi}\left(\sin\omega t + \frac{1}{3}\sin3\omega t + \frac{1}{5}\sin5\omega t\right)$$

叠加后的波形如图 7.2.2(b)所示。

u_1 与 u_2 的合成波 u_{12} 显然已接近矩形波，u_{12} 与 u_3 的合成波 u_{123} 更加接近矩形方波，若按式(7.2.1)继续叠加，那么最终的波形将与矩形波一致。u_1 与矩形方波的频率相同，称为方波的基波；u_2 的频率是方波的 3 倍，称为方波的三次谐波；u_3 的频率是方波的 5 倍，称为方波的五次谐波。除了基波，式(7.2.1)中其余各项称为方波的高次谐波。

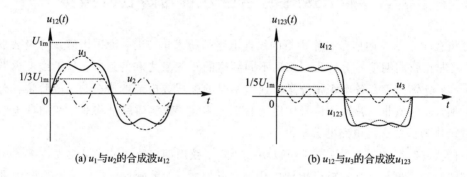

(a) u_1 与 u_2 的合成波 u_{12} (b) u_{12} 与 u_3 的合成波 u_{123}

图 7.2.2   矩形波的合成

由高等数学可知，如果一个函数是周期性的且满足狄里赫利条件，那么它可以展开成一个收敛级数，即傅立叶级数。电工技术中所遇到的周期函数一般都能满足这个条件。

若有函数 $f(t)$，满足 $f(t) = f(kt + T)$，$k = 0, 1, 2, \cdots$，则称 $f(t)$ 为周期函数，其中 T 为常数，为 $f(t)$ 的周期。若其满足狄里赫利条件：① $f(t)$ 的极值点数目有限；② 间断点的数目无限；③ 在一个周期内绝对可积，即

$$\int_0^T |f(t)|\,\mathrm{d}t < \infty \quad (\text{有界})$$

则 $f(t)$ 就可以分解成一个收敛的傅立叶级数，即

$$f(t) = a_0 + (a_1\cos\omega t + b_1\sin\omega t) + (a_2\cos2\omega t + b_2\sin2\omega t) + \cdots$$
$$+ (a_k\cos k\omega t + b_k\sin k\omega t) + \cdots$$

$$= a_0 + \sum_{k=1}^{\infty}\left[a_k\cos(k\omega t) + b_k\sin(k\omega t)\right] \quad\quad (7.2.2)$$

式中，$\omega = 2\pi/T$，a_0、a_k、b_k 为傅立叶系数，计算公式如下：

$$\begin{cases} a_0 = \dfrac{1}{T}\int_0^T f(t)\,\mathrm{d}t \\[2mm] a_k = \dfrac{2}{T}\int_0^T f(t)\cos(k\omega t)\,\mathrm{d}t = \dfrac{1}{\pi}\int_0^{2\pi} f(t)\cos(k\omega t)\,\mathrm{d}(\omega t) \\[2mm] b_k = \dfrac{2}{T}\int_0^T f(t)\sin(k\omega t)\,\mathrm{d}t = \dfrac{1}{\pi}\int_0^{2\pi} f(t)\sin(k\omega t)\,\mathrm{d}(\omega t) \end{cases} \qquad (7.2.3)$$

利用三角函数公式，式(7.2.2)还可以写成第二种形式：

$$f(t) = A_0 + \sum_{k=1}^{\infty} A_{km}\sin(k\omega t + \theta_k) \qquad (7.2.4)$$

其中：

$$\begin{cases} A_0 = a_0 \\ A_{km} = \sqrt{a_k^2 + b_k^2} \\ \theta_k = \arctan\dfrac{a_k}{b_k} \end{cases} \qquad \begin{cases} a_k = A_{km}\sin\theta_k \\ b_k = A_{km}\cos\theta_k \end{cases}$$

A_0：$f(t)$的直流分量，也称零次谐波；

$A_{1m}\sin(\omega t + \theta_1)$：基波分量，也称一次谐波，其周期和频率与原函数相同；

其余各项：高次谐波。若傅立叶级数是收敛的，一般来说其谐波次数越高，振幅越小。

将非正弦周期函数 $f(t)$ 分解为直流分量、基波分量和一系列不同频率的各次谐波分量之和，称为非正弦周期函数的谐波分解。谐波分析的意义在于，傅立叶级数是一个收敛级数，当 k 取到无限多项时就可以准确地表示原非正弦周期函数，但在实际工程计算时，只能取有限的前几项，取的项数与工程所需精度有关。

将周期函数分解成傅立叶级数是非正弦交流电路分析的第一步，工程中常用查表的方法得到典型周期函数的傅立叶级数。表 7.2.1 中是电工技术中常用的几种非正弦周期函数的波形和傅立叶级数展开式。

表 7.2.1　几种常用非正弦周期函数的波形和傅立叶级数展开式

名　称	波　形	傅立叶级数
三角波		$f(\omega t) = \dfrac{8A}{\pi^2}\left(\sin\omega t - \dfrac{1}{3^2}\sin 3\omega t + \dfrac{1}{5^2}\sin 5\omega t - \dfrac{1}{7^2}\sin 7\omega t + \cdots\right)$
矩形波		$f(\omega t) = \dfrac{4A}{\pi}\left(\sin\omega t + \dfrac{1}{3}\sin 3\omega t + \dfrac{1}{5}\sin 5\omega t + \cdots + \dfrac{1}{k}\sin 7k\omega t\right)$，$k$ 为奇数

名　称	波　形	傅立叶级数
单相半波整流波		$$f(\omega t)=\frac{A}{\pi}-A\left(\frac{1}{2}\sin\omega t-\frac{2}{1\times 3\pi}\cos 2\omega t\right.$$ $$\left.-\frac{2}{3\times 5\pi}\cos 4\omega t-\cdots\right)$$
单相全波整流波		$$f(\omega t)=\frac{2A}{\pi}\left(1-\frac{2}{1\times 3}\cos 2\omega t-\frac{2}{3\times 5}\cos 4\omega t\right.$$ $$\left.-\frac{2}{5\times 7}\cos 6\omega t-\cdots\right)$$
锯齿波		$$f(\omega t)=A\left[\frac{1}{2}-\frac{1}{\pi}\left(\sin\omega t+\frac{1}{2}\sin 2\omega t+\right.\right.$$ $$\left.\left.\frac{1}{3}\sin 3\omega t+\cdots\right)\right]$$

观察表 7.2.1 中各波形可发现：方波、等腰三角波只含有 sin 项的奇次谐波；锯齿波和全波整流都含有直流成分，且锯齿波还包含 sin 项的各偶次谐波；全波整流则包含 cos 项的各偶次谐波。

谐波分析一般都是根据已知波形来进行的，而非正弦周期信号的波形本身就已经决定了该非正弦波所含有的谐波。非正弦周期波中含有的高次谐波成分是否严重，取决于它们波形的平滑性即越不平滑的波形所含有的高次谐波越严重。

7.3　有效值、平均值和平均功率

1. 有效值

工程上将周期电流或电压在一个周期 T 内产生的平均效应换算为在效应上与之相等的直流量，即

$$I^2RT=\int_0^T i^2R\,\mathrm{d}t$$

从而得到任一周期电流 $i(t)$ 的有效值：

$$I=\sqrt{\frac{1}{T}\int_0^T i^2\,\mathrm{d}t} \tag{7.3.1}$$

非正弦周期信电流也可以根据式(7.3.1)求有效值，例如一非正弦周期电流 $i(t)$，分解为傅立叶级数：

$$i=I_0+\sum_{k=1}^{\infty}I_{km}\sin(k\omega t+\varphi_k)$$

将 i 代入式(7.3.1)，则其有效值为

$$I = \sqrt{\frac{1}{T}\int_0^T \left[I_0 + \sum_{k=1}^{\infty} I_{km}\sin(k\omega t + \varphi_k) \right]^2 dt} \tag{7.3.2}$$

将 $\left[I_0 + \sum_{k=1}^{\infty} I_{km}\sin(k\omega t + \varphi_k) \right]^2$ 展开，其包含以下几种形式：

(1) $\dfrac{1}{T}\int_0^T I_0^2 dt = I_0^2$

(2) $\dfrac{1}{T}\int_0^T I_{km}^2 \sin^2(k\omega t + \varphi_k) dt = \dfrac{I_{km}^2}{2} = I_k^2$

(3) $\dfrac{1}{T}\int_0^T 2I_0 I_{km}\sin(k\omega t + \varphi_k) dt = 0$

(4) $\dfrac{1}{T}\int_0^T 2I_{km}\sin(k\omega t + \varphi_k)I_{qm}\sin(q\omega t + \varphi_q) dt = 0 \qquad (k \neq q)$

式(7.3.2)可表示为

$$I = \sqrt{I_0^2 + \sum_{k=1}^{\infty} I_k^2} = \sqrt{I_0^2 + I_1^2 + I_2^2 + \cdots + I_k^2 + \cdots} \tag{7.3.3}$$

同理，非正弦周期电压 $u(t)$ 的有效值为

$$U = \sqrt{U_0^2 + \sum_{k=1}^{\infty} U_k^2} = \sqrt{U_0^2 + U_1^2 + U_2^2 + \cdots + U_k^2 + \cdots} \tag{7.3.4}$$

各次谐波有效值与最大值之间满足如下关系：

$$I_k = \frac{I_{km}}{\sqrt{2}} \quad , \quad U_k = \frac{U_{km}}{\sqrt{2}} \tag{7.3.5}$$

【例 7.3.1】 已知周期电流 $i(t) = 1 + 0.707\sin(\omega t - 20°) + 0.42\sin(2\omega t + 50°)$ A，试求其有效值。

解 $\quad I = \sqrt{1^2 + \dfrac{1}{2}(0.707)^2 + \dfrac{1}{2}(0.42)^2} = \sqrt{1 + 0.5^2 + 0.3^2} = 1.16$ A

2. 平均值

在工程实践中往往还会用到平均值。非正弦周期函数的平均值是指一个周期内函数绝对值的平均值。一个周期函数 $f(t)$ 在一个周期 T 内的平均值定义为

$$F_{av} = \frac{1}{T}\int_0^T |f(t)| dt$$

则非正弦周期电流 $i(t)$、电压 $u(t)$ 的平均值为

$$I_{av} = \frac{1}{T}\int_0^T |i(t)| dt \quad , \quad U_{av} = \frac{1}{T}\int_0^T |u(t)| dt \tag{7.3.6}$$

非正弦周期电压、电流的有效值和平均值都是可以通过测量得到的。在对一个非正弦周期电压或电流测量时，要注意选择仪表的类别，选用合适的仪表。若选用磁电式仪表（直流仪表），则测量结果为直流量；若选用电磁式或电动式仪表测量，则测量结果为有效值；如果用全波整流仪表测量，则测量结果为平均值。在非正弦交流电路中，应将直流分量、有效值和平均值这三个概念加以区分。

【例 7.3.2】 矩形波形如图 7.3.1 所示，计算矩形波的整流平均值。

解
$$U_{av} = \frac{2}{T}\int_0^{\frac{T}{2}} U_m \mathrm{d}t = \frac{2}{T} \cdot U_m \cdot \frac{T}{2} = U_m$$

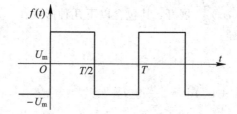

图 7.3.1 例 7.3.2 的矩形波形

3. 平均功率

设任意一个线性二端网络如图 7.3.2 所示，端口处电压 $u(t)$ 和电流 $i(t)$ 均为非正弦周期量。则该二端网络吸收的瞬时功率 $p = ui$。

图 7.3.2

平均功率为瞬时功率在一个周期内的平均值，定义式为

$$P = \frac{1}{T}\int_0^T p\,\mathrm{d}t = \frac{1}{T}\int_0^T ui\,\mathrm{d}t$$

$$= \frac{1}{T}\int_0^T \left[U_0 + \sum_{k=1}^{\infty} U_{km}\sin(k\omega t + \varphi_{uk})\right] \cdot \left[I_0 + \sum_{k=1}^{\infty} I_{km}\sin(k\omega t + \varphi_{ik})\right]\mathrm{d}t \qquad (7.3.7)$$

可得

$$P = U_0 I_0 + \sum_{k=1}^{\infty} U_k I_k \cos\varphi_k = P_0 + \sum_{k=1}^{\infty} P_k \qquad (7.3.8)$$

式中，$U_0 I_0$ 表示零次谐波功率(直流分量功率)；U_k、I_k 表示 k 次谐波电压、电流的有效值($k = 1, 2, 3\cdots$)，由式(7.3.5)可得到；φ_k 表示 k 次谐波电压对电流超前的相位差；$\cos\varphi_k$ 表示各次谐波的功率因数。

由式(7.3.8)可知，非正弦周期电流电路的平均功率＝直流分量的功率＋各次谐波平均功率，各次谐波的功率等于各次谐波电压、电流的有效值与各次谐波功率因数的乘积。只有同频率的电压谐波与电流谐波才能构成平均功率，不同频率的电压谐波和电流谐波只能构成瞬时功率，不产生平均功率。

【例 7.3.3】 已知某二端网络的电压电流分别为

$$u(t) = 10 + 141.4\cos\omega_1 t + 70.7\cos(3\omega_1 t + 30°) \text{ V}$$

$$i(t) = 2 + 18.55\sqrt{2}\cos(\omega_1 t - 21.8° + 12\sqrt{2}\cos(2\omega_1 t + 5°) + 6.4\sqrt{2}\sin(3\omega_1 t + 69.81°) \text{ A}$$

当 $u(t)$ 与 $i(t)$ 取关联参考方向时，求二端网络吸收的平均功率。

解 $P = 2 \times 10 + 18.55 \times 100\cos21.8° + 6.4 \times 50\cos[30° - (69.81° - 90°)]$

$\qquad = 20 + 1772 + 204.88$

$\qquad = 1947 \text{ W}$

7.4　非正弦周期电流电路的计算

分析非正弦周期电流电路的方法为谐波分析法，分析步骤如下：

（1）将给定的电源电压或电流展开成傅立叶级数，根据要求的计算精度选择展开的级数数目；

（2）分别计算傅立叶级数中各项电压或电流分量单独作用时电路的响应（需要注意的是电压或电流的直流分量作用于电路时，电路应看做直流电阻电路，也就是电感看做短路、电容看做开路的情况）；

（3）应用叠加定理，将各响应分量的瞬时表达式求代数和（注意：由于各次谐波的频率不同，不能用相量形式求和）。

计算非正弦周期电流电路时应注意的问题：

（1）当直流分量单独作用时，遇电容元件按开路处理，遇电感元件则要按短路处理；

（2）任意正弦分量单独作用时的计算原则与单相正弦交流电路的计算方法完全相同，只是必须注意，不同谐波频率下电感和电容上的电抗各不相同；

（3）用相量分析法计算出来的各次谐波分量是不能直接进行叠加的，必须根据相量与正弦量的对应关系表示成正弦量的解析式后再进行叠加。

（4）不同频率的各次谐波响应不能画在同一个相量图上，也不能出现在同一个相量表达式中。

【例 7.4.1】　如图 7.4.1（b）所示，RL 电路的激励电压 u_s 为一周期性方波，如图 7.4.1（a）所示。已知 $R=5\ \Omega$，$\omega L=5\ \Omega$，方波的周期为 5 ms，求稳态时的电感电压 u_L。

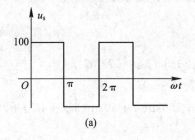 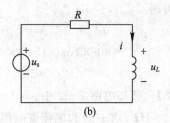

（a）　　　　　　　　　　　　　　　（b）

图 7.4.1　例 7.4.1 的电路图

解　首先将 u_s 展开成傅立叶级数，根据方波的傅立叶级数可知

$$u_s(t) = \frac{400}{\pi}\left[\sin\omega t + \frac{1}{3}\sin3\omega t + \frac{1}{5}\sin5\omega t + \cdots\right]$$

$$= \frac{400}{\pi}\left[\cos(\omega t - 90°) + \frac{1}{3}\cos(3\omega t - 90°) + \frac{1}{5}\cos(5\omega t - 90°) + \cdots\right]$$

将方波作用于 RL 电路相当于把振幅为 $\dfrac{400}{\pi}$，$\dfrac{400}{3\pi}$，$\dfrac{400}{5\pi}\cdots$，频率为 ω，3ω，$5\omega\cdots$ 的正弦电源同时串联作用于电路，分别求出每一个频率分量电源（正弦电源）作用下的 $u_L^{(1)}$，$u_L^{(3)}$ $\cdots$，显然每一个电源作用仍可以用相量法，将各频率分量的 $u_L^{(1)}$，$u_L^{(3)}\cdots$ 叠加，即可求出 u_L。$u_{Lm}^{(k)}$ 的相量表达式为

$$\dot{U}_{Lm}^{(k)} = \frac{jk\omega L}{R + jk\omega L} \cdot \dot{U}_{sm}^{(k)}$$

根据 k 的取值可分别求出 $\dot{U}_{Lm}^{(1)}$，$\dot{U}_{Lm}^{(3)}$，$\dot{U}_{Lm}^{(5)}\cdots$，对应写出 $u_L^{(1)}$，$u_L^{(3)}$，$u_L^{(5)}$，$\cdots$，叠加这些分量可得 u_L。

当 $k=1$ 时：$\dot{U}_{sm}^{(1)} = \frac{400}{\pi}\angle -90°$ V，$Z_L^{(1)} = j\omega L = j5$ Ω

所以

$$\dot{U}_{Lm}^{(1)} = \frac{j5}{5+j5} \cdot \frac{400}{\pi}\angle -90° = 90.03°\angle -45°\ V$$

$$u_L^{(1)} = 90.03\cos(\omega t - 45°)\ V$$

当 $k=3$ 时：$\dot{U}_{sm}^{(3)} = \frac{400}{3\pi}\angle -90°$ V

所以

$$\dot{U}_{Lm}^{(3)} = \frac{j3\omega L}{R+j3\omega L}\dot{U}_{sm}^{(3)} = \frac{j15}{5+j15} \cdot \frac{400}{3\pi}\angle -90° = 40.26\angle -71.57°\ V$$

$$u_L^{(3)} = 40.26\cos(3\omega t - 71.57°)\ V$$

当 $k=5$ 时：$\dot{U}_{sm}^{(5)} = \frac{400}{5\pi}\angle -90°$ V

所以

$$\dot{U}_{Lm}^{(5)} = \frac{j5\omega L}{R+j5\omega L}\dot{U}_{sm}^{(5)} = \frac{j25}{5+j25} \cdot \frac{400}{5\pi}\angle -90° = 24.97\angle -78.69°\ V$$

$$u_L^{(5)} = 24.97\cos(5\omega t - 78.69°)\ V$$

叠加后可得

$$u = u_L^{(1)} + u_L^{(3)} + u_L^{(5)} + \cdots$$
$$= 90.03\cos(\omega t - 45°) + 40.26\cos(3\omega t - 71.57°)$$
$$+ 24.97\cos(5\omega t - 78.69°) + \cdots\ V$$

【例 7.4.2】 已知电路 7.4.2 中：$u_s(t) = 40 + 180\sin\omega t + 60\sin(3\omega t + 45°) + 20\sin(5\omega t + 18°)$ V，$f=50$ Hz，求 $i(t)$ 和电流有效值 I。

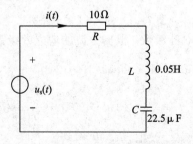

图 7.4.2 例 7.4.2 的电路图

解 零次谐波电压单独作用时，由于直流下 C 相当开路，因此 $I_0 = 0$；一次谐波电压单独作用时，应先求出电路中的复阻抗，然后再求一次谐波电流。

$$Z_1 = 10 + j\left(314 \times 0.05 - \frac{10^6}{314 \times 22.5}\right) \approx 126\angle -85° \ \Omega$$

$$I_{1m} = \frac{U_{1m}}{Z_1} = \frac{180\angle 0°}{126\angle -85°} \approx 1.43\angle 85° \ \text{A}$$

三次谐波电压单独作用时：

$$Z_3 = 10 + j\left(3 \times 314 \times 0.05 - \frac{10^6}{3 \times 314 \times 22.5}\right) \approx 10\angle 0° \ \Omega$$

$$I_{3m} = \frac{U_{3m}}{Z_3} = \frac{60\angle 45°}{10\angle 0°} \approx 6\angle 45° \ \text{A}$$

五次谐波电压单独作用时：

$$Z_5 = 10 + j\left(5 \times 314 \times 0.05 - \frac{10^6}{5 \times 314 \times 22.5}\right) \approx 51.2\angle 78.7° \ \Omega$$

$$I_{5m} = \frac{U_{5m}}{Z_5} = \frac{20\angle 18°}{51.2\angle 78.7°} \approx 0.39\angle -60.7° \ \text{A}$$

电流解析式根据叠加定理可求得

$$i(t) = i_1 + i_3 + i_5$$
$$= 1.43\sin(\omega t + 85°) + 6\sin(3\omega t + 45°) + 0.39\sin(5\omega t - 60.7°) \ \text{A}$$

电流的有效值：

$$I = \sqrt{\left(\frac{1.43}{\sqrt{2}}\right)^2 + \left(\frac{6}{\sqrt{2}}\right)^2 + \left(\frac{0.39}{\sqrt{2}}\right)^2} \approx 4.37 \ \text{A}$$

其中三次谐波电压、电流同相，说明电路在三次谐波作用下发生了串联谐振。

【例 7.4.3】 图 7.4.3(a)中 LC 构成 LC 滤波电路，其中 $L = 0.1$ H，$C = 1000 \ \mu$F。设输入为工频正弦经全波整流电压，如图 7.4.3(b)所示，电压振幅 $U_m = 150$ V，负载电阻 $R = 50 \ \Omega$。求电感电流 i 和输出电压 u_R。

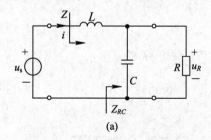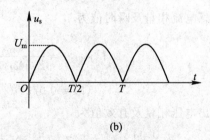

图 7.4.3　例 7.4.3 的电路图

解　(1) 从表 7.2.1 中查出正弦全波整流电压的傅立叶级数为

$$u_s = \frac{4U_m}{\pi}\left[\frac{1}{2} - \frac{1}{3}\cos(2\omega_1 t) - \frac{1}{15}\cos(4\omega_1 t) - \cdots\right] \tag{1}$$

代入数据，且将各正弦量前方符号变为正号得

$$u_s = \left[95.5 + 45\sqrt{2}\cos(2\omega_1 t + 180°) + 9\sqrt{2}\cos(4\omega_1 t + 180°) + \cdots\right] \ \text{V} \tag{2}$$

式中，$\omega_1 = 2\pi f = 100\pi \text{rad/s}$，表示工频的角频率。

(2) 分别计算电源电压的恒定分量和各交流分量引起的响应。

① 恒定电压作用时电感相当于短路，电容相当于开路，故

$$I_{(0)} = \frac{U_{S0}}{R} = \frac{95.5 \text{ V}}{50 \ \Omega} \approx 1.9099 \text{ A} \tag{3}$$

$$U_{R(0)} = 95.5 \text{ V} \tag{4}$$

② 计算 $u_{S(2)} = 45\sqrt{2}\cos(2\omega_1 t + 180°)$ V 单独作用引起的响应。

RC 并联电路的阻抗为

$$Z_{RC}(j2\omega_1) = \frac{R/(j2\omega_1 C)}{R + 1/(j2\omega_1 C)} = \frac{R}{1 + j2\omega_1 CR} \approx (0.0506 - j1.5899) \ \Omega$$

输入阻抗为

$$Z(j2\omega_1) = j2\omega_1 L + Z_{RC}(j2\omega_1) \approx 0.0506 + j61.2419 \approx 61.2419\angle 89.9527° \ \Omega \tag{5}$$

电感电流相量和瞬时值分别为

$$\dot{I}(j2\omega_1) = \frac{\dot{U}_{S(2)}}{Z(j2\omega_1)} = \frac{45\angle 180° \text{ V}}{61.2419\angle 89.9527° \ \Omega} \approx 0.7350\angle 90.0473° \text{ A}$$

$$i_{(2)}(t) = 0.7350\sqrt{2}\cos(2\omega_1 t + 90.0473°) \text{ A} \tag{6}$$

输出电压相量和瞬时值分别为

$$\dot{U}_R(j2\omega_1) = Z_{RC}(j2\omega_1) \times \dot{I}(j2\omega_1) \approx 1.1693\angle 1.8705° \text{ V}$$

$$u_{R(2)}(t) = 1.1693\sqrt{2}\cos(2\omega_1 t + 1.8705°) \text{ V} \tag{7}$$

③ 计算 $u_{S(4)} = 9\sqrt{2}\cos(4\omega_1 t + 180°)$ V 单独作用引起的响应。计算方法同上，但角频率加倍。

$$Z_{RC}(j4\omega_1) = \frac{R}{1 + j4\omega_1 RC} = (0.0127 - j0.7956) \ \Omega$$

$$Z(j4\omega_1) = j4\omega_1 L + Z_{RC}(j4\omega_1) = 124.8681\angle 89.9942° \ \Omega$$

电感电流相量及瞬时值为

$$\dot{I}(j4\omega_1) = \frac{\dot{U}_{S(4)}}{Z(j4\omega_1)} = 0.0721\angle 90.0058° \text{ A}$$

$$i_{(4)}(t) = 0.0721\sqrt{2}\cos(4\omega_1 t + 90.0058°) \text{ A} \tag{8}$$

输出电压相量及有效值为

$$\dot{U}_R(j4\omega_1) = Z_{RC}(j4\omega_1) \times \dot{I}(j4\omega_1) = 0.0574\angle 0.9176° \text{ V}$$

$$u_{R(4)}(t) = 0.0574\sqrt{2}\cos(4\omega_1 t + 0.9176°) \text{ V} \tag{9}$$

可见负载电压中角频率为 $4\omega_1$ 的谐波有效值仅占恒定电压的 $0.0574/95.5 \approx 0.0601\%$，更高频率的谐波分量可省略计算。

(3) 将恒定分量与各谐波分量相叠加。

将式(3)、(6)和(8)相加得电感电流：

$$i(t) = I_{(0)} + i_{(2)}(t) + i_{(4)}(t)$$

$$\approx 1.9099 + 0.7350\sqrt{2}\cos(2\omega_1 t + 90.0473°) + 0.0721\sqrt{2}\cos(4\omega_1 t + 90.0058°) \text{ A}$$

将式(4)、(7)和(9)相加得输出电压：

$$u_R(t) = U_{R(0)} + u_{R(2)}(t) + u_{R(4)}(t)$$

$$\approx 95.5 + 1.1693\sqrt{2}\cos(2\omega_1 t + 1.8705°) + 0.0574\sqrt{2}\cos(4\omega_1 t + 0.9176°) \text{ V}$$

负载电压 $u_R(t)$ 中最大的交流分量有效值仅占恒定分量的 $(1.1693/95.5) \times 100\% \approx 1.224\%$，表明这个 LC 电路具有滤除交流分量的作用，故称为滤波电路或滤波器(filter)。其中电感 L 起抑止高频交流的作用，常称为扼流圈；并联电容 C 起减小负载电阻上交流电压的作用，常称为旁路电容。

【例题 7.4.4】 图 7.4.4 所示电路中，输入电源为 $u_s = [10 + 141.4\cos(\omega_1 t) + 47.13\cos(3\omega_1 t) + 28.28\cos(5\omega_1 t) + 20.20\cos(7\omega_1 t) + 15.7\cos(9\omega_1 t) + \cdots]$ V，$R = 3$ Ω，$\dfrac{1}{\omega_1 C} = 9.45$ Ω，求电流 i 和电阻吸收的平均功率。

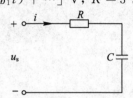

图 7.4.4 例 7.4.4 的电路图

解 电流相量的一般表达式为

$$\dot{I}_{m(k)} = \frac{\dot{U}_{sm(k)}}{R - j\dfrac{1}{k\omega_1 C}}$$

$k = 0$ 时，只有直流分量：$U_0 = 10$ V，$I_0 = 0$，$P_0 = 0$

$k = 1$ 时：$\dot{U}_{sm(1)} = 141.4\angle 0°$ V，$\dot{I}_{m(1)} = \dfrac{141.4\angle 0°}{3 - j9.45} = 14.26\angle 72.39°$ A

$$P_{(1)} = \frac{1}{2}I_{m(1)}^2 R = 305.02 \text{ W}$$

$k = 3$ 时：$\dot{U}_{sm(3)} = 47.13\angle 0°$ V，$\dot{I}_{m(3)} = \dfrac{47.13\angle 0°}{3 - j3.15} = 10.83\angle 46.4°$ A

$$P_{(3)} = \frac{1}{2}I_{m(3)}^2 R = 175.93 \text{ W}$$

$k = 5$ 时：$\dot{U}_{sm(5)} = 28.28\angle 0°$ V，$\dot{I}_{m(5)} = 7.98\angle 32.21°$ A

$$P_{(5)} = \frac{1}{2}I_{m(5)}^2 R = 95.52 \text{ W}$$

$k = 7$ 时：$\dot{U}_{sm(7)} = 20.20\angle 0°$ V，$\dot{I}_{m(7)} = 6.14\angle 24.23°$ A

$$P_{(7)} = \frac{1}{2}I_{m(7)}^2 R = 56.55 \text{ W}$$

$k = 9$ 时：$\dot{U}_{sm(9)} = 15.7\angle 0°$ V，$\dot{I}_{m(9)} = 4.94\angle 19.29°$ A

$$P_{(9)} = \frac{1}{2}I_{m(9)}^2 R = 36.60 \text{ W}$$

所以

$$i = [14.26\cos(\omega_1 t + 72.39°) + 10.83\cos(3\omega_1 t + 46.4°) + 7.98\cos(5\omega_1 t + 32.21°)$$
$$+ 6.14\cos(7\omega_1 t + 24.23°) + 4.94\cos(9\omega_1 t + 19.29°) + \cdots] \text{ A}$$
$$P = P_0 + P_{(1)} + P_{(3)} + P_{(5)} + P_{(7)} + P_{(9)} = 669.80 \text{ W}$$

7.5 非正弦周期电流电路的计算机仿真

【例 7.5.1】 已知：$u_s = 100 + 150\sin\omega t + 100\sin(2\omega t - 90°)$ V，$R = 10$ Ω，$X_c = \dfrac{1}{\omega C} = 90$ Ω，$X_L = \omega L = 10$ Ω，求图 7.5.1 中各仪表的读数。

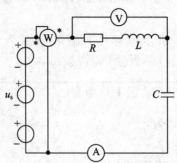

图 7.5.1 例 7.5.1 的电路图

解 （1）直流分量作用于电路时，电感相当于短路，电容相当于开路。

$$I_0 = 0, \quad U_0 = 0, \quad P_0 = 0$$

（2）一次谐波作用于电路时：

$$\dot{U}_{s1} = \frac{150}{\sqrt{2}} \angle 0° \text{ V}$$

$$\dot{I}_1 = \frac{\dot{U}_{s1}}{R + j(X_{L1} - X_{C1})} = \frac{\dfrac{150}{\sqrt{2}} \angle 0°}{10 + j(10 - 90)} = 1.32 \angle 82.9° \text{ A}$$

（3）二次谐波作用于电路时：

$$\dot{I}_2 = \frac{\dot{U}_{s2}}{R + j(X_{L2} - X_{C2})} = \frac{\dfrac{100}{\sqrt{2}} \angle -90°}{10 + j(20 - 45)} = 2.63 \angle -21.8° \text{ A}$$

$$\dot{U}_2 = 2.63 \angle -21.8° \cdot (10 + j20) = 58.8 \angle 41.6° \text{ V}$$

电流表和电压表测的分别是电流、电压的有效值，功率表测量的是电路的有功功率。

$$I = \sqrt{0^2 + 1.32^2 + 2.63^2} = 2.94 \text{ A}$$

$$U = \sqrt{0^2 + 18.5^2 + 58.8^2} = 61.7 \text{ V}$$

$$P = 1.32^2 \times 10 + 2.63^2 \times 10 = 86.6 \text{ W}$$

应用 Multisim10 进行电路仿真：

（1）按照电路图 7.5.1 在 Multisim 中接好电路，取 $\omega = 10$，则 $L = 1$ H，$C = 0.00111$ F。观察各表读数，是否与计算值相符。

（2）接入示波器，观察非正弦周期电流电路的电压波形及电流波形。

电压表 U2 的读数为 64.294 V，电流表 U1 的读数为 2.926 A，功率表的读数为69.523 W，如图 7.5.2 所示。

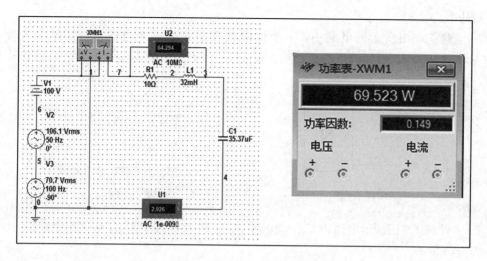

图 7.5.2 例 7.5.1 的电路图

习 题 7

7.1 题 7.1 图所示电路中 $L=5$ H，$C=10$ μF，负载电阻 $R=2$ kΩ，u_s 为正弦全波整流波形，设 $\omega_1=314$ rad/s，$U_m=157$ V，求负载 R 两端电压的各谐波分量。

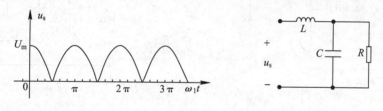

题 7.1 图

7.2 已知非正弦周期电流 $i=[1+2\sin(\omega t-20°)+\sqrt{2}\sin(2\omega t+50°)]$A，试求其有效值。

7.3 题 7.3 图给出锯齿波的图形，其中 $U_m=100$ V，求该锯齿波的有效值、平均值。

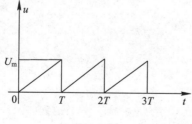

题 7.3 图

7.4 题 7.4 图所示单口网络的端口电压、电流分别为

$u=50+50\cos(t+30°)+40\cos(2t+60°)+30\cos(3t+45°)$ V，

$i=20+20\cos(t-60°)+15\cos(2t+30°)$ A，u、i 为关联参考方向，求单口网络 N 吸收

的平均功率。

7.5 题 7.5 图所示的电路中，一个线圈接在非正弦周期电源上，其源电压为 $u = [14.14\cos\omega_1 t + 2.83\cos(3\omega_1 t + 30°)]\mathrm{V}$。设 $\omega_1 L = 1\ \Omega$，求线圈电流的瞬时表达式及其有效值。

题 7.4 图　　　　　　　　　　题 7.5 图

7.6 设题 7.6 图所示电路中 $U_{\mathrm{S1}} = 10\mathrm{V}$，$u_{\mathrm{S2}} = 20\sqrt{2}\cos\omega_1 t\ \mathrm{V}$，$i_{\mathrm{S}} = (2 + 2\sqrt{2}\cos\omega_1 t)\mathrm{A}$，$\omega_1 = 10\ \mathrm{rad/s}$。

（1）求电流源的端电压 u 及其有效值；（2）求电流源发出的平均功率。

7.7 如题 7.7 图所示，已知：$u(t) = 10 + 100\cos\omega t + 40\cos 3\omega t\ \mathrm{V}$，$R = \omega L = \dfrac{1}{\omega C} = 2\ \Omega$。求：$i(t)$、$i_{\mathrm{L}}(t)$、$i_{C}(t)$。

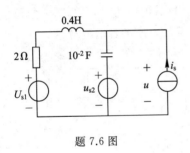 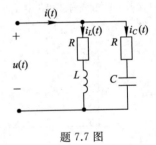

题 7.6 图　　　　　　　　　　题 7.7 图

附　录

A-1　Multisim 概述

　　随着电子信息产业的飞速发展,计算机技术在电子电路设计中发挥着越来越大的作用。电子产品的设计开发手段由传统的设计方法和简单的计算机辅助设计(CAD)逐步被 EDA(Electronic Design Automation)技术所取代。EDA 技术主要包括电路设计、电路仿真和系统分析三个方面的内容,其设计过程的大部分工作都是由计算机完成的。这种先进的方法已经成为当前学习电子技术的重要辅助手段,更代表着现代电子系统设计的时代潮流。目前,国内外常用的 EDA 软件有 Protel、Pspice、Orcad 和 EWB(Electronics WorkBench)系列软件。EWB 是加拿大 IIT 公司于 20 世纪 80 年代末、90 年代初推出的用于电路仿真与设计的 EDA 软件,又称为"虚拟电子工作台"。

　　从 EWB 6.0 版本开始,IIT 公司被 NI 公司收购,由此专用于电路仿真与设计模块更名为 Multisim,大大增强了软件的仿真测试和分析功能,大大扩充了元件库中的仿真元件数量,使仿真设计更精确、可靠。它可以实现原理图的捕获、电路分析、交互式仿真、电路板设计、仿真仪器测试、集成测试、射频分析、单片机等高级应用,其数量众多的元器件数据库、标准化的仿真仪器、直观的捕获界面、更加简洁明了的操作、强大的分析测试功能、可信的测试结果,将虚拟仪器技术的灵活性扩展到了电子设计者的工作平台上,弥补了测试与设计功能之间的缺口,缩短了产品研发周期,强化了电子实验教学。

1. Multisim 10 的特点

1) 直观的图形界面

　　整个界面就像是一个电子实验工作平台,绘制电路所需的元器件和仿真所需的仪器仪表均可直接拖放到工作区中,轻点鼠标即可完成导线的连接。软件仪器的控制面板和操作方式与实物相似,测量数据、波形和特性曲线如同在真实仪器上看到的一样。图 A-1.1 为 Multisim 界面。

2) 丰富的元件库

　　Multisim 10 大大扩充了 EWB 的元件库,包括基本元件、半导体元件、TTL,以及 CMOS 数字 IC、DAC、MCU 和其它各种部件,且用户可通过元件编辑器自行创建和修改所需元件模型,还可通过公司官方网站和代理商获得元件模型的扩充和更新服务。图 A-1.2 为元件工具栏。

3) 丰富的测试仪器仪表

　　除了 EWB 具备的数字万用表、函数信号发生器、示波器、扫频仪、数字信号发生器、逻辑分析仪和逻辑转换仪外,还新增了瓦特表、失真分析仪、频谱分析仪和网络分析仪,且所有仪器均可多台同时使用。

　　图 A-1.3 从左到右分别是:数字万用表、函数发生器、示波器、波特图仪、数字信号发生器、逻辑分析仪、瓦特表、逻辑转换仪、失真分析仪、网络分析仪、频谱分析仪。

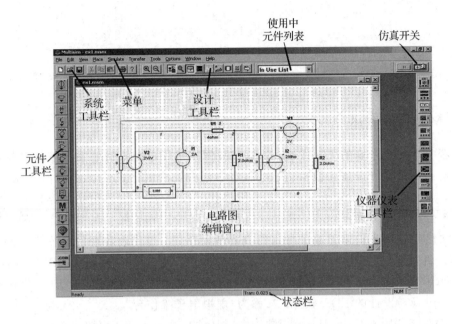

图 A‑1.1 Multisim 界面

图 A‑1.2 元件工具栏

图 A‑1.3 仪器仪表工具栏

4）完备的分析手段

除了 EWB 提供的直流工作点分析、交流分析、瞬态分析、傅立叶分析、噪声分析、失真分析、参数扫描分析、温度扫描分析、极点‑零点分析、传输函数分析、灵敏度分析、最坏情况分析和蒙特卡罗分析外，还新增了直流扫描分析、批处理分析、用户定义分析、噪声图形分析和射频分析等，能基本满足电子电路设计和分析的要求。

5）强大的仿真能力

Multisim 10 既可对模拟电路和数字电路分别进行仿真，也可进行数模混合仿真，尤其新增了射频（RF）电路的仿真功能。仿真失败时会显示错误信息，提示可能出错的原因，仿真结果可随时存储和打印。

6）完美的兼容能力

Multisim 10 可方便地将模拟结果以原有文档格式导入 LABVIEW 或者 Signal Express 中，工程人员可更有效地分享及比较仿真数据和模拟数据，而无需转换文件格式，在分享数据时减少了失误，提高了效率。

2. Multisim 10 仿真的步骤

（1）建立电路文件。建立电路文件的具体方法如下：

① 打开 Multisim 10 时将自动打开空白电路文件 Circuit1，保存文件时可以重新命名。

② 选中菜单 File/New。

③ 点击工具栏上的 New 按钮。

④ 点击快捷键 Ctrl＋N。

（2）放置元器件和仪表。Multisim 10 的元件数据库包括主元件库（Master Database）、用户元件库（User Database）、合作元件库（Corporate Database）。后两个库由用户或合作人创建，新安装的 Multisim 10 中这两个数据库是空的。放置元器件的方法如下：

• 选中菜单 Place Component。

• 点击元件工具栏上的 Place/Component。

• 在绘图区右击，利用弹出的菜单放置。

• 点击快捷键 Ctrl＋W。

放置仪表时，可以点击虚拟仪器工具栏上的相应按钮，或者使用菜单方式。

（3）元器件编辑。

① 元器件参数设置。双击元器件，弹出相关对话框，选项卡包括：

• Label：标签，Refdes 编号，由系统自动分配，可以修改，但须保证编号的唯一性。

• Display：显示。

• Value：数值。

• Fault：故障设置。Leakage 为漏电；Short 为短路；Open 为开路；None 为无故障（默认）。

• Pins：引脚，各引脚编号、类型、电气状态。

② 元器件向导（Component Wizard）。对特殊要求，可以用元器件向导编辑自己的元器件，一般是在已有元器件基础上进行编辑和修改。方法是：选中菜单 Tools/ Component Wizard，按照规定步骤编辑，用元器件向导编辑生成的元器件放置在 User Database（用户数据库）中。

（4）连线和进一步调整。

① 连线：

• 自动连线：单击起始引脚，鼠标指针变为"十"字形，移动鼠标至目标引脚或导线，单击，则连线完成，当导线连接后呈现丁字交叉时，系统自动在交叉点放结点（Junction）。

• 手动连线：单击起始引脚，鼠标指针变为"十"字形后，在需要拐弯处单击，可以固定连线的拐弯点，从而设定连线路径。

• 关于交叉点，Multisim10 默认丁字交叉为导通，十字交叉为不导通，对于十字交叉而希望导通的情况，可以分段连线，即先连接起点到交叉点，然后连接交叉点到终点；也可以在已有连线上增加一个结点，从该结点引出新的连线，添加结点可以使用菜单 Place/Junction，或者使用快捷键 Ctrl+J。

② 进一步调整。

• 调整位置：单击选定元件，移动至合适位置；

• 改变标号：双击进入属性对话框更改；

• 显示结点编号以方便仿真结果输出：点击菜单 Options/Sheet Properties/Circuit/Net Names，选择 Show All；

• 删除导线和节点：右击 Delete，或者点击选中后按 Delete 键。

（5）电路仿真。

① 按下仿真开关，电路开始工作，Multisim 界面的状态栏右端出现仿真状态指示；

② 双击虚拟仪器，进行仪器设置，获得仿真结果。

（6）输出分析结果。使用菜单 Simulate/Analyses，以单管共射放大电路的静态工作点分析为例，步骤如下：

① 选中菜单 Simulate/Analyses/DC Operating Point；

② 选择输出结点 1、4、5，点击 ADD，再点击 Simulate

A－2　Multisim 10 在电路分析中的应用

Multisim 10 几乎可以仿真实验室内所有的电路实验，但仿真实验是在不考虑元件的额定值和实验的危险性等情况下进行的。因此，在确定某些电路参数（如最大电压）时，应该认真地考虑一下客观现实问题。除了实验测试，利用 Multisim 10 的电路分析方法，还可以对大多数电路进行理论计算。下面介绍如何利用 Multisim 10 对电路分析中的基本定律和主要的分析方法进行仿真验证。

1. 对电路基本定律的应用

基本的电路定律有欧姆定律、基尔霍夫电压定律和基尔霍夫电流定律。下面举例说明 Multisim 10 在电路定律方面的应用。

【例 A－2.1】　如图 A－2.1 所示的电路中，已知 $R_1=120\ \Omega$，$R_2=40\ \Omega$，$R_3=80\ \Omega$，$U=12\ V$。试求各电阻上的电压 U_1、U_2、U_3 的值，并验证 KVL 定律。

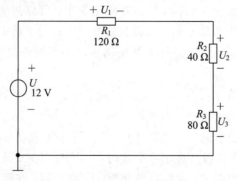

图 A－2.1　例 A－2.1 的电路图

解　根据欧姆定律和 KVL 定律可得，$U_1=6\ V$，$U_2=2\ V$，$U_3=4\ V$。在 Multisim 10 的电路窗口中创建图 A－2.2 所示的电路，启动仿真，图中电压表的读数即为仿真分析的结果。可见，理论计算与电路仿真结果相同，并且 $U_1+U_2+U_3=U$，验证了 KVL 定律。

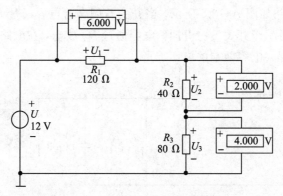

图 A-2.2　例 A-2.1 的仿真电路图

2. 对直流电阻电路的分析

下面以结点电位法为例说明 Multisim 10 对直流电阻电路的分析。结点电位分析是以结点电位为变量列 KCL 方程求解电路的方法。当电路比较复杂时，结点电位法的计算步骤非常繁琐，但利用 Multisim 10 可以快速、方便地仿真出各结点的电位。

【例 A-2.2】　电路如图 A-2.3 所示，试用 Multisim 10 求结点 a、b 电位。

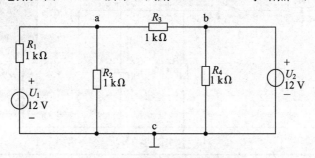

图 A-2.3　例 A-2.2 的电路图

解　如图 A-2.3 所示，电路为 3 结点电路，指定参考点 c 后，利用 Multisim 10 可直接仿真出结点 a、b 的电位，仿真结果见图 A-2.4 中电压表的读数，$U_a=7.997$ V，$U_b=12.000$ V，与理论计算结果相同。

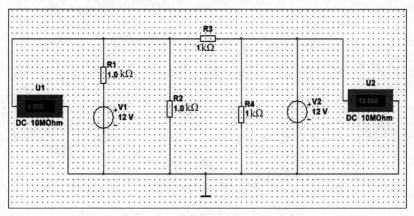

图 A-2.4　例 A-2.3 的仿真电路图

3. 对动态电路的分析

【例 A‑2.3】 电路如图 A‑2.5 所示，当开关 S 闭合时电容通过 R_1 充电，电路达稳定状态，电容储存有能量。当开关 S 打开时，电容通过 R_2 放电，在电路中产生响应，即零输入响应，试用示波器观察电容两端的电压波形。

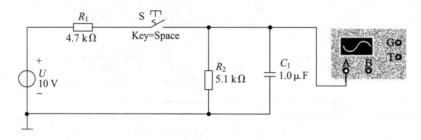

图 A‑2.5 例 A‑2.3 的电路图

解 搭建如图 A‑2.6 所示的仿真电路，通过 Space 键打开或闭合开关 S，可得图 A‑2.7 所示的仿真波形。

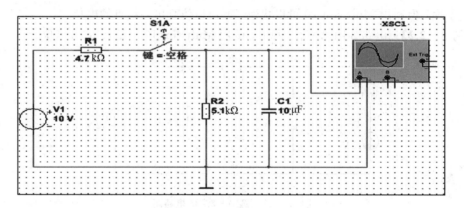

图 A‑2.6 例 A‑2.3 的仿真电路图

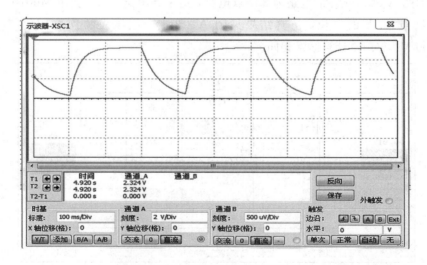

图 A‑2.7 例 A‑2.3 的仿真波形图

4. 对正弦交流稳态电路的分析

【例 A - 2.4】 电路如图 A - 2.8 所示，通过示波器观察电容电压的谐振波形。

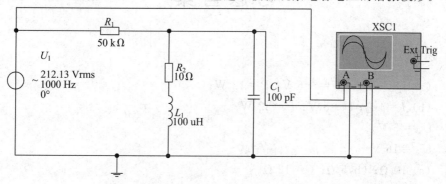

图 A - 2.8　例 A - 2.4 的电路图

解　搭建图 A - 2.9 所示的仿真电路，可得图 A - 2.10 所示的仿真波形。

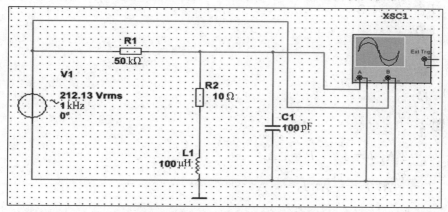

图 A - 2.9　例 A - 2.4 的仿真电路图

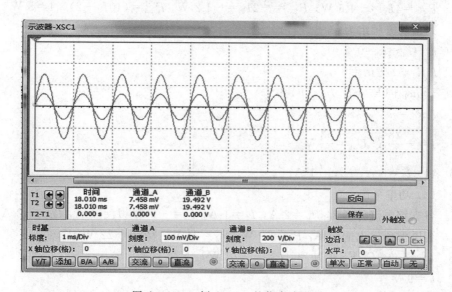

图 A - 2.10　例 A - 2.4 的仿真波形图

习 题 答 案

习题 1

1.1　(a) $I=-2$ A；$U=-6$ V；$P=12$ W；

　　(b) $I=4$ A；$U=8$ V；$P=32$ W

1.2　$U_{ab}=5$ V

1.3　$U_{ab}=16$ V

1.4　(a) 10 Ω；(b)5 Ω；(c) 12 Ω

1.5　(a) $U_{ab}=15$ V；(b) $U_{ab}=5$ V

1.6　略

1.7　$R_{12}=2.684$ Ω

1.8　9 Ω

1.9　6 Ω

1.10　略

1.11　略

习题 2

2.1　$I_1=2$ A，$I_2=1$ A，$I_3=1$ A

2.2　$I_1=\dfrac{37}{4}$ A，$I_2=\dfrac{11}{4}$ A，$I_3=\dfrac{13}{2}$ A

2.3　$I_1=-0.4$ A，$I_2=0.6$ A

　　$P_{4V}=4I_1=-1.6$ W，$P_{2V}=-2I_2=-1.2$ W，$P_{1A}=(10I_2+2)\times1=8$ W

2.4　列出的方程组为

　　$i_1-i_2-i_s=0$

　　$i_1R_1+u+u_s=0$

　　$-\mu u_1+(R_3+R_4)i_2-u=0$

　　$i_1R_1=u_1$

2.5　$I=-\dfrac{28}{9}$ A，$U_{ab}=\dfrac{53}{9}$ V

2.6　(1) $i_1=5$ A，$i_2=-1$ A；

　　(2) 功率平衡。

2.7　各支路电流分别为：$I_1=2$ A，$I_2=1$ A，$I_3=-3$ A，$I_4=1$ A，$I_5=-2$ A。

　　各电源所发出的功率：$P_1=50$ W，$P_2=24$ W，$P_3=-22$ W。

2.8　$I_x=6$ A，CCVS 的功率：$P=-720$ W

2.9　$u=9$ V

2.10　$I_1=-2$ A，$I_2=8$ A，$U=52$ V

2.11　$u_x=6$ V，$u_1=4$ V

2.12 $i_1 = 10$ A，$i_2 = 6$ A，$i_3 = -16$ A

2.13 $u_{ab} = 17$ V，$i_1 = 3$ A

2.14 $i_1 = 1$ A，$u = 8$ V

2.15 $I_1 = 2$ A

2.16 当 $U_s = 2$ V 时，$I_3 = 3$ A

2.17 $R_x = 0.2$ Ω

2.18 $R = 6$ Ω

2.19 $R_{ab} = U/I = (1-\beta)R$

2.20 $R_x = 1.2$ Ω时，$I = \dfrac{U_{oc}}{R_{eq} + R_x} = \dfrac{2}{6}$ A $= 0.333$ A

2.21

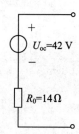

2.22 $U_o = 3$ V

2.23 $I = 2.83$ A

2.24 (1) $I = 0.5$ A，$P = 1.5$ W；

　　　(2) $R_L = 6$ Ω 时获最大功率，最大功率 $P_m = 3.375$ W

2.25 当 $R_L = 15$ Ω时负载获最大功率 $P_m = 15$ W

习题 3

3.1 (1) $u(t) = \begin{cases} 2t \text{ V} & (0 \text{ s} \leqslant t < 1 \text{ s}) \\ 2 \text{ V} & (1 \text{ s} \leqslant t < 3 \text{ s}) \\ t-1 \text{ V} & (3 \text{ s} \leqslant t < 4 \text{ s}) \\ 3 \text{ V} & (t \geqslant 4 \text{ s}) \end{cases}$；

　　　(2) $p(2) = 0$ W；(3) $W(2) = 8$ J

3.2 (1) $i(t) = \begin{cases} 2t^2 \text{ A} & (0 \text{ s} \leqslant t < 2 \text{ s}) \\ -4t^2 + 24t - 24 \text{ A} & (2 \text{ s} \leqslant t < 3 \text{ s}) \\ 12 \text{ A} & (t \geqslant 3 \text{ s}) \\ 0 \text{ A} & (\text{其它}) \end{cases}$；

　　　(2) $p(2) = 32$ W；(3) $W(2) = 16$ J

3.3 (1) $L_{ab} = 3$H；

　　　(2) $C_{ab} = 3$F

3.4 $i(0_+) = 1.5$ A，$u(0_+) = -3$ V

3.5 $i_C(0_+) = -2.25$ A，$i_R(0_+) = 2.5$ A

3.6　$i(0_+)=4$ A，$u(0_+)=4$ V

3.7　$6e^{-50t}$A，$4e^{-50t}$A，$2e^{-50t}$A，$24e^{-50t}$ V

3.8　$u_L=-12e^{-t}$ V，$i_L=2e^{-t}$ A

3.9　$i_L=3e^{-120t}$A，$u_L=-36e^{-120t}$ V

3.10　$u_C=6e^{-0.1t}$V，$i=0.4e^{-0.1t}$A，$i_C=-0.6e^{-0.1t}$A

3.11　$i_L=10(1-e^{-100t})$A，$u_L=2000e^{-100t}$ V

3.12　$u_C=12(1-e^{-4t})$V，$i_C=0.48e^{-4t}$ mA

3.13　$u_0(t)=27-9e^{-\frac{8}{3}t}$ V

3.14　$u_C=(11-10e^{-0.5t})$V，$i_C=5e^{-0.5t}$A，$i=-1+5e^{-0.5t}$ A

3.15　$i_L=2+3e^{-15t}$ A

3.16　$u_o(t)=4(1-e^{-2.5t})\varepsilon(t)-4(1-e^{-2.5(t-0.3)})\varepsilon(t-0.3)$ V

习题 4

4.1　$i=10\cos(314t+60°)$A　　$i=2.08$ mA

4.2　$I=\dfrac{10\sqrt{6}}{6}$A，$i=\dfrac{10\sqrt{3}}{3}\cos(200\pi t+90°)$A，$\dot{I}=\dfrac{10\sqrt{6}}{6}\angle 90°$A

4.3　(1) $A+B=12+j2$；

　　(2) $A-B=4+j10$；

　　(3) $A \cdot B=40\sqrt{2}\angle-8°$；(4) $\dfrac{A}{B}=\dfrac{5\sqrt{2}}{4}\angle 82°$

4.4　(1) $R=6$ Ω，$X=8$ Ω，感性电路，$\varphi=53°$；

　　(2) $R=25$ Ω，$X=0$ Ω，阻性电路，$\varphi=0°$；

　　(3) $R=\dfrac{25}{2}$ Ω，$X=\dfrac{25\sqrt{3}}{2}$ Ω，容性电路，$\varphi=-60°$。

4.5　$i_1+i_2=10\sqrt{2}\cos(\omega t-15°)$ A

　　$i_1-i_2=10\sqrt{2}\cos(\omega t-75°)$ A

4.6　$u_L=6\cos(\omega t-127°)$ V

4.7　(a) A_0 读数为 14.14 A；　(b) V_0 读数为 80 V；

　　(c) A_0 读数为 2 A；　(d) V_0 读数为 14.14 V

4.8　$I=2.5$ A

4.9　$z_1=(5-j5\sqrt{3})$Ω，$z_2=(5+j5\sqrt{3})$Ω

4.10　(1) $\dfrac{8+j18}{97}$s

　　(2) $\dot{I_1}=1.62\angle 85°$ A，$\dot{I_2}=0.57\angle 130°$ A，$\dot{I_3}=1.28\angle 66.6°$ A

　　(3) 0.97W，-0.325 Var

4.11　$L=0.127$ H　$R=32$ Ω，$\lambda=0.6$

4.12　$z=j1$Ω

4.13　3 Ω 电阻与 0.025F 电容串联

4.14　$L=0.02$H，$Q=50$，$500\angle 100°$ V，$500\angle -80°$ V

4.15　40.31A

4.16　$22\angle -53.1°$ A，$22\angle -173.1°$ A，$22\angle 66.9°$ A

4.17　(a) $\dot{U}_1=220\angle 0°$ V，$\dot{U}_2=220\angle -120°$ V，$\dot{U}_3=220\angle 120°$ V；

　　　(b) $\dot{I}_{L1}=10\angle 0°$ A，$\dot{I}_{L2}=10\angle -120°$ A，$\dot{I}_{L3}=10\angle 120°$ A；

　　　(c) $\dot{I}_1=10\angle 0°$ A，$\dot{I}_2=10\angle -120°$ A，$\dot{I}_3=10\angle 120°$ A；

　　　(d) $P=6600$ W

4.18　(a) $5\angle -36.9°$A；

　　　(b) $216.5\angle 30°$V；

　　　(c) $122.23\angle -1.36°$V；

　　　(d) $211.72\angle 28.64°$V

习题 5

5.1　无耦合

5.2　$4M$

5.3　1 和 2

5.4　互感

5.5　-22 V

5.6　5 A

5.7　10 Ω

5.8　$0.9998\angle 0°$ V

5.9　2.24

5.10　A

5.11　D

5.12　B

5.13　(a) A 与 D

　　　(b) 1 与 4；1 与 6；3 与 6

5.14　(a) $\begin{cases} u_1=L_1\dfrac{\mathrm{d}i_1}{\mathrm{d}t}-M\dfrac{\mathrm{d}i_2}{\mathrm{d}t} \\ u_2=L_2\dfrac{\mathrm{d}i_2}{\mathrm{d}t}-M\dfrac{\mathrm{d}i_1}{\mathrm{d}t} \end{cases}$；

　　　(b) $\begin{cases} u_1=L_1\dfrac{\mathrm{d}i_1}{\mathrm{d}t}+M\dfrac{\mathrm{d}i_2}{\mathrm{d}t} \\ u_2=-L_2\dfrac{\mathrm{d}i_2}{\mathrm{d}t}-M\dfrac{\mathrm{d}i_1}{\mathrm{d}t} \end{cases}$；

$$(c) \begin{cases} u_1 = L_1 \dfrac{\mathrm{d}i_1}{\mathrm{d}t} + M \dfrac{\mathrm{d}i_2}{\mathrm{d}t} \\[2mm] u_2 = L_2 \dfrac{\mathrm{d}i_2}{\mathrm{d}t} + M \dfrac{\mathrm{d}i_1}{\mathrm{d}t} \end{cases}$$

5.15　(a) $-\dfrac{2}{3}$H；

　　　(b) $\dfrac{2}{3}$H

5.16　$\dot{U}_2 \approx 39.2\angle -11.3° $ V

5.17　① $n = \sqrt{\dfrac{1}{10^4}} = 0.01$

　　　② $P_{\max} = \dfrac{1}{2} \times \dfrac{100^2}{4 \times 10^4} = 0.125$ W

5.18　$\dot{U}_2 = 50\angle 180°$ V

5.19　$n = \dfrac{1}{100}$

5.20　$P = RI^2 = 4 \times 18.75^2 = 1406.25$ W

习题 6

6.1　$H(\mathrm{j}\omega) = \dfrac{1 + \mathrm{j}R_2\omega C}{1 + j(R_1 + R_2)\omega C}$

6.2　$H(\mathrm{j}\omega) = \dfrac{1}{5(1 + \mathrm{j}10^{-3}\omega)}$

6.3　$\dfrac{\dot{U}}{\dot{I}_1} = \dfrac{2 + \mathrm{j}2\omega(1 + \mathrm{j}2\omega) + (1 + \mathrm{j}2\omega)}{1 + \mathrm{j}\omega(1 + \mathrm{j}2\omega)}$, $\dfrac{\dot{I}_C}{\dot{I}_1} = \dfrac{\mathrm{j}\omega(1 + \mathrm{j}2\omega)}{1 + \mathrm{j}\omega(1 + \mathrm{j}2\omega)}$, $\dfrac{\dot{U}_2}{\dot{I}_1} = \dfrac{\mathrm{j}2\omega}{1 + \mathrm{j}\omega(1 + \mathrm{j}2\omega)}$

6.4　$H(j\omega) = \dfrac{R}{1 - \mathrm{j}\left(\dfrac{\omega_c}{\omega}\right)}$, $\omega_c = \dfrac{R + R_L}{RR_L C}$

6.5　$R = 10\ \Omega$, $L = 159\ \mu\text{H}$, $C = 159.5\ \text{pF}$, $Q = 100$, $\text{BW} = 10^4\ \text{Hz}$

6.6　(1) $L = 159\ \mu\text{H}$, $C = 159\ \mu\text{F}$, $\text{BW} = 10^4\ \text{Hz}$；

　　　(2) $I_0 = 10\ \mu\text{A}$, $U_{C0} = 10\ \text{mV}$

6.7　$C = 0.1\ \mu\text{F}$, $u_R = \sqrt{2}\cos(5000t)\,\text{V}$, $u_C = 40\sqrt{2}\cos(5000t - 90°)\,\text{V}$

　　　$u_L = 40\sqrt{2}\cos(5000t + 90°)\,\text{V}$

6.8　$L = 12.43\ \mu\text{H}$, $f_0 = 2.26\ \text{MHz}$, $U_L = 352.6\ \text{mV}$

6.9　(1) $\text{BW} = 1.67 \times 10^4\ \text{rad/s}$；

　　　(2) $|Z| > 50\ \text{k}\Omega$, $\omega = 9.91 \times 10^5\ \text{rad/s} \sim 1.009 \times 10^5\ \text{rad/s}$

6.10　(1) $\text{BW} = 2 \times 10^4\ \text{rad/s}$, $U = 25\ \text{V}$；

　　　(2) $\text{BW} = 3.68 \times 10^4\ \text{rad/s}$

6.11　$\omega_0 = 10^7\ \text{rad/s}$, $I_0 = 2\ \text{mA}$, $I_1 = 0.1\ \text{A}$, $U_0 = 100\ \text{V}$, $P = 0.2\ \text{W}$

习题 7

7.1 ① 直流作用：$k=0$，$U_0=100$ V （电容开路，电感短路）

② 2 次谐波作用：$k=2$，$\dot{U}_{1m(2)}=3.55\angle-175.15°$ V

③ 4 次谐波作用：$k=4$，$\dot{U}_{1m(4)}=0.171\angle-177.6°$ V

7.2 $I=2A$

7.3 有效值：$U_a=57.7$ V

平均值：$U_{av}=50$ V

7.4 $P=1259.8$ W

7.5 略

7.6 (1) 电流源的端电压 $u=U_0+u_1=[14+20\sqrt{2}\cos(\omega_1 t+90°)]$ V

有效值：$U=24.41$ V

(2) 电流源发出的平均功率：$P=28$ W

7.7 $i(t)=5+50\cos\omega t+20\cos(3\omega t+0.81°)$ A

$i_L(t)=5+25\sqrt{2}\cos(\omega t-45°)+4.5\sqrt{2}\cos(3\omega t-71.6°)$ A

$i_C(t)=25\sqrt{2}\cos(\omega t-45°)+13.5\sqrt{2}\cos(3\omega t+18.4°)$ A

参 考 文 献

[1] 张永瑞，陈生潭，高建宁，等. 电路分析基础. 3 版. 北京：电子工业出版社，2014.

[2] 吴大正，等. 电路基础. 3 版. 西安：西安电子科技大学出版社，2013.

[3] 陈希有，孙立山. 电路理论基础. 4 版. 北京：高等教育出版社，2013

[4] 燕庆明. 电路分析教程. 3 版. 北京：高等教育出版社，2012.

[5] 胡钋，樊亚东. 电路原理. 北京：高等教育出版社，2011.

[6] 刘岚，叶庆云. 电路分析基础. 北京：高等教育出版社，2010.

[7] 陈娟. 电路分析基础. 北京：高等教育出版社，2010.

[8] 江缉光，刘秀成. 电路原理. 2 版 北京：清华大学出版社，2007.

[9] 邱关源，罗先觉. 电路. 5 版. 北京：高等教育出版社，2006.

[10] 赵录怀，等. 工程电路分析. 北京：高等教育出版社，2007.

[11] 李瀚荪. 电路分析基础. 4 版. 北京：高等教育出版社，2006.

[12] 吴锡龙. 电路分析. 北京：高等教育出版社，2004.

[13] 周守昌. 电路原理. 2 版. 北京：高等教育出版社，2004.

[14] 彭扬烈. 电路原理. 2 版. 教学指导用书. 北京：高等教育出版社，2004.

[15] Allan H R, Wilhelm C M. Circuit Analysis：Theory and Pratice. 北京：科学出版社，2003.

[16] James W N, Susan A R. Electric Circuit. 6th ed. Prentice – Hall，2001.